STARK

ABITUR

Prüfungsaufgaben
mit Lösungen

2014

Physik

Gymnasium
Baden-Württemberg
2007–2013

STARK

ISBN 978-3-8490-0564-1

11. ergänzte Auflage
www.stark-verlag.de

Inhalt

Vorwort
Stichwortverzeichnis

Hinweise und Tipps zum Abitur in Physik

Die Kursstufe I
Der Bildungsplan I
Die Aufgaben der schriftlichen Abiturprüfung Physik I
Bearbeitung der Prüfungsaufgaben I
Welchen Stoff müssen Sie beherrschen? II
Operatoren IV
Bewertung der Prüfungsarbeiten VI
Zum Umgang mit diesem Buch VI

Übungsaufgaben

Themengruppe 1: Mechanik, Wärmelehre
Aufgabe 1: Abbremsvorgang 1
Aufgabe 2: Schwingung im U-Rohr 1
Aufgabe 3: Aufgabe zum Gravitationsgesetz 2
Aufgabe 4: Eiswürfel 2
Aufgabe 5: Warum ist es auf Jupiter so kalt? 3
Aufgabe 6: Strahlungsgesetze 3

Themengruppe 2: Elektrik
Aufgabe 7: Kennlinien 4
Aufgabe 8: Kondensatorentladung 4
Aufgabe 9: Energiedichte 5
Aufgabe 10: Kurbellampe 5

Themengruppe 3: Atom- und Kernphysik
Aufgabe 11: Die Heisenberg'sche Unbestimmtheitsrelation 6
Aufgabe 12: Wellennatur von Makrokörpern 6
Aufgabe 13: Das Absorptionsgesetz für γ-Strahlung (1) 6
Aufgabe 14: Das Absorptionsgesetz für γ-Strahlung (2) 6
Aufgabe 15: Radioaktiver Zerfall 7
Aufgabe 16: Umwandlung von Materie in Energie (1) 7
Aufgabe 17: Umwandlung von Materie in Energie (2) 7
Aufgabe 18: Umwandlung von Materie in Energie (3) 7
Aufgabe 19: Comptoneffekt (1) 8
Aufgabe 20: Comptoneffekt (2) 8

Lösungen zu den Übungsaufgaben

Themengruppe 1: Mechanik, Wärmelehre 9
Themengruppe 2: Elektrik 14
Themengruppe 3: Atom- und Kernphysik 17

Abiturprüfungsaufgaben

Abiturprüfung 2007
Aufgabe I Plattenkondensator, Ladung im E-Feld, Einschaltvorgang, Wahrscheinlichkeitswellen . . . 2007-1
Aufgabe II Seilwellen, Oberschwingungen, Wasserwellen, Wahrscheinlichkeitswellen . . . 2007-8
Aufgabe III Gitter, Spalt, Doppelspalt, Fotoeffekt . . . 2007-15

Abiturprüfung 2008
Aufgabe I Elektronen im E- und B-Feld, relativistischer Effekt* . . . 2008-1
Aufgabe II Plattenkondensator, Induktion . . . 2008-8
Aufgabe III Spalt, Vierfachspalt, Gitter, de-Broglie-Wellenlänge, Fotoeffekt . . . 2008-17

Abiturprüfung 2009
Aufgabe I Blattfeder, Wasserwellen, Doppelspalt, Dreifachspalt, Materiewellen . . . 2009-1
Aufgabe II Magnetfeld, Halleffekt, Induktion, Wechselspannung, Umbestimmtheitsrelation . . . 2009-7
Aufgabe III Gitter, Brechung, Fotoeffekt . . . 2009-16

Abiturprüfung 2010
Aufgabe I Federpendel, Wasserwellen, Elektronenbeugung . . . 2010-1
Aufgabe II Doppelspalt, Vierfachspalt, Gitter, Einzelspalt, Fotoeffekt . . . 2010-9
Aufgabe III Teilchen in Feldern*, Helmholtz-Spulenpaar . . . 2010-17
Aufgabe IV Induktion, Einschaltvorgang, Schwingkreis . . . 2010-24

Abiturprüfung 2011
Aufgabe I Feder-Schwere-Pendel, Wellen, Quantenobjekte . . . 2011-1
Aufgabe II Doppel-, Dreifach-, Vierfachspalt, Gitter, Fotoeffekt . . . 2011-8
Aufgabe III Zyklotron*, Teilchen in Feldern* . . . 2011-15
Aufgabe IV Stehende Wellen, Wurf nach oben, Fall in viskoser Flüssigkeit, Photonenimpuls . . . 2011-23

Abiturprüfung 2012
Aufgabe I Feder-Schwere-Pendel, Wasserwellen . . . 2012-1
Aufgabe II Doppelspalt, Einzelspalt, Fotoeffekt, Heisenberg'sche Unbestimmtheitsrelation . . . 2012-8
Aufgabe III Plattenkondensator, Induktion, Selbstinduktion, Doppelspalt mit Helium-Atomen . . . 2012-16

Abiturprüfung 2013
Aufgabe I Federpendel, schwingende Saite, Wasserwellen . . . 2013-1
Aufgabe II Gitter, Einzel-, Doppel- und Mehrfachspalt, Schwingkreis, Analogie mit Fadenpendel, Elektronenbeugung am Dreifachspalt . . . 2013-8
Aufgabe III Lange Spule, Induktion, Einschaltvorgang, Messprozess in der Quantenmechanik . . . 2013-16

* Der Stoff, der in den folgenden Teilaufgaben behandelt wird, ist nicht mehr prüfungsrelevant: 2008 I/c, d; 2010 III/b; 2011 III/b, c.

Jeweils zu Beginn des neuen Schuljahres erscheinen die neuen Ausgaben der Abitur-Prüfungsaufgaben mit Lösungen.

Autor

StD Bruno Kunz

Vorwort

Liebe Schülerinnen und Schüler,

das vorliegende Buch bietet Ihnen die Möglichkeit, sich optimal auf die zentral gestellte schriftliche Abiturprüfung im Fach Physik vorzubereiten. Dazu stellen wir Ihnen eine umfangreiche Sammlung an Aufgaben zur Verfügung, mit deren Hilfe Sie das im Unterricht Erlernte üben und aufarbeiten können.

Im ersten Teil erhalten Sie **„Hinweise zum Abitur in Physik"**. Diese werden Ihnen helfen, die formalen Rahmenbedingungen für das Zentralabitur kennen zu lernen. Nach einer kurzen Erläuterung zur Stellung des Faches Physik in der Kursstufe erhalten Sie Hinweise zum Bildungsplan. Der folgende Abschnitt „Die Aufgaben der schriftlichen Abiturprüfung Physik" zeigt Ihnen konkret, wie Sie erfolgreich an die Aufgaben der Abiturklausur herangehen können. Da in der schriftlichen Abiturprüfung nicht alle Stoffgebiete abgeprüft werden, die der Bildungsplan beinhaltet, enthält der Abschnitt „Welcher Stoff muss beherrscht werden?" eine Liste der prüfungsrelevanten Themen. Anschließend erfahren Sie, wie Ihre Prüfungsarbeiten bewertet werden.

Der Hauptteil dieses Buches enthält zum einen die für die kommende Abiturprüfung relevanten Aufgaben der **offiziellen Abiturklausuren** ab 2007, zum anderen viele **Übungsaufgaben**, die nach Themengruppen geordnet sind und damit eine inhaltlich gezielte Vorbereitung erlauben. Zu allen Aufgaben gibt es **vollständige, ausführlich kommentierte Lösungsvorschläge**, zu den Abiturklausuren zusätzliche **separate Tipps zum Lösungsansatz**, die Ihnen das eigenständige Lösen der Aufgaben erleichtern.

Sollten nach Erscheinen dieses Bandes noch wichtige Änderungen in der Abiturprüfung 2014 vom Kultusministerium bekannt gegeben werden, finden Sie aktuelle Informationen dazu im Internet unter www.stark-verlag.de/info.asp?zentrale-pruefung-aktuell.

Ich wünsche Ihnen viel Erfolg in der Abiturprüfung!
Bruno Kunz

Stichwortverzeichnis

Die Ziffern geben die Seitenzahlen der Übungs- und Abiturprüfungsaufgaben an. Den Seiten der Abiturprüfungsaufgaben ist zusätzlich der jeweilige Jahrgang vorangestellt.

Abbremsvorgang 1
Absorptionsgesetz 6
Äquivalenz von Masse und Energie 7

Blattfeder 09-1
Brechung 07-15; 09-17

Comptoneffekt 8

de-Broglie-Wellenlänge 07-2; 08-18; 10-2; 11-2
Dielektrikum 07-1
Dispersion 09-17
Doppelspalt 07-15; 08-18; 09-1; 10-9; 11-8; 12-8; 13-8
Dreifachspalt 09-2; 11-8; 13-9

Eigeninduktivität 07-2; 10-24; 12-16; 13-16
Einschaltvorgang 07-2; 10-24; 12-16; 13-16
Einzelspalt 07-15; 08-17; 10-9; 12-8; 13-8
elektrische Feldstärke 08-8
elektromagnetische Welle 11-23
Elektronenbeugung 08-18; 09-2; 10-2; 13-9
Energiedichte 5
Energie eines Kondensators 08-8
Entropie 1, 2; 11-24

Federpendel 10-1; 11-1; 12-1; 13-1, 9
Feldenergie 07-1
Fotoeffekt 07-16; 08-18; 09-17; 10-10; 11-9; 12-8

Gitter 07-15; 08-17; 09-16; 10-9 ; 13-8
Glasplättchen 07-15
glühelektrischer Effekt 08-1
Gravitationsgesetz 2

Halleffekt 09-7
Helmholtzspulenpaar 10-17
Heisenberg'che Unbestimmtheitsrelation 6; 09-8; 12-8

Induktion 08-9, 09-7; 10-24; 12-16; 13-16
Interferenz 07-9; 13-2

Kennlinien 4
klassische Teilchen 08-1; 11-2
Kondensator 08-9
Kondensatorentladung 4
Kurbellampe 5

Lenz'sches Gesetz 07-2; 08-10; 09-8; 13-17
Lichtgeschwindigkeit 07-15; 09-17
Linienspektrum 07-15; 09-16

magnetische Flussdichte 09-7; 13-16
mechanische Wellen 07-8, 9; 10-1; 11-1

Oberschwingung 07-8

Photonenanzahl 08-18; 11-8
Photonenimpuls 11-24
Plattenkondensator 07-1; 08-8; 12-16

quantenmechanischer Messprozess 13-17
Quantenobjekte 10-18; 11-2

radioaktiver Zerfall 7

Saite 07-8; 13-2
Schmelzwärme 2
Schwingkreis 10-25; 13-9
Schwingung im U-Rohr 1
Selbstinduktion 07-2; 12-16; 13-16
senkrechter Wurf 11-23
Sinken in einer Flüssigkeit 11-23
Solarkonstante 3, 7
Spektrum 07-15
Spule, lang 13-16
stehende Wellen 09-1; 11-1
Strahlungsgesetze 3

Teilchen in E- und B-Feldern 07-1; 08-1; 10-17; 11-15

Überlagerung von Spektren 07-15; 10-10

Vierfachspalt 08-17; 10-9; 11-8; 13-8

Wahrscheinlichkeitswellen 6; 07-2, 9; 08-18; 09-2; 11-2; 12-17; 13-9
Wasserwellen 07-9; 09-1; 10-1; 12-2; 13-2
Wechselspannung 09-8
Wien'schesFilter 08-1

Zeigerdiagramm 07-9; 09-1; 11-8; 12-2; 13-2
Zyklotron 11-15

Hinweise und Tipps zum Abitur in Physik

Die Kursstufe

Als Schülerin bzw. Schüler müssen Sie drei vierstündige Kernfächer (Deutsch, Mathematik, Fremdsprache) sowie zwei weitere vierstündige Fächer belegen. Unter diesen beiden Fächern muss eine weitere Fremdsprache oder eine Naturwissenschaft sein. Die restlichen Fächer werden zweistündig unterrichtet.

Im Abitur werden Sie in fünf Fächern geprüft:

- in den drei Kernfächern sowie wahlweise in einem der beiden anderen vierstündigen Fächer schriftlich;
- in einem weiteren zu wählenden Pflichtfach mündlich (Präsentationsprüfung).

Bei der Wahl der Prüfungsfächer ist darauf zu achten, dass eine Gesellschaftswissenschaft schriftlich oder mündlich geprüft wird. Einzelheiten können im Leitfaden für die gymnasiale Oberstufe nachgelesen werden.

Für das Fach Physik bedeutet dies:

- Von den drei Naturwissenschaften Biologie, Chemie und Physik müssen die Schülerinnen und Schüler zwei Fächer in den Jahrgangstufen I und II belegen und abrechnen. Physik kann als vierstündiges oder als zweistündiges Fach gewählt werden. Schriftlich geprüft wird nur das vierstündige Fach.

Der Bildungsplan

Nur etwa zwei Drittel der Unterrichtsstunden sind für den Pflichtbereich vorgesehen. Der Rest ist dem Wahlbereich zugeordnet und kann im schriftlichen Abitur nicht abgeprüft werden. Im Gegensatz zu manchen Fächern gibt es keine Sternchenthemen.

Die Aufgaben der schriftlichen Abiturprüfung Physik

In Baden-Württemberg werden die Abituraufgaben zentral vom Kultusministerium gestellt. Das heißt, dass Lehrerinnen und Lehrer bei den vier Regierungspräsidien Aufgabenvorschläge einreichen müssen, aus denen dann Kommissionen der Regierungspräsidien bzw. des Kultusministeriums die endgültigen Aufgaben festlegen. Seit 2012 gibt es **drei Aufgaben** mit verschiedenen Schwerpunkten, von denen **der Lehrer zwei** für die Bearbeitung durch die Schüler **auswählt**. Im Gegensatz zu vielen anderen Fächern haben Sie als Schüler nichts auszuwählen. In jeder Aufgabe kann das Thema mehrfach wechseln. Quantenphysik kann Bestandteil jeder Aufgabe sein. Die Gesamtarbeitszeit beträgt 240 Minuten.

Als Hilfsmittel sind der GTR und die mathematische Formelsammlung zugelassen.

Bearbeitung der Prüfungsaufgaben

- Sie bekommen zwei verschiedene Sorten von Papierbogen ausgeteilt. Das weiße Papier dient der Reinschrift, das grüne ist für den Entwurf gedacht. Wenn Sie sich Ihre Zeit vernünftig einteilen, werden Sie in der vorgegebenen Zeit gut fertig. Die Zeit kann aber knapp werden, wenn Sie alles zuerst als Entwurf schreiben und anschließend in die Reinschrift übertragen. Wenn Sie sich also sicher sind, dass Sie einen Teil gut lösen können, schreiben Sie Ihre Lösung gleich auf das weiße Papier. Bei Teilen, bei denen Sie sich nicht so sicher sind, schreiben Sie zuerst einen **möglichst sauberen** Entwurf auf das grüne Papier, den Sie anschließend übertragen. Es hat sich bewährt, für kleine Nebenrechnungen bzw. für das Probieren (wie hieß die Formel noch mal?) ein Extrablatt des grünen Papiers zu verwenden.

- Lesen Sie zuerst beide vorgelegten Aufgaben und beginnen Sie dann mit der Aufgabe, bei der Sie sich am sichersten fühlen. Nach Möglichkeit bearbeiten Sie diese Aufgabe an einem Stück.
- Schreiben Sie zu Beginn jeder Teilaufgabe die Angaben auf, die für diesen Teil gelten. Achten Sie auf Verweise zu Aufgabenteilen, die weiter oben stehen. Überlegen Sie, welche Formel zu dem Problem passt, und schreiben Sie die Formel zuerst in der Form hin, wie Sie sie gelernt haben. Anschließend wird umgeformt und dann eingesetzt.
- Manche Aufgabenteile werden relativ offen formuliert sein. Es gibt also keine Detailfragen, sondern Sie müssen selbst das Wesentliche dieser Teilaufgabe herausfinden und in Form eines kleinen Aufsatzes beschreiben. Dieser sollte sowohl fachlich als auch sprachlich fehlerfrei sein. Das bloße Hinschreiben einer Formel genügt nicht. Andererseits sollte man die Frage beantworten und nicht vom Thema abschweifen.
- Enthält eine Aufgabenstellung eine Skizze, so müssen ihr die wesentlichen Daten entnommen werden, da diese im Text nicht nochmals wiederholt werden. Sie selbst müssen den Variablen einen sinnvollen Namen geben. Wählen Sie also nach Möglichkeit den Buchstaben, wie er in den gelernten Formeln heißt.
- Bei Zeichnungen müssen Sie selbst den geeigneten Maßstab herausfinden. Denken Sie vor der Prüfung daran, Ihr Schreibzeug auf den neuesten Stand zu bringen.
- Beschriften Sie Ihre Skizzen und Diagramme klar und sauber.
- Enthält eine Arbeit zu viele Verstöße gegen Rechtschreibung, Grammatik oder Form, so können bis zu zwei Notenpunkte abgezogen werden.
- Denken Sie auch daran, die korrekten Einheiten zu verwenden und hinzuschreiben. In diesem Buch werden grundsätzlich alle Angaben in SI-Einheiten umgewandelt, sodass hinter den Maßzahlen nur eine einzige Maßeinheit, nämlich die zur zu berechnenden Größe zugehörige Maßeinheit, steht.
- Ein Ergebnis kann nicht genauer sein als die vorgegeben Daten. Sind die Daten mit einer Genauigkeit von zwei oder drei Stellen vorgegeben, so ist es sinnlos, das Ergebnis mit acht Stellen hinter dem Komma anzugeben. Werden Zwischenergebnisse aufgeschrieben, so sollten diese gerundet werden. Werden die Zahlen weiter verwendet, sollte man aber mit allen Stellen, wie sie noch im Taschenrechnerdisplay stehen, weiterrechnen.

Welchen Stoff müssen Sie beherrschen?

Neben der Kenntnis von verbindlich vorgegebenen Fachinhalten sollen Sie in der Kursstufe Kompetenzen erwerben, die unabhängig von Fachinhalten sind. Die bisher veröffentlichten Aufgaben für G9 (bis einschließlich 2012) prüfen hauptsächlich Fachinhalte und Fachmethoden. Die Kompetenzen „Reflexion“ und „Kommunikation“ werden hingegen nur in geringem Umfang überprüft, meist nur in Zusammenhang mit Teilaufgaben zum Thema Quantenphysik.

Diese beiden Kompetenzen sollen mit den neuen Aufgaben ab 2013 verstärkt geprüft werden. Generell gilt: Kompetenzen sind unabhängig von konkreten inhaltlichen Bezügen zu sehen. Die Überprüfung der Kompetenzen erfolgt vielmehr an beliebigen Inhalten und Formeln, die Ihnen teilweise unbekannt sind. Ziel des Unterrichts ist es dabei nicht, Sie auf alle möglichen Inhalte vorzubereiten, die über den Bildungsplan hinausgehen, sondern Ihnen die Kompetenzen so zu vermitteln, dass Sie diese an beliebigen Inhalten zeigen können. Allerdings hilft es Ihnen bei der Vorbereitung auf die schriftliche Prüfung, wenn Sie bereits Aufgaben gerechnet haben, die nicht direkt mit dem Stoff des Unterrichts zusammenhängen, aber in der Prüfung als Transferaufgaben gestellt werden können.

Wie schon bisher müssen Sie folgenden Stoff, gegliedert nach Stoffgebieten, beherrschen:

- *Elektrisches Feld*
  Elektrische Feldstärke, Spannung, Potenzial, Plattenkondensator, Energie, Bewegung im elektrischen Feld, Elementarladung, Elektronenstrahlröhre, Diode;
  neu: keine Rechnungen zum elektrischen Querfeld
- *Magnetisches Feld*
  Magnetisches Feld, Flussdichte, lang gestreckte Spule, Lorentzkraft, Bewegung im B-Feld, Elektronen, Halleffekt, Wien'sches Filter;
  neu: keine Rechnungen zur Kreisbewegung
- *Elektromagnetische Induktion*
  Induktion, Selbstinduktion, Induktivität einer lang gestreckten Spule, Energie des magnetischen Feldes, Erzeugung sinusförmiger Wechselspannungen
- *Mechanische Schwingungen und Wellen*
  Harmonische Schwingungen, Differenzialgleichung, Zeigerdiagramm, Querwellen, Ausbreitungsgeschwindigkeit, Frequenz, Wellenlänge, Interferenz, stehende Querwellen, Eigenschwingungen
- *Elektromagnetische Schwingungen und Wellen*
  Schwingkreis, elektromagnetische Wellen (nur qualitativ), Maxwell-Theorie, Wellenoptik, Reflexion, Brechung, Dispersion, Beugung, Interferenz, Einzelspalt, Doppelspalt, Mehrfachspalt, Gitter, Polarisation
- *Grundlagen der Quanten- und Atomphysik*
  Fotoeffekt, Photon, Planck'sches Wirkungsquantum, Elektronenbeugung, de-Broglie-Wellenlänge, Quantenobjekte, Interferenz, Zustandsfunktion, Unbestimmtheit, quantenmechanische Messung

Auf stofflicher Seite neu gegenüber dem in den vergangenen Abituraufgaben geforderten Prüfungsstoff sind die Diode, die Maxwell-Theorie sowie das Thema Entropie:

- Bei der **Diode** wird die Kennlinie sowie die Kenntnis verlangt, dass es sich bei der Diode um einen richtungsabhängigen Widerstand handelt.
- Unter dem Stichwort **Maxwell-Theorie** können folgende auch schon bisher bekannten Eigenschaften des elektromagnetischen Feldes abgefragt werden:
  - Ladungen sind Quellen und Senken des elektrischen Feldes.
  - Es gibt keine magnetischen Monopole.
  - Induktionsgesetz: Jedes sich zeitlich verändernde magnetische Feld ist von einem elektrischen (Wirbel)-Feld umgeben.
  - Jeder elektrische Leiter, der von einem elektrischen Strom durchflossen wird, ist von einem magnetischen (Wirbel)-Feld umgeben. Jedes sich zeitlich verändernde elektrische Feld ist von einem magnetischen (Wirbel)-Feld umgeben.
- Bei der **Entropie** bestehen die Rechnungen im Anwenden der Formel $\Delta S = \frac{\Delta W}{T}$ (z. B. 2011 IV c), ansonsten sind Fragen zum Verständnis zu erwarten.

Dieses Buch enthält zu Übungszwecken noch viele Aufgaben, bei denen einige Fragen in dieser Form ab dem Abitur 2013 nicht mehr vorkommen können. Generell lässt sich für die Abituraufgaben ab dem Jahr 2013 einigermaßen zuverlässig ein Trend angeben: Es werden eher weniger Rechnungen, dafür mehr Verständnisfragen (2010 IV d, 2012 1 b, III c) und Analogiebetrachtungen (2013 II c) gefordert werden. Dadurch werden die Aufgaben nicht unbedingt einfacher, sondern sie werden anders. Vereinfacht kann man vielleicht sagen: Bei geladenen Teilchen in Feldern wird der mathematische Anspruch zurückgefahren, dafür tauchen verstärkt Analogiefragen, Verständnisfragen sowie die Begriffe Potenzial und Entropie auf.
Der folgenden Tabelle können Sie entnehmen, welche Teile der Aufgaben, die Sie in diesem Buch finden, in der angegeben Form nicht mehr abgefragt werden. Sicherlich dient aber die Bearbeitung dieser Aufgaben dem tieferen Verständnis des physikalischen Sachverhaltes.

Aufgabe	ab Seite	künftig keine Rechnungen zum …
2008 I c	2008-2	… elektrischen Querfeld
2008 I d	2008-2	… Magnetfeld
2010 III b	2010-17	… Magnetfeld
2011 III b	2011-15	… zu Magnetfeld
2011 III c	2011-16	… elektrischen Querfeld

Operatoren

Aus der **Aufgabenformulierung** kann im Allgemeinen auf die Art und den Umfang der zu erbringenden Leistung geschlossen werden. Sie sollten sich deshalb bei der Vorbereitung auf Ihre Prüfung mit den üblichen „Signalwörtern", den so genannten Operatoren, vertraut machen (siehe nachfolgende Zusammenstellung). Wenn also beispielsweise „Zeichnen Sie …" verlangt ist, müssen Sie eine möglichst exakte Darstellung anfertigen, eine einfache Skizze reicht dann nicht aus. In der folgenden Tabelle sind die Operatoren und ihre Bedeutungen aufgelistet, wie sie den „Einheitlichen Prüfungsanforderungen im Fach Physik (EPA Physik)" zu entnehmen sind. In der dritten Spalte finden Sie jeweils ein Beispiel für einen Arbeitsauftrag, der die Verwendung des jeweiligen Operators demonstriert.

Operator	**Bedeutung**	**Beispiel**
abschätzen	durch begründete Überlegungen Größenordnungen physikalische Größen angeben	Schätzen Sie die Energiedichte einer Autobatterie mit den Daten … ab.
analysieren/ untersuchen	unter einer gegebenen Fragestellung wichtige Bestandteile oder Eigenschaften herausarbeiten	Analysieren Sie die Aussagen Einsteins im Hinblick auf die Vorstellungen vom Licht.
anwenden	einen bekannten Sachverhalt oder eine bekannte Methode auf etwas Neues beziehen	Wenden Sie den Energie- und den Impulserhaltungssatz an.
begründen/ zeigen	Sachverhalte auf Regeln, Gesetzmäßigkeiten bzw. kausale Zusammenhänge zurückführen	Beschreiben und begründen Sie die Schwingungsvorgänge beim Schwingkreis während einer Periode.
berechnen/ bestimmen	aus Größengleichungen physikalische Größen gewinnen	Berechnen Sie die Induktivität der Spule aus den angegebenen Daten.

Operator	Bedeutung	Beispiel
beschreiben	Strukturen, Sachverhalte oder Zusammenhänge strukturiert und fachsprachlich richtig mit eigenen Worten wiedergeben	Beschreiben Sie das experimentelle Vorgehen bei der Bestimmung der spezifischen Ladung des Elektrons ($\frac{e}{m}$).
beurteilen	zu einem Sachverhalt ein selbstständiges Urteil unter Verwendung von Fachwissen und Fachmethoden formulieren und begründen	Beurteilen Sie den Vorschlag, alle Atomkraftwerke auf der Welt innerhalb kürzester Zeit vom Netz zu nehmen.
darstellen	Sachverhalte, Zusammenhänge, Methoden und Bezüge in angemessenen Kommunikationsformen strukturiert wiedergeben	Stellen Sie den Zusammenhang in einem t-s-Diagramm grafisch dar.
diskutieren/ erörtern	in Zusammenhang mit Sachverhalten, Aussagen oder Thesen unterschiedliche Positionen bzw. Pro- und Contra-Argumente einander gegenüberstellen und abwägen	Diskutieren Sie die Brauchbarkeit der vier Diagramme zur Beschreibung des geschilderten Bewegungsvorgangs.
erklären	einen Sachverhalt nachvollziehbar und verständlich machen	Erklären Sie an zwei geeigneten Beispielen die grundsätzlichen Wirkmechanismen bei der Induktion einer elektrischen Spannung.
erläutern	einen Sachverhalt durch zusätzliche Informationen veranschaulichen und verständlich machen	Erläutern Sie mithilfe einer geeigneten Skizze die Funktionsweise einer Elektronenstrahlröhre.
herleiten	aus Größengleichungen durch mathematische Operationen eine physikalische Größe freistellen	Leiten Sie anhand einer Skizze her, wie aus der Lage der Punkte die Wellenlänge des Laserlichts berechnet werden kann.
nennen/ angeben	Elemente, Sachverhalte, Begriffe, Daten ohne Erläuterungen aufzählen	Nennen Sie die Newton'schen Axiome. Geben Sie ein Beispiel für den Impulserhaltungssatz an.
skizzieren	Sachverhalte, Strukturen oder Ergebnisse auf das Wesentliche reduziert übersichtlich darstellen	Skizzieren Sie einen Versuchsaufbau zur Bestimmung der Wellenlängen einer Quecksilberdampflampe.
strukturieren/ ordnen	vorliegende Objekte kategorisieren und hierarchisieren	Ordnen Sie die Abbildungen den drei Beugungsobjekten zu.
überprüfen/ prüfen/ testen	Sachverhalte oder Aussagen an Fakten oder innerer Logik messen und eventuelle Widersprüche aufdecken	Prüfen Sie, ob die Wellenlänge, die man dem beschriebenen Muster entnehmen kann, mit der berechneten de-Broglie-Wellenlänge übereinstimmt.
vergleichen	Gemeinsamkeiten, Ähnlichkeiten und Unterschiede ermitteln	Vergleichen Sie den experimentellen Wert mit dem Literaturwert.
zeichnen	eine möglichst exakte grafische Darstellung beobachtbarer oder gegebener Strukturen anfertigen	Zeichnen Sie das zugehörige Zeit-Kraft-Diagramm.

Bewertung der Prüfungsarbeiten

Jede Abiturarbeit wird zunächst vom Fachlehrer (Erstkorrektor) und danach von einem weiteren Fachlehrer einer anderen Schule (Zweitkorrektor) korrigiert und bewertet. Der Zweitkorrektor kennt weder Namen noch Schule des Prüflings. Auf der Arbeit sind nur die Korrekturzeichen des Erstkorrektors sichtbar, nicht jedoch die Vergabe der Verrechnungspunkte. Ein Drittkorrektor legt dann die endgültige Bewertung fest, wobei in der Regel bei einer Abweichung von einem Notenpunkt zwischen Erst- und Zweitkorrektor die höhere Punktzahl, bei zwei Punkten Abweichung der Mittelwert genommen wird. Nur bei größeren Abweichungen nimmt der Drittkorrektor eine weitere Korrektur vor.

Insgesamt können Sie in der Prüfungsarbeit maximal 60 Verrechnungspunkte erzielen. Die Umrechnungstabelle sieht wie folgt aus:

Note	**sehr gut**	**gut**	**befriedigend**	**ausreichend**	**mangelhaft**	**ungenügend**
Notenpunkte	15 14 13	12 11 10	9 8 7	6 5 4	3 2 1	0
Verrechnungs-punkte	60 56 53 ⋮ ⋮ ⋮ 57 54 51	50 47 44 ⋮ ⋮ ⋮ 48 45 42	41 38 35 ⋮ ⋮ ⋮ 39 36 33	32 29 26 ⋮ ⋮ ⋮ 30 27 23	22 18 14 ⋮ ⋮ ⋮ 19 15 11	10 ⋮ 0

Zum Umgang mit diesem Buch

Das Buch enthält 20 **Übungsaufgaben** und die **prüfungsrelevanten Aufgaben der offiziellen Abiturprüfungen** ab dem Abitur 2007. Die Übungsaufgaben sind in drei Themengruppen unterteilt.

Zu allen Übungs- und Prüfungsaufgaben finden Sie im Anschluss an die Aufgabenstellung komplett ausgearbeitete **Musterlösungen** mit Erläuterung des Lösungswegs. Zusätzlich sind bei den Prüfungsaufgaben zwischen Aufgabentext und Lösungen separate **Tipps und Hinweise** zu sämtlichen Teilaufgaben eingefügt, die Ihnen helfen, die Aufgaben **möglichst selbstständig** zu lösen – für die Vorbereitung auf die Prüfung ist es wichtig, dass Sie versuchen, allein mit der Aufgabenstellung zu Recht zu kommen. Nutzen Sie daher immer zuerst die Tipps, wenn Sie bei der Lösung der einzelnen Teilaufgaben ins Stocken geraten – sie erhalten dann einen **Denkanstoß**, der Ihnen weiterhilft. Gehen Sie dabei schrittweise vor, d. h. lesen Sie den jeweiligen Tipp erst bei Bedarf.

Die Musterlösung dient zum einen zur **Kontrolle**, ob Sie die Aufgabe richtig und vollständig gelöst haben, zum anderen gibt Sie Ihnen eine **ausführliche Hilfestellung**, wenn Sie trotz der Tipps Schwierigkeiten bei der Bearbeitung haben (Tipps und Kommentare sind durch eine Raute ⧫ am linken Textrand gekennzeichnet).

Übungsaufgaben – Themengruppe 1: Mechanik, Wärmelehre

Aufgabe 1: Abbremsvorgang

Ein Pkw mit der Gesamtmasse 1 000 kg bewegt sich auf einer waagerecht verlaufenden Straße. Bei einer Notbremsung wird das Auto von 180 km/h mit einer Bremsverzögerung vom Betrag $6{,}0\,\frac{m}{s^2}$ gleichmäßig bis zum Stillstand abgebremst.

a) Berechnen Sie den Betrag der Bremskraft.

b) Ermitteln Sie den Bremsweg und die Dauer des Bremsvorgangs.

c) Es wird angenommen, dass die beim Bremsen auftretende Wärme nur von den Bremsscheiben aufgenommen wird. Jede der vier Bremsscheiben des Autos besteht aus Stahl und hat eine Masse von 10 kg. Berechnen Sie die Temperaturzunahme der Bremsscheiben.

d) Die beim Abbremsvorgang entstandene Wärme wird schließlich zum größten Teil an die umgebende Luft (T = 300 K) übertragen. Berechnen Sie die Entropiezunahme der Luft.

e) Es gibt jugendliche Motorrollerfahrer, die ihren Roller „frisieren", d. h., dass der Motor so verändert wird, dass er eine größere Leistung erbringt. Warum ist diese Manipulation am Fahrzeug so gefährlich?

Spezifische Wärmekapazität von Stahl: $c = 0{,}47\,\frac{J}{g \cdot K}$

Aufgabe 2: Schwingung im U-Rohr

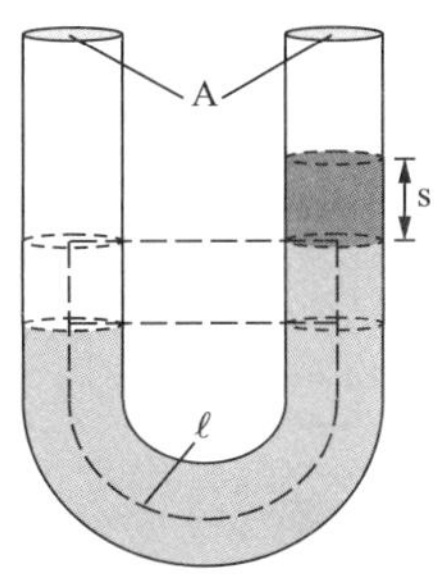

Eine Wassersäule in einem großen U-Rohr wird zu harmonischen Schwingungen angeregt, indem einmal kurz in einen Schenkel hineingeblasen wird. Abb. 1 zeigt das Prinzip des Versuchsaufbaus mit einer Auslenkung aus der Ruhelage um die Länge s. Die Dauer für 5 Perioden der auftretenden Schwingung wird für unterschiedliche Wasservolumina V gemessen. Die Querschnittsfläche beträgt $A = 4\ cm^2$.
Die Messergebnisse sind in der folgenden Tabelle dargestellt:

V in cm^3	100	160	200	240	300
5T in s	3,5	4,5	5,0	5,5	6,0

a) Leiten Sie das lineare Kraftgesetz $F_R = -2\rho \cdot A \cdot g \cdot s$ für die Rückstellkraft der beschriebenen Schwingung her.

- Folgern Sie aus dem linearen Kraftgesetz die Formel $T = 2\pi \cdot \sqrt{\frac{\ell}{2g}}$.

Es gelten folgende Bezeichnungen:

A: Querschnittsfläche des U-Rohres

ℓ: Länge der Wassersäule im U-Rohr

ρ: Dichte der Flüssigkeit ($\rho_{Wasser} = 1\,\frac{g}{cm^3}$)

g: Erdbeschleunigung

b) Werten Sie die Messergebnisse dieses Versuchs aus.

- Berechnen Sie dazu jeweils die Länge ℓ der Wassersäule aus den gegebenen Volumen V und weisen Sie mithilfe einer geeigneten Regression die Proportionalität $T \sim \sqrt{\ell}$ nach.
- Bestimmen Sie die Erdbeschleunigung g aus den Messwerten und geben Sie die Abweichung vom Literaturwert ($9{,}81\,\frac{m}{s^2}$) an.

Im Folgenden wird die Schwingung mit $V = 300\ cm^3$ untersucht.

c) Bestimmen Sie die Schwingungsdauer.

d) Berechnen Sie für eine Auslenkung um 10 cm die Geschwindigkeit der Wassersäule sowie die kinetische Energie des schwingenden Systems beim Durchgang durch die Gleichgewichtslage.

e) Ermitteln Sie die Lageenergie, welche die um 10 cm ausgelenkte Wassersäule zu Beginn der Schwingung hatte.

Evtl. auftretende Reibungsverluste werden vernachlässigt.

Aufgabe 3: Gravitationsgesetz

Die Bewegung der Planeten um die Sonne sowie die Bewegung der großen Monde um ihre Planeten kann in guter Näherung durch Kreisbahnen beschrieben werden. Auf diesen Kreisbahnen wirkt die Gravitation F_{gr} als zum Zentrum gerichtete Zentripetalkraft F_Z. Es gelten die Gesetze

$$F_{gr} = \gamma \cdot \frac{m \cdot M}{r^2} \quad \text{und} \quad F_Z = \frac{m \cdot v^2}{r}.$$

M ist die Masse des Zentralkörpers, m ist die Masse des umlaufenden Körpers.
Der Marsmond Phobos hat eine Masse von $1{,}5 \cdot 10^{16}$ kg und läuft auf einer Kreisbahn mit Radius $r = 9\,350$ km um den Planeten Mars. Die Umlaufszeit beträgt $T = 7{,}65$ Stunden.

a) Berechnen Sie die Bahngeschwindigkeit in $\frac{m}{s}$.

b) Berechnen Sie die Masse von Mars.

Gravitationskonstante $\gamma = 6{,}67 \cdot 10^{-11}\ N \cdot m^2 \cdot kg^{-2}$

Aufgabe 4: Eiswürfel

In einem Tabellenwerk zu Wasser finden sich folgende Angaben:
Spezifische Wärmekapazität $4{,}2\,\frac{J}{g \cdot K}$, spezifische Schmelzwärme $335\,\frac{J}{g}$.
Ein Eiswürfel der Masse 20 g mit der Temperatur 0 °C soll geschmolzen werden.

a) Berechnen Sie die Entropie, die nötig ist, um diesen Eiswürfel zu schmelzen.

b) Begründen Sie, warum man zum Abkühlen Eiswürfel verwendet und nicht einfach eiskaltes Wasser.

c) Zeigen Sie, dass 20 g Eis genügen, um 105 g Wasser von 20 °C in ein kaltes Getränk von 4 °C zu verwandeln.

Aufgabe 5: Warum ist es auf Jupiter so kalt?

a) Die mittlere Temperatur an der Oberfläche der Erde beträgt 15 °C, bei Jupiter liegen die Temperaturen unter –100 °C. Woher kommt das?
Die Solarkonstante $S_E = 1{,}36\ \text{kW} \cdot \text{m}^{-2}$ gibt an, wie viel Sonnenenergie pro Sekunde auf eine Fläche von 1 Quadratmeter senkrecht eingestrahlt wird, die sich im mittleren Abstand Erde – Sonne (1 AE) befindet. Jupiter hat einen mittleren Sonnenabstand von 9,55 AE.
Zeigen Sie, dass auf Jupiter eine Leistung von etwa 15 Watt pro m^2 einfällt.

b) Nehmen Sie zu der Frage in der Überschrift Stellung.

Abstand Erde – Sonne: $1\ \text{AE} = 1{,}5 \cdot 10^{11}\ \text{m}$

Aufgabe 6: Strahlungsgesetze

Für die gesamte Leistung, die von einem kugelförmigen heißen schwarzen Körper in allen Wellenlängen abgestrahlt wird, gilt das Strahlungsgesetz von Stefan und Boltzmann:

$$P = \sigma \cdot 4\pi \cdot R^2 \cdot T^4.$$

Das Wien'sche Verschiebungsgesetz $\lambda_{max} \cdot T = 2{,}9 \cdot 10^{-3}\ \text{m} \cdot \text{K}$ gibt an, bei welcher Wellenlänge die meiste Strahlung abgegeben wird. Die Sonne kann näherungsweise als schwarzer Strahler betrachtet werden. Sie hat eine Oberflächentemperatur von ungefähr 5 770 K.

a) Berechnen Sie die gesamte in einer Sekunde von der Sonne abgestrahlte Energie.

b) Bestimmen Sie diejenige Wellenlänge, bei der die Sonne am stärksten strahlt.
Ist das Ergebnis auf den ersten Blick nicht verwunderlich?

c) Nehmen Sie an, dass die Oberflächentemperatur der Sonne um 10 % sinkt.
Beschreiben Sie die Auswirkungen, die sich hieraus auf der Erde ergäben.

Stefan-Boltzmann Konstante $\sigma = 5{,}67 \cdot 10^{-8}\ \text{W} \cdot \text{m}^{-2} \cdot \text{K}^{-4}$
Radius der Sonne $R = 6{,}96 \cdot 10^8\ \text{m}$

Übungsaufgaben – Themengruppe 2: Elektrik

Aufgabe 7: Kennlinien

Gegeben sind vier kleine undurchsichtige Kästchen mit je zwei Anschlüssen, in denen sich ein ohmscher Widerstand (10 Ω, 1 W), eine Leuchtdiode, eine Glühbirne und ein Kondensator (1 µF) befinden.

a) Skizzieren Sie eine Schaltung, mit der man die Stromstärke in Abhängigkeit von der Spannung aufnehmen kann. Es steht eine regelbare Gleichspannungsquelle (0 bis 3,0 V) zur Verfügung.

b) Es werden zwei Messreihen aufgenommen.

Messreihe 1:

U in V	0,5	1,0	1,5	2,0	2,5	3,0
I in mA	16	30	42	50	56	60

Messreihe 2:

U in V	0,0	2,2	2,5	2,6	2,7	2,8	2,9	3,0
I in mA	0	0	5	10	20	40	70	150

Ermitteln Sie die Bauteile, die in den Schaltungen zu den Messreihen 1 und 2 verwendet worden sind.
Erklären Sie das Aussehen der Messkurve.

c) Zeichnen Sie die Kennlinien für die beiden anderen Bauteile.

d) Welche Bedeutung hat die Angabe 1 W für den ohmschen Widerstand?

Aufgabe 8: Kondensatorentladung

Ein Kondensator wird aufgeladen, indem er an eine Spannungsquelle angeschlossen wird. Anschließend wird er über einen Widerstand (500 Ω) entladen. Der zeitliche Verlauf ist der Abbildung zu entnehmen.

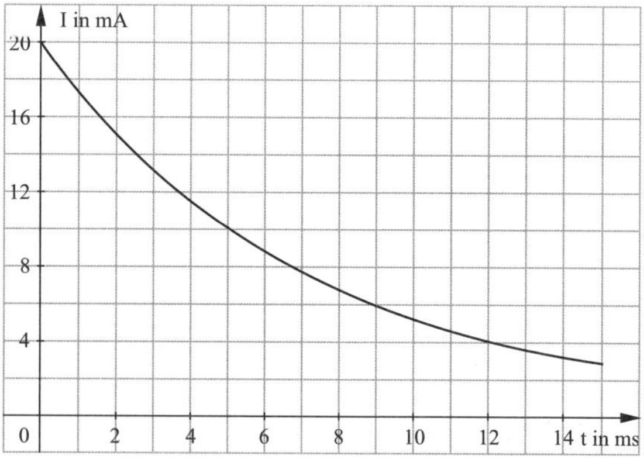

a) Bestimmen Sie die angelegte Spannung.

b) Zeigen Sie, dass für den Entladevorgang die Differenzialgleichung

$$I(t) = -R \cdot C \cdot \dot{I}(t) \quad (*)$$

gilt.

c) Zeigen Sie, dass die Funktion $I(t) = I_0 \cdot e^{-\frac{t}{R \cdot C}}$ die Differenzialgleichung (*) löst.

d) Ermitteln Sie aus dem Schaubild die Kapazität C des Kondensators. Führen Sie dazu eine exponentielle Regression mit mindestens vier Werten aus der Abbildung durch.

e) Erläutern Sie, wie man alternativ zu der Vorgehensweise in Teilaufgabe d die Kapazität C aus dem Schaubild ausrechnen kann, indem Sie das Verhalten der Kurve für $t = 0\,s$ in Betracht ziehen. Bestimmen Sie den Wert.

Aufgabe 9: Energiedichte

Wenn man in die Zukunft denkt, wird die Speicherung elektrischer Energie immer wichtiger. So sollen Autos mit Verbrennungsmotor durch Elektroautos ersetzt werden, Handys werden immer leistungsfähiger.

a) Berechnen Sie die Energiedichten in $J \cdot m^{-3}$ für drei verschiedene Formen der Energiespeicherung:
   - Autobatterie mit den Daten: 12 Volt, 75 Ah, Maße ($L \times B \times H$): $279 \times 175 \times 175$ mm
   - Doppelschichtkondensator: 2 V, 100 F, 20 cm^3.
   - Pumpspeicherkraftwerk. Dabei wird Wasser zur Speicherung von Energie 100 m hoch gepumpt.

b) Erläutern Sie mögliche Beweggründe, wieso die Energiewirtschaft weitere Pumpspeicherseen anlegen will, obwohl diese bei den Anwohnern auf Widerstand stoßen.

Aufgabe 10: Kurbellampe

Herkömmliche Taschenlampen haben manchmal die Eigenschaft, dann leer zu sein, wenn man sie gerade braucht. Bei einer Kurbellampe kann dies nicht passieren, da sie keine Batterien, sondern eine Kurbel besitzt, mit der man Strom erzeugen kann. Außer der Kurbel muss die Lampe mindestens noch folgende Bauteile enthalten:
Schalter, Leuchtdiode mit Vorwiderstand, Kondensator, „Stromerzeuger".

- Zeichnen Sie einen Schaltplan und erläutern Sie die Funktionsweise der Bauteile.
- Beschreiben Sie den Aufbau des Stromerzeugers.

Übungsaufgaben – Themengruppe 3: Atom- und Kernphysik

Aufgabe 11: Die Heisenberg'sche Unbestimmtheitsrelation

- Erläutern Sie, was man unter der Heisenberg'schen Unbestimmtheitsrelation versteht.
- Warum spielt die Unbestimmtheitsrelation im normalen Alltag keine Rolle?

Kleine Sternschnuppen haben eine Masse von ca. 1 mg. Mit einem Laser ($\lambda = 632$ nm) soll die Lage des Schwerpunktes eines solchen Staubteilchens innerhalb des Ortsintervalls $[x_0; x_0 + \lambda]$ ermittelt werden.

- Bestimmen Sie die zugehörige Geschwindigkeitsunschärfe des Teilchens.
- Ist dieser Zahlenwert messtechnisch nachweisbar?

Planck'sches Wirkungsquantum: $h = 6{,}63 \cdot 10^{-34}$ Js

Aufgabe 12: Wellennatur von Makrokörpern

Ein Tischtennisball der Masse 2,5 g rollt mit der Geschwindigkeit $0{,}5\,\frac{m}{s}$ senkrecht auf eine Wand. Hier befindet sich eine 5 cm breite rechtwinklige Öffnung, durch welche der Ball hinter die Wand gelangen kann.
Zeigen Sie, dass die Ablenkung des Balls nur auf Unebenheiten des Bodens bzw. auf Berührungen mit den Kanten zurückzuführen ist, nichts jedoch mit den Welleneigenschaften der Materie zu tun hat.

Planck'sches Wirkungsquantum: $h = 6{,}63 \cdot 10^{-34}$ Js

Aufgabe 13: Das Absorptionsgesetz für γ-Strahlen (1)

Es wird ein Absorptionsversuch mit monoenergetischen γ-Quanten der Energie 662 keV durchgeführt. Hinter Bleiabsorbern der Dicke $x_1 = 1{,}00$ cm bzw. $x_2 = 4{,}00$ cm misst man die Zählrate $Z_1 = 38\,670\ \text{min}^{-1}$ bzw. $Z_2 = 2\,230\ \text{min}^{-1}$.

a) Die Absorption wird durch eine Exponentialfunktion beschrieben. Bestimmen Sie den zugehörigen Funktionsterm, der die Zählrate Z in Abhängigkeit von der Absorberdicke x angibt. Wie groß ist die Zählrate ohne Absorber?

b) Berechnen Sie die zugehörige Halbwertsdicke D.

Aufgabe 14: Das Absorptionsgesetz für γ-Strahlen (2)

γ-Strahlung wird beim Durchgang durch Materie geschwächt. Die Abschwächung hängt von der Energie der γ-Quanten, dem absorbierenden Material sowie der Dicke dieses Materials ab.

a) Bei einem solchen mit Bleiabsorbern durchgeführten Versuch erhält man für Quanten der Energie 500 keV folgende Messwerte:

Absorberdicke in cm	0	1,0	2,0	3,0	4,0	5,0	6,0
Zählrate in min^{-1}	150 000	29 197	5 604	1 105	215	43	7

Bestimmen Sie einen Funktionsterm, der die Zählrate Z in Abhängigkeit von der Absorberdicke x angibt.

b) Die durchgelassene Strahlung soll auf ein Tausendstel der ursprünglichen Intensität verringert werden. Bestimmen Sie die hierzu erforderliche Dicke der Bleischicht.

c) Aluminium hat für Quanten mit 500 keV eine Halbwertsdicke von 3,05 cm, d. h., dass nach 3,05 cm Aluminium die Intensität auf die Hälfte gesunken ist.
   - Geben Sie das Absorptionsgesetz an.
   - Wie dick muss die Aluminiumschicht sein, damit die durchgelassene Strahlung auf ein Tausendstel der ursprünglichen Intensität verringert wird?

Aufgabe 15: Radioaktiver Zerfall

Cäsium-137 ist ein Isotop, das bei der Kernspaltung in KKWs entsteht. Der Bestand einer Anfangsmenge f_0 wird durch eine Funktion f mit $f(x) = f_0 \cdot 0{,}9773^x$ beschrieben (x in Jahren).

a) Berechnen Sie die Halbwertszeit von Cäsium-137.

b) Ein selbsternannter Kernkraftexperte behauptet, dass man im Falle eines Unfalles zwar mit gewissen Beeinträchtigungen zu rechnen habe, dass man aber nach 100 Jahren die Strahlung von Cäsium getrost vernachlässigen kann. Beziehen Sie zu dieser Aussage Stellung.

Aufgabe 16: Umwandlung von Materie in Energie (1)

Die gesamte Brutto-Stromerzeugung betrug im Jahr 2010 in Deutschland 621 Milliarden Kilowattstunden. Bei der sogenannten Energiegewinnung wird Materie in Energie umgewandelt. Berechnen Sie, wie viel Masse in Energie umgewandelt werden musste, um den Strombedarf unseres Landes aus dem Jahr 2010 zu decken.

Aufgabe 17: Umwandlung von Materie in Energie (2)

Die Erde hat eine Masse von $6 \cdot 10^{24}$ kg. Nehmen Sie an, dass bei einer kosmischen Katastrophe unsere Erde mit einem Körper gleicher Masse zusammentrifft, der allerdings aus Antimaterie besteht.

a) Berechnen Sie die dabei frei werdende Energiemenge, wenn alle Masse in Energie umgewandelt wird.

b) Vergleichen Sie diesen Wert mit dem Energiebetrag $1{,}2 \cdot 10^{34}$ J, den die Sonne in einem Jahr abstrahlt.

Aufgabe 18: Umwandlung von Materie in Energie (3)

Die Solarkonstante $S = 1{,}36\ \text{kW} \cdot \text{m}^{-2}$ gibt an, wie viel Energie pro Sekunde von der Sonne auf 1 m^2 der Erdoberfläche senkrecht eingestrahlt wird. Die Absorption durch die Atmosphäre wird dabei nicht berücksichtigt.

a) Berechnen Sie die von der Sonne in einer Sekunde abgestrahlte Energie.

b) Ermitteln Sie den jährlichen Masseverlust der Sonne.

Abstand von Erde und Sonne: 150 Millionen Kilometer

Aufgabe 19: Comptoneffekt (1)

Beim Comptoneffekt stößt ein Photon auf ein freies, ruhendes Elektron. Das gestreute Photon hat eine kleinere Frequenz als das auftreffende Photon. Für die Wellenlängen vor und nach dem Stoß gilt folgender Zusammenhang:

$$\lambda_2 - \lambda_1 = \frac{h}{m_e \cdot c} \cdot (1 - \cos\beta). \qquad (*)$$

Dabei ist β der Winkel zwischen dem einfallenden und dem gestreuten Photon. Der Ausdruck $\frac{h}{m_e \cdot c}$ wird als Comptonwellenlänge λ_C bezeichnet.

a) Berechnen Sie den numerischen Wert der Comptonwellenlänge.

b) Bestimmen Sie die maximal mögliche Änderung der Wellenlänge.

c) Berechnen Sie für Photonen der Wellenlänge $\lambda_1 = 600$ nm bzw. $\lambda_2 = 2{,}4$ pm jeweils die relative Änderung der Wellenlänge bei einer Comptonstreuung unter 90°.
Welche Bedeutung hat dieses Ergebnis für die Beobachtbarkeit des Comptoneffekts?

d) Berechnen Sie die Energie derjenigen Photonen, die um 45° abgelenkt werden und dabei die Hälfte ihrer Energie verlieren.

Planck'sches Wirkungsquantum $h = 6{,}63 \cdot 10^{-34}$ J · s, Elektronenmasse $m_e = 9{,}11 \cdot 10^{-31}$ kg,
Lichtgeschwindigkeit $c = 3{,}00 \cdot 10^8$ m · s^{-1}

Aufgabe 20: Comptoneffekt (2)

Beim Comptoneffekt stößt ein Photon auf ein freies, ruhendes Elektron. Das gestreute Photon hat eine kleinere Frequenz als das auftreffende Photon. Für die Wellenlängen vor und nach dem Stoß gilt folgender Zusammenhang:

$$\lambda_2 - \lambda_1 = \frac{h}{m_e \cdot c} \cdot (1 - \cos\beta).$$

Dabei ist β der Winkel zwischen dem einfallenden und dem gestreuten Photon.

Ein Elektron wird von einem Röntgenphoton der Wellenlänge $\lambda = 8{,}0$ pm so getroffen, dass das Photon um 90° aus seiner ursprünglichen Richtung gestreut wird.
Berechnen Sie die kinetische Energie W_{kin} in Elektronenvolt, die das Elektron erhält.

Lösungen – Themengruppe 1: Mechanik, Wärmelehre

Aufgabe 1: Abbremsvorgang

a) Die Bremskraft hat den Betrag $F = m \cdot a = 1\,000 \cdot 6{,}0\ \text{N} = 6\,000\ \text{N}$.

b) Die in km/h angegebene Geschwindigkeit muss zuerst in Meter pro Sekunde umgerechnet werden ($1\ \frac{\text{m}}{\text{s}} = 3{,}6\ \frac{\text{km}}{\text{h}}$):

$$180\ \frac{\text{km}}{\text{h}} = 50\ \frac{\text{m}}{\text{s}}.$$

Der während der Bremsung zurückgelegte Weg folgt aus $W = F \cdot s$. Der Pkw hat die kinetische Energie

$$W = \frac{1}{2} m \cdot v^2 = \frac{1}{2} \cdot 1\,000 \cdot 50^2\ \text{J} = 1\,250\,000\ \text{J}.$$

Umformen liefert

$$s = \frac{W}{F} = \frac{1\,250\,000}{6\,000}\ \text{m} = 208\ \text{m}.$$

Aus $v = a \cdot t$ folgt für die Dauer des Bremsvorgangs

$$t = \frac{v}{a} = \frac{50}{6{,}0}\ \text{s} = 8{,}33\ \text{s}.$$

Alternativ können Sie den Bremsweg auch mit den Bewegungsgleichungen $v = a \cdot t$ und $s = \frac{1}{2} a \cdot t^2$ ermitteln. Nachdem Sie die Bremsdauer wie oben gezeigt zu 8,33 s berechnet haben, erhalten Sie

$$s = \frac{1}{2} a \cdot t^2 = \frac{1}{2} \cdot 6{,}0 \cdot 8{,}33^2\ \text{m} = 208\ \text{m}.$$

c) Die kinetische Energie wird vollständig in Wärme umgewandelt. Für die Temperaturerhöhung der Bremsen gilt deshalb $W = c \cdot m \cdot \Delta\vartheta$ und damit

$$\Delta\vartheta = \frac{W}{c \cdot m} = \frac{1\,250\,000\ \text{J}}{0{,}47\ \text{J} \cdot \text{g}^{-1} \cdot \text{K}^{-1} \cdot 40\,000\ \text{g}} = 66{,}5\ \text{K}.$$

Die Bremsscheiben erhöhen ihre Temperatur bei diesem einzigen Bremsvorgang um 66,5 K!

d) Die Entropiezunahme der Luft lässt sich berechnen mit

$$\Delta S = \frac{\Delta W}{T} = \frac{1\,250\,000\ \text{J}}{300\ \text{K}} = 4\,200\ \frac{\text{J}}{\text{K}}.$$

e) Wird bei einem Roller nur die Leistung des Motors erhöht, ohne die Bremskraft zu erhöhen, führt dies dazu, dass der Bremsweg stark erhöht wird, da wegen $W = \frac{1}{2} m \cdot v^2$ und $W = F \cdot s$ der Bremsweg mit dem Quadrat der Geschwindigkeit steigt. So führt eine Erhöhung der Geschwindigkeit um 50 % zu einer Erhöhung des Bremsweges um 125 %, bei einer Verdoppelung der Geschwindigkeit vervierfacht sich der Bremsweg sogar. Dabei ist angenommen, dass die Bremsen die normale Bremsverzögerung aufbringen können.

Ausführliche Rechnung: Um 50 % erhöhte Geschwindigkeit bedeutet $v_2 = 1{,}5 \cdot v_1$.
Die neue kinetische Energie beträgt

$$W_2 = \frac{1}{2} m \cdot v_2^2 = \frac{1}{2} m \cdot 2{,}25 \cdot v_1^2 = 2{,}25\, W_1.$$

Dies ist eine Erhöhung um 125 %.

Aufgabe 2: Schwingung im U-Rohr

a) Wird die Wassersäule um die Strecke s angehoben, so sinkt die Wassersäule auf der anderen Seite um die Strecke s ab. Die Gewichtskraft der Wassersäule der Länge 2s wirkt als Rückstellkraft. Es gilt:

$$F = -m \cdot g = -\rho \cdot V \cdot g = -\rho \cdot (A \cdot 2s) \cdot g = -2\rho \cdot A \cdot g \cdot s.$$

Dies ist ein lineares Kraftgesetz, es liegt also eine harmonische Schwingung vor:

$$F = -D \cdot s \text{ mit } D = 2\rho \cdot A \cdot g.$$

Dazu gehört die Schwingungsdauer $T = 2\pi \cdot \sqrt{\frac{m}{D}}$. In diesem speziellen Fall gilt mit der Masse $m = \rho \cdot V = \rho \cdot A \cdot \ell$ und der Federkonstanten $D = 2\rho \cdot A \cdot g$:

$$T = 2\pi \cdot \sqrt{\frac{m}{D}} = 2\pi \cdot \sqrt{\frac{\rho \cdot A \cdot \ell}{2\rho \cdot A \cdot g}} = 2\pi \cdot \sqrt{\frac{\ell}{2g}}.$$

b)

Volumen V in cm^3	100	160	200	240	300
$\ell = \frac{V}{A}$ in m	0,25	0,40	0,50	0,60	0,75
T in s	0,70	0,90	1,0	1,1	1,2

Umstellen der Formel für die Schwingungsdauer T liefert

$$T = 2\pi\sqrt{\frac{\ell}{2g}} = \sqrt{\frac{4\pi^2}{2g}} \cdot \sqrt{\ell} = a \cdot \sqrt{\ell} = a \cdot \ell^{0,5} \quad (*)$$

$$\text{mit} \quad a = \sqrt{\frac{2\pi^2}{g}}. \quad (**)$$

Zum Nachweis von $T \sim \sqrt{\ell}$ per Regression müssen Sie mit Ihrem GTR den Zusammenhang (*) bestätigen. Die Befehle für die Regression hängen vom Taschenrechner ab:

- Beim TI-83 plus werden die Werte von ℓ und T mit STAT/EDIT/Edit in die Listen L1 und L2 eingetragen. Mit STAT/CALC/PwrReg wird die Potenz-Regression ausgeführt.
- Beim CASIO ClassPad wird das Statistikmenü verwendet. Die Werte von ℓ und T kommen in die Listen 1 und 2. Mit Calc/Potenz-Regression wird ausgewertet.

Ergebnis: $y = a \cdot x^b$ mit $a = 1{,}404$ und $b = 0{,}495$.

Die Erdbeschleunigung erhalten Sie, indem Sie (**) umstellen:

$$g = \frac{2\pi^2}{a^2} = \frac{2\pi^2}{1{,}404^2} = 10{,}01.$$

Der Einfachheit halber sind hier die Einheiten weggelassen.

Die Fallbeschleunigung beträgt $g = 10{,}01\ m \cdot s^{-2}$. Wegen $\frac{10{,}01}{9{,}81} = 1{,}02$ ist dieser Wert 2 % größer als der Literaturwert.

c) Die Wassersäule hat die Länge

$$\ell = \frac{V}{A} = \frac{300\,\text{cm}^3}{4\,\text{cm}^2} = 75\,\text{cm} = 0{,}75\,\text{m}.$$

Die Schwingungsdauer beträgt

$$T = 2\pi \cdot \sqrt{\frac{\ell}{2g}} = 2\pi \cdot \sqrt{\frac{0{,}75}{2 \cdot 9{,}81}}\,\text{s} = 1{,}23\,\text{s}.$$

d) Die Geschwindigkeit in der Gleichgewichtlage ist die maximale Geschwindigkeit. Sie beträgt $\hat{v} = \hat{s} \cdot \omega$. Mit

$$\omega = \frac{2\pi}{T} = \frac{2\pi}{1{,}23}\,\text{s}^{-1} = 5{,}11\,\text{s}^{-1}$$

folgt

$$\hat{v} = 0{,}10 \cdot 5{,}11\,\text{m} \cdot \text{s}^{-1} = 0{,}51\,\text{m} \cdot \text{s}^{-1}.$$

Die Wassersäule hat die Masse $m = \rho \cdot V = 1\,\text{g} \cdot \text{cm}^{-3} \cdot 300\,\text{cm}^3 = 300\,\text{g} = 0{,}300\,\text{kg}$.
Die kinetische Energie in der Gleichgewichtslage beläuft sich auf

$$W_{kin} = \frac{1}{2} m \cdot \hat{v}^2 = \frac{1}{2} \cdot 0{,}300 \cdot 0{,}51^2\,\text{J} = 0{,}039\,\text{J}.$$

e) Wenn man davon ausgeht, dass der Vorgang reibungsfrei verläuft, dann ist die maximale Lageenergie gleich der maximalen kinetischen Energie. Sie beträgt 0,039 J.

Es ist lehrreich, die Lageenergie direkt auszurechnen:
Wird die Wassersäule um 10 cm ausgelenkt, so bedeutet dies, dass ein Wasserzylinder mit dem Querschnitt $A = 4\,\text{cm}^2$ und der Höhe $h = 10\,\text{cm}$ um 10 cm angehoben wird. Dieser Wasserzylinder hat die Masse $m = \rho \cdot V = 1\,\text{g} \cdot \text{cm}^{-3} \cdot 40\,\text{cm}^3 = 0{,}040\,\text{kg}$. Daraus folgt

$$W_{Lage} = m \cdot g \cdot h = 0{,}040\,\text{kg} \cdot 9{,}81\,\text{m} \cdot \text{s}^{-2} \cdot 0{,}10\,\text{m} = 0{,}039\,\text{J}.$$

Man kann bei dieser harmonischen Schwingung auch die „maximale Spannenergie“ ausrechnen:

$$W_{Spann} = \frac{1}{2} D \cdot \hat{s}^2.$$

Aus $D = 2\rho \cdot A \cdot g = 2 \cdot 1\,\frac{\text{g}}{\text{cm}^3} \cdot 4\,\text{cm}^2 \cdot 9{,}81\,\frac{\text{m}}{\text{s}^2} = 78{,}48\,\frac{\text{g} \cdot \text{m}}{\text{cm} \cdot \text{s}^2} = 7{,}848\,\frac{\text{kg}}{\text{s}^2}$ folgt:

$$W_{Spann} = \frac{1}{2} D \cdot \hat{s}^2 = \frac{1}{2} \cdot 7{,}848 \cdot 0{,}10^2\,\text{J} = 0{,}039\,\text{J}.$$

Das ist wieder der Wert von oben.

Aufgabe 3: Aufgabe zum Gravitationsgesetz

a) Die Bahngeschwindigkeit in $\frac{\text{m}}{\text{s}}$ ergibt sich aus dem Radius der Umlaufbahn in Metern und der Umlaufdauer in Sekunden:

$$v = \frac{2\pi \cdot r}{T} = \frac{2\pi \cdot 9\,350\,000}{7{,}65 \cdot 3\,600}\,\frac{\text{m}}{\text{s}} = 2\,133\,\frac{\text{m}}{\text{s}}.$$

b) Zur Berechnung der Masse von Mars setzt man Gravitationskraft und Zentripetalkraft gleich und löst die Gleichung nach M auf:

$$\gamma \cdot \frac{m \cdot M}{r^2} = \frac{m \cdot v^2}{r}$$

$$\Rightarrow \quad M = \frac{v^2 \cdot r}{\gamma} = \frac{2\,133^2 \cdot 9\,350\,000}{6{,}67 \cdot 10^{-11}}\ \text{kg} = 6{,}4 \cdot 10^{23}\ \text{kg}.$$

Aufgabe 4: Eiswürfel

a) Zum Schmelzen von 20 g Eis werden $335 \cdot 20\ \text{J} = 6\,700\ \text{J}$ Energie benötigt. Die nötige Entropie beträgt

$$S = \frac{W}{T} = \frac{6\,700\ \text{J}}{273\ \text{K}} = 25\,\frac{\text{J}}{\text{K}}.$$

b) Die 335 J, mit denen 1 g Eis zum Schmelzen gebracht werden, werden der Umgebung, hier also dem Kühlgut, entzogen. Das ist eine sehr große Energiemenge: Man könnte damit 1 g flüssiges Eiswasser auf 80 °C erhitzen. Zudem geschieht dies bei einer gleich bleibenden Temperatur von 0 °C. Demgegenüber würde sich bei ausschließlicher Kühlung durch Eiswasser das Wasser erwärmen, die Kühlwirkung und die Kühldauer wären deutlich geringer.

c) Zum Schmelzen des Eises werden 6 700 J benötigt. Hinzu kommen $4{,}2 \cdot 20 \cdot 4\ \text{J} = 336\ \text{J}$ zum Erwärmen auf 4 °C. Insgesamt werden 7 036 J gebraucht.
Wenn 105 g Wasser um 16 K abgekühlt werden, werden $4{,}2 \cdot 105 \cdot 16\ \text{J} = 7\,056\ \text{J}$ benötigt. Beide Wärmemengen sind im Rahmen der Messgenauigkeit gleich groß.

Aufgabe 5: Warum ist es auf Jupiter so kalt?

a) Je größer der Abstand von der Sonne, umso mehr „verdünnt" sich die Einstrahlung von der Sonne. Die abgestrahlte Leistung verteilt sich auf eine größer werdende Fläche. Es gilt

$$S_J \cdot 4\pi \cdot r_J^2 = S_E \cdot 4\pi \cdot r_E^2.$$

Daraus folgt

$$S_J = S_E \cdot \frac{4\pi \cdot r_E^2}{4\pi \cdot r_J^2} = S_E \cdot \frac{r_E^2}{r_J^2} = 1\,360 \cdot \frac{1^2}{9{,}55^2} \cdot \frac{\text{W}}{\text{m}^2} = 14{,}9\,\frac{\text{W}}{\text{m}^2}.$$

Der angegebene Abstand von Erde und Sonne wurde nicht benötigt!

b) Wegen der fast hundertmal so geringen Sonnenstrahlung muss es auf dem Jupiter deutlich kälter als auf der Erde sein.

Aufgabe 6: Strahlungsgesetze

a) Die in $t = 1$ s abgestrahlte Energie beträgt

$$W = P \cdot t = \sigma \cdot 4\pi \cdot R^2 \cdot T^4 \cdot t = 5{,}67 \cdot 10^{-8} \cdot 4\pi \cdot (6{,}96 \cdot 10^8)^2 \cdot 5\,770^4 \cdot 1\ \text{J} = 3{,}83 \cdot 10^{26}\ \text{J}.$$

b) Formt man das Wien'sche Verschiebungsgesetz um, so erhält man die Wellenlänge mit der maximalen Abstrahlung:

$$\lambda_{max} = \frac{2{,}9 \cdot 10^{-3}}{T}\,m = \frac{2{,}9 \cdot 10^{-3}}{5\,770}\,m = 5{,}0 \cdot 10^{-7}\,m.$$

Die Sonne strahlt am stärksten bei ca. 500 nm. Dies ist blau-grünes Licht! Unsere Alltagserfahrung lehrt uns aber, dass die Sonne gelb oder weiß leuchtet. Der scheinbare Widerspruch lässt sich dadurch auflösen, dass die wahrgenommene Farbe der Sonne eine Mischfarbe aus einem breiten Spektrum aller sichtbaren Wellenlängen ist.

c) Würde die Oberflächentemperatur der Sonne um 10 % sinken, so fiele die Strahlungsleistung der Sonne wegen T^4 auf $0{,}9^4 = 65{,}61$ % des jetzigen Wertes. Die relativ kleine Änderung um 10 % bewirkt eine Abnahme der Einstrahlung um 34 %! Dies hätte gravierende Auswirkungen auf das Leben auf der Erde, da die Temperatur deutlich sinken würde.

Aufgabe 7: Kennlinien

a) Schaltbild:

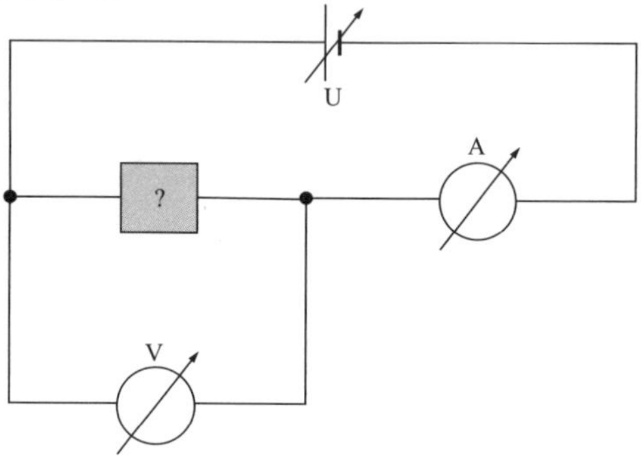

b) Bei Messreihe 1 handelt es sich um eine **Glühbirne**, da die Stromstärke zwar mit steigender Spannung zunimmt, der Zuwachs aber immer geringer wird. Da die Glühbirne mit steigender Spannung und Stromstärke heller und wärmer wird, nimmt ihr Widerstand zu. Bei Messreihe 2 handelt es sich um ein Bauteil, das erst ab einer Schwellenspannung von 2,2 V leitend wird. Dann nimmt die Stromstärke allerdings exponentiell zu. Hier handelt es sich um die **Leuchtdiode**.

c) Die Kennlinie für den **ohmschen Widerstand** R ist eine Ursprungsgerade.
Nach dem Ohm'schen Gesetz gilt für die Stromstärke:

$$I = \frac{U}{R}$$

Die Spannung U wird vorgegeben, $R = 10\ \Omega$ ist konstant.

Der **Kondensator** sperrt bei Gleichspannung, es fließt überhaupt kein Strom.

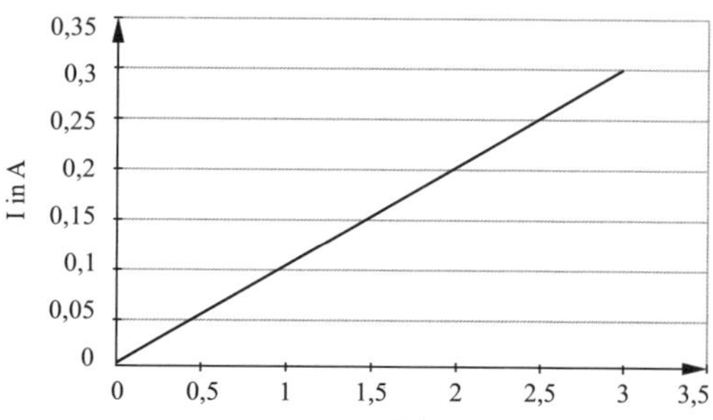

d) Die Angabe 1 W bedeutet, dass der Widerstand maximal die Leistung 1 W abgeben darf. Da der Widerstand an maximal 3 V angeschlossen wird, ist die Stromstärke auf 0,3 A begrenzt. Die maximale Leistung beträgt 0,9 W. Der Widerstand wird nicht überhitzt.

Aufgabe 8: Kondensatorentladung

a) Die anfängliche Stromstärke beträgt $I = 20$ mA. Nach dem Ohm'schen Gesetz gehört dazu die Spannung $U = R \cdot I = 500 \cdot 0{,}020$ V. Die angelegte Spannung beträgt 10 V.

b) Da keine Spannungsquelle vorhanden ist, ist die Summe der beiden Spannungen gleich null: $U_C + U_R = 0$. Einsetzen von $Q = C \cdot U_C$ und $U_R = R \cdot I$ liefert

$$\frac{Q}{C} + R \cdot I = 0.$$

Leitet man beide Seiten dieser Gleichung ab und berücksichtigt, dass die Stromstärke die zeitliche Ableitung der Ladung ist ($\dot{Q} = I$), so erhält man

$$\frac{I}{C} + R \cdot \dot{I} = 0.$$

Umstellen ergibt die gesuchte Differenzialgleichung $I(t) = -R \cdot C \cdot \dot{I}(t)$.

c) $I(t) = I_0 \cdot e^{-\frac{t}{R \cdot C}}$ hat gemäß der Kettenregel die Ableitung

$$\dot{I}(t) = -\frac{1}{R \cdot C} \cdot I_0 \cdot e^{-\frac{t}{R \cdot C}} = -\frac{1}{R \cdot C} \cdot I(t).$$

Setzt man dies in die Differenzialgleichung ein, so entsteht eine wahre Aussage.

d) Folgende Messwerte sind leicht ablesbar:

t in ms	0	6,0	9,0	12
I in mA	20,0	9,0	6,0	4,0

Die exponentielle Regression mit dem GTR liefert $I(t) = 20{,}0 \text{ mA} \cdot e^{-0{,}134 \frac{1}{\text{ms}} \cdot t}$.
Der Vergleich der Exponenten ergibt

$$-\frac{t}{R \cdot C} = -0{,}134 \frac{1}{\text{ms}} \cdot t$$

$$\Rightarrow \quad C = \frac{0{,}001 \text{ s}}{0{,}134 \cdot 500 \, \Omega} = 15 \, \mu\text{F}.$$

e) Legt man nach Augenmaß eine Tangente an die Kurve für $t = 0{,}0$ s, so erhält man die Tangentensteigung

$$\dot{I}(0 \text{ s}) = \frac{\Delta I}{\Delta t} = \frac{20 \text{ mA}}{7 \text{ ms}} = -2{,}9 \frac{\text{A}}{\text{s}}.$$

Die Stromstärke beträgt $I(0 \text{ s}) = 0{,}020$ A. Damit lässt sich die Kapazität berechnen, indem man die Differenzialgleichung (∗) nach C auflöst und für $t = 0$ s auswertet:

$$C = -\frac{I(t)}{\dot{I}(t) \cdot R} = \frac{0{,}020}{-2{,}9 \cdot 500} \text{ F} = 1{,}4 \cdot 10^{-5} \text{ F} = 14 \, \mu\text{F}.$$

Aufgrund der Ungenauigkeit beim Einzeichnen der Tangente kann der Wert nach oben oder unten abweichen.

Aufgabe 9: Energiedichte

a) Energiedichten:

- **Autobatterie:** Die Ladung beträgt

  $Q = 75\ \text{Ah} = 75 \cdot 3\,600\ \text{As} = 270\,000\ \text{C}.$

  Somit ist in der Batterie die Energie $W = Q \cdot U = 270\,000 \cdot 12\ \text{J} = 3\,240\,000\ \text{J}$ gespeichert. Die Batterie hat ein Volumen von

  $V = 0{,}279 \cdot 0{,}175 \cdot 0{,}175\ \text{m}^3 = 8{,}5 \cdot 10^{-3}\ \text{m}^3.$

  Die Energiedichte ist

  $$\rho_{el} = \frac{3\,240\,000\ \text{J}}{8{,}5 \cdot 10^{-3}\ \text{m}^3} = 3{,}8 \cdot 10^8\ \frac{\text{J}}{\text{m}^3}.$$

- **Doppelschichtkondensator:** Der Energieinhalt bei maximaler Ladung beträgt

  $$W = \frac{1}{2} C \cdot U^2 = \frac{1}{2} \cdot 100 \cdot 2^2\ \text{J} = 200\ \text{J}.$$

  Die Energiedichte ist

  $$\rho_{el} = \frac{200\ \text{J}}{20\ \text{cm}^3} = 10\ \frac{\text{J}}{\text{cm}^3} = 10 \cdot 10^6\ \frac{\text{J}}{\text{m}^3} = 10^7\ \frac{\text{J}}{\text{m}^3}.$$

- **Pumpspeicherkraftwerk:** Die Lageenergie von 1 m^3 Wasser in 100 m Höhe beträgt

  $W = m \cdot g \cdot h = 1\,000 \cdot 10 \cdot 100\ \text{J} = 10^6\ \text{J}$

  Dies ergibt eine Energiedichte von $10^6\ \frac{\text{J}}{\text{m}^3}$.

b) In den nächsten Jahren werden in Deutschland nach und nach alle Kernkraftwerke abgeschaltet. Die elektrische Energie soll zu einem großen Teil durch Wind bzw. Sonne erzeugt werden. Allerdings hängt die Energieerzeugung durch Wind und Sonne vom Wetter ab; die Energie wird zudem nicht immer dann erzeugt, wenn sie benötigt wird. Deshalb muss diese Energie gespeichert werden. Trotz der geringeren Energiedichte als in Batterien und Kondensatoren sind Speicherseen sinnvoll, da hier große Energiemengen gespeichert werden können.

Aufgabe 10: Kurbellampe

Schaltplan: Siehe rechts.

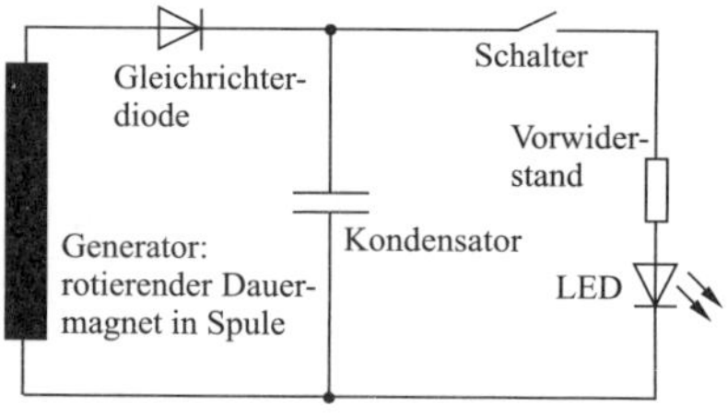

Funktionsweise: Mit der Kurbel wird ein Generator (Dynamo) angetrieben, der Bewegungsenergie in elektrische Energie umwandelt. Der Generator besteht aus einem Permanentmagneten, der in Rotation versetzt wird. Er befindet sich in Innern einer Spule, in der eine Wechselspannung induziert wird. Diese wird durch eine Diode gleichgerichtet und der Kondensator wird aufgeladen. Wird der Schalter geschlossen, kann ein Strom über die Leuchtdiode fließen und die Taschenlampe leuchtet.
LEDs werden grundsätzlich mit Vorwiderstand betrieben, um sie vor zu großen Stromstärken zu schützen.

Lösungen – Themengruppe 3: Atom- und Kernphysik

Aufgabe 11: Die Heisenberg'sche Unbestimmtheitsrelation

- Es ist grundsätzlich nicht möglich, den Ort und den Impuls eines Teilchens gleichzeitig genau zu bestimmen. Je genauer man versucht, den Ort eines Teilchens zu einem gewissen Zeitpunkt zu bestimmen, desto weiter wird der Bereich, in dem man die Impulswerte vorfinden kann. Eine mögliche Formel der Heisenberg'schen Unbestimmtheitsrelation lautet

  $$\Delta x \cdot \Delta p_x \approx h\,.$$

  Eine andere Form wäre $\Delta x \cdot \Delta p_x \geq \frac{h}{2\pi}$.
- Im Alltag spielt die Unbestimmtheitsrelation keine Rolle, da die Unschärfen für makroskopische Teilchen sehr klein werden und unter den Messfehlern liegen.
- Will man das Teilchen mit der Ortsunschärfe $\Delta x = \lambda$ lokalisieren, erhält man zwangsläufig die Impulsunschärfe

  $$\Delta p_x \approx \frac{h}{\Delta x} = \frac{h}{\lambda}.$$

  Wegen $\Delta p_x = m \cdot \Delta v_x$ hat dies die Geschwindigkeitsunschärfe

  $$\Delta v_x = \frac{\Delta p_x}{m} \approx \frac{h}{m \cdot \lambda} = \frac{6{,}63 \cdot 10^{-34}}{1 \cdot 10^{-6} \cdot 632 \cdot 10^{-9}} \frac{m}{s} = 1{,}05 \cdot 10^{-21} \frac{m}{s}$$

  zur Folge.
- Diese Geschwindigkeitsunschärfe ist im Vergleich zur Brown'schen Molekularbewegung so gering, dass sie sicher nicht nachgewiesen werden kann.

Aufgabe 12: Wellennatur von Makrokörpern

Der Ball hat den Impuls $p = m \cdot v = 0{,}0025\,kg \cdot 0{,}5\,m \cdot s^{-1} = 1{,}25 \cdot 10^{-3}\,kg \cdot m \cdot s^{-1}$.
Die de-Broglie-Wellenlänge beträgt

$$\lambda = \frac{h}{p} = \frac{6{,}63 \cdot 10^{-34}}{1{,}25 \cdot 10^{-3}}\,m = 5{,}30 \cdot 10^{-31}\,m.$$

Für den Winkel des Beugungsminimums 1. Ordnung gilt:

$$\sin\alpha = \frac{\lambda}{b} = \frac{5{,}30 \cdot 10^{-31}}{0{,}05} = 1{,}06 \cdot 10^{-29} \quad\Rightarrow\quad \alpha = (6 \cdot 10^{-28})^\circ.$$

Ein derart kleiner Winkel ist aber nicht nachzuweisen.

Aufgabe 13: Das Absorptionsgesetz für γ-Strahlen (1)

a) Das Absorptionsgesetz hat die Form $Z(x) = Z(0) \cdot e^{-k \cdot x}$. Dividieren und Logarithmieren liefert:

$$\frac{Z_1}{Z_2} = \frac{Z(0) \cdot e^{-k \cdot x_1}}{Z(0) \cdot e^{-k \cdot x_2}} = e^{-k(x_1 - x_2)} \quad\Rightarrow\quad \ln\frac{Z_1}{Z_2} = -k \cdot (x_1 - x_2)$$

Setzt man die beiden Wertepaare ein, so folgt

$$k = -\frac{\ln\frac{Z_1}{Z_2}}{x_1 - x_2} = -\frac{\ln\frac{38\,670}{2\,230}}{1{,}0\text{ cm} - 4{,}0\text{ cm}} = 0{,}951\frac{1}{\text{cm}}.$$

Das Absorptionsgesetz lautet deshalb zunächst

$$Z(x) = Z(0)\cdot e^{\frac{-0{,}951\cdot x}{\text{cm}}}.$$

Setzt man in dieser Gleichung beispielweise die Werte für Z_1 und x_1 ein und löst nach Z(0) auf, erhält man für die Zählrate ohne Absorber:

$$Z(0) = 38\,670\text{ min}^{-1}\cdot e^{0{,}951\cdot 1{,}0} = 100\,000\text{ min}^{-1}.$$

Das Absorptionsgesetz lautet dann

$$Z(x) = 100000\,\frac{1}{\text{min}}\cdot e^{\frac{-0{,}951\cdot x}{\text{cm}}}.$$

Selbstverständlich können Sie die Aufgabe auch mit einer exponentiellen Regression berechnen. Der Ansatz $Z(x) = a\cdot e^{b\cdot x}$ hat die Lösung $a = 100\,092$ und $b = -0{,}95102$. Sinnvoll gerundet stimmt dies mit der obigen Lösung überein.

b) Unter der Halbwertsdicke D versteht man die Absorberdicke, bei der die Zählrate auf den halben Wert sinkt:

$$0{,}5 = e^{\frac{-D\cdot 0{,}951}{\text{cm}}}.$$

Logarithmieren und Auflösen nach D ergibt:

$$\ln 0{,}5 = -D\cdot\frac{0{,}951}{\text{cm}}$$

$$\Rightarrow\quad D = -\frac{\ln 0{,}5}{\frac{0{,}951}{\text{cm}}} = 0{,}729\text{ cm}.$$

Die Halbwertsdicke beträgt D = 0,729 cm.

Aufgabe 14: Das Absorptionsgesetz für γ-Strahlen (2)

a) **Lösung mit Regression**
Man gibt die Absorberdicken und die Zählraten in zwei Listen ein und führt mit dem GTR bzw. CAS eine exponentielle Regression durch. Ergebnis:

$$Z(x) = 153\,300\cdot e^{\frac{-1{,}65\cdot x}{\text{cm}}} = 153\,300\cdot 0{,}192^{\frac{x}{\text{cm}}}.$$

Lösung ohne Regression
Die Zählraten werden durch eine Exponentialfunktion beschrieben. Deshalb sind die Quotienten aufeinander folgender Funktionswerte konstant, sofern die x-Werte konstante Differenzen aufweisen.

Absorberdicke x in cm	0	1,0	2,0	3,0	4,0	5,0	6,0
Zählrate in min^{-1}	150 000	29 197	5 604	1 105	215	43	7
Quotienten		0,195	0,192	0,197	0,195	0,200	0,163

Die Quotienten aufeinanderfolgender Funktionswerte sind näherungsweise gleich; der letzte Quotient hat wenig Aussagekraft, da die statistische Schwankung bei dieser kleinen Zählrate nicht zu vernachlässigen ist.
Der Mittelwert der ersten fünf Quotienten beträgt $q = 0{,}196$. Hieraus folgt

$$Z(x) = Z(0) \cdot 0{,}196^x.$$

Stellt man die Zählrate mit der natürlichen Exponentialfunktion dar, gilt $0{,}196 = e^k$ bzw. $k = \ln 0{,}196 = -1{,}63$ und damit

$$Z(x) = 150\,000 \cdot e^{\frac{-1{,}63 \cdot x}{cm}}.$$

b) Als Ausgangspunkt wählt man zum Beispiel die Formel $Z(x) = 153\,000 \cdot e^{\frac{-1{,}65\,x}{cm}}$ (Teilaufgabe a, Regression). Unabhängig vom konkreten Anfangswert gilt

$$0{,}001 = e^{\frac{-1{,}65\,x}{cm}}.$$

Logarithmieren und Auflösen ergibt

$$\ln 0{,}001 = \frac{-1{,}65\,x}{cm} \quad \Rightarrow \quad x = 4{,}19\text{ cm}.$$

Die Bleischicht muss eine Dicke von 4,19 cm aufweisen, damit die durchgelassene Strahlung auf ein Tausendstel der ursprünglichen Intensität verringert wird.

c) Das Absorptionsgesetz kann mit der natürlichen Exponentialfunktion oder mit der Basis 0,5 angegeben werden.

Darstellung 1: natürliche Exponentialfunktion

$$Z(x) = Z(0) \cdot e^{-k \cdot x}$$

Speziell für die Halbwertsdicke x_H gilt:

$$Z(x_H) = \frac{Z(0)}{2} = Z(0) \cdot e^{-k \cdot x_H}.$$

Aluminium hat die Halbwertsdicke $x_H = 3{,}05$ cm. Einsetzen in das Absorptionsgesetz liefert

$$0{,}5 = e^{-k \cdot 3{,}05\,cm} \quad \Rightarrow \quad \ln 0{,}5 = -k \cdot 3{,}05\text{ cm} \quad \Rightarrow \quad k = -\frac{\ln 0{,}5}{3{,}05\text{ cm}} = 0{,}227\,\frac{1}{cm},$$

sodass das Absorptionsgesetz lautet:

$$Z(x) = Z(0) \cdot e^{-\frac{0{,}227\,x}{cm}}.$$

Darstellung 2: Basis 0,5

$$Z(x) = Z(0) \cdot 0{,}5^{-\frac{x}{3{,}05\,cm}}$$

Absenkung der Strahlung auf ein Tausendstel

Um die erforderliche Dicke der Aluminiumschicht zu bestimmen, geht man analog zu Teilaufgabe b vor. Für die Darstellung 1 ergibt sich

$$0{,}001 = e^{-\frac{0{,}227\,x}{cm}} \quad \Rightarrow \quad \ln 0{,}001 = \frac{-0{,}227x}{cm} \quad \Rightarrow \quad x = 30{,}4\text{ cm}.$$

Die Aluminiumschicht muss eine Dicke von 30,4 cm aufweisen, damit die durchgelassene Strahlung auf ein Tausendstel der ursprünglichen Intensität verringert wird.

Alternativ erhalten Sie dasselbe Ergebnis, wenn Sie die Darstellung 2 verwenden; allerdings ist das Logarithmieren etwas aufwendiger:

$$0{,}001 = 0{,}5^{-\frac{x}{3{,}05\,\text{cm}}} \Rightarrow \ln 0{,}001 = \ln 0{,}5^{-\frac{x}{3{,}05\,\text{cm}}} = -\frac{x}{3{,}05\,\text{cm}} \cdot \ln 0{,}5$$

$$\Rightarrow \frac{\ln 0{,}001}{\ln 0{,}5} = -\frac{x}{3{,}05\,\text{cm}} \Rightarrow x = 30{,}4\,\text{cm}.$$

Aufgabe 15: Radioaktiver Zerfall

a) Das Zerfallsgesetz lautet $f(x) = f_0 \cdot 0{,}9773^x$.
Nach einer Halbwertzeit ist der Bestand (und die Strahlung) auf die Hälfte des Anfangswertes gesunken, es gilt:

$$0{,}5 = 0{,}9773^x \Leftrightarrow \ln 0{,}5 = x \cdot \ln 0{,}9773 \Leftrightarrow x = 30{,}19.$$

Die Halbwertzeit beträgt ca. 30 Jahre.

b) $f(100) = f_0 \cdot 0{,}9773^{100} = f_0 \cdot 0{,}1006.$

Die Strahlung hat innerhalb von 100 Jahren auf 10 % ihres Anfangswertes abgenommen. Es erscheint sehr fraglich, ob man eine verbleibende Strahlungsintensität von 10 % der ursprünglichen Intensität als vernachlässigbar bezeichnen kann. Seit dem Super-GAU von Tschernobyl 1986 weiß man, dass die Kontamination mit Cäsium-137 v. a. in Reaktornähe sehr hoch ist (10 % davon also immer noch sehr viel sind) und Cäsium-137 sich in der Vegetation ansammelt (und nicht etwa durch Regen ausgewaschen wird). Zudem ist die Strahlenbelastung bei Cäsium-137 generell besonders hoch, weil es sich in allen Körperorganen festsetzt und dort langfristig verbleibt.

Aufgabe 16: Umwandlung von Materie in Energie (1)

Nach Albert Einstein wird die Äquivalenz von Energie und Masse durch die berühmte Formel $W = m \cdot c^2$ beschrieben. Auflösen nach der Masse m und Einsetzen der Werte ergibt

$$m = \frac{W}{c^2} = \frac{621 \cdot 10^9 \cdot 1\,000 \cdot 3\,600\,\text{J}}{(3 \cdot 10^8\,\text{m} \cdot \text{s}^{-1})^2} = 24{,}8\,\text{kg}.$$

Aufgabe 17: Umwandlung von Materie in Energie (2)

a) Beim Zusammentreffen beider Körper wird die Energiemenge

$$W_{\text{Katastrophe}} = 2m \cdot c^2 = 2 \cdot 6 \cdot 10^{24} \cdot (3{,}0 \cdot 10^8)^2\,\text{J} = 1{,}08 \cdot 10^{42}\,\text{J}$$

frei.

b) $$\frac{W_{\text{Katastrophe}}}{W_{\text{Sonne}}} = \frac{1{,}08 \cdot 10^{42}}{1{,}2 \cdot 10^{34}} = 9 \cdot 10^7.$$

Dies bedeutet, dass die Vernichtung von Erde und Antierde den Sonnenenergiebedarf von 90 Millionen Jahren decken könnte. Die Sonne strahlt schon seit ca. 4,5 Milliarden Jahren, also fünfzigmal so lang.

Aufgabe 18: Umwandlung von Materie in Energie (3)

a) Die gesamte in einer Sekunde abgestrahlte Sonnenenergie ist das Produkt aus Solarkonstante, Oberfläche einer Kugel mit Radius der Erdbahn und der Zeit von einer Sekunde:

$$W = 4\pi \cdot r^2 \cdot S \cdot t = 4\pi \cdot (150 \cdot 10^9)^2 \cdot 1\,360 \cdot 1\ \text{J} = 3{,}85 \cdot 10^{26}\ \text{J}.$$

b) Die jährlich abgestrahlte Energie beträgt $3{,}85 \cdot 10^{26} \cdot 3\,600 \cdot 24 \cdot 365{,}25\ \text{J} = 1{,}21 \cdot 10^{34}\ \text{J}$.
Die Sonne verliert in einem Jahr die Masse

$$m = \frac{W}{c^2} = \frac{1{,}21 \cdot 10^{34}}{(3{,}0 \cdot 10^8)^2}\ \text{kg} = 1{,}34 \cdot 10^{17}\ \text{kg}.$$

Aufgabe 19: Comptoneffekt (1)

a) Die Comptonwellenlänge beträgt

$$\lambda_C = \frac{h}{m_e \cdot c} = \frac{6{,}63 \cdot 10^{-34}}{9{,}11 \cdot 10^{-31} \cdot 3{,}00 \cdot 10^8}\ \text{m} = 2{,}42 \cdot 10^{-12}\ \text{m}.$$

b) Der Effekt wird für denjenigen Winkel am größten, für den die Klammer in der Comptonformel (*) den größten Wert annimmt. Wegen $\cos\beta = -1$ ist dies für $\beta = 180°$ der Fall:

$$\Delta\lambda_{max} = 2{,}42 \cdot 10^{-12}\ \text{m} \cdot (1 - \cos 180°) = 2{,}42 \cdot 10^{-12}\ \text{m} \cdot 2 = 4{,}84 \cdot 10^{-12}\ \text{m}.$$

c) Für eine Streuung bei 90° nimmt wegen $\cos 90° = 0$ die *absolute* Änderung der Wellenlänge den Wert der Comptonwellenlänge

$$\Delta\lambda = \lambda_C = 2{,}42 \cdot 10^{-12}\ \text{m} = 2{,}42\ \text{pm}$$

an. Für sichtbares Licht mit $\lambda_1 = 600\ \text{nm} = 600\,000\ \text{pm}$ beträgt die *relative* Änderung der Wellenlänge

$$\frac{\Delta\lambda}{\lambda_1} = \frac{2{,}42}{600\,000} = 4{,}0 \cdot 10^{-6} = 0{,}0004\ \%.$$

Der Comptoneffekt spielt keine Rolle.
Bei Röntgenstrahlung mit $\lambda_2 = 2{,}4$ pm sieht die Situation völlig anders aus. Die *relative* Änderung beträgt jetzt

$$\frac{\Delta\lambda}{\lambda_2} = \frac{2{,}42}{2{,}4} = 1{,}0 = 100\ \%.$$

Die Wellenlänge wird verdoppelt. Dies ist sicher leicht nachweisbar.

d) Für Photonen, welche die Hälfte ihrer Energie verlieren, gilt wegen $W = h \cdot f$:

$$f' = \frac{1}{2} f \quad \Rightarrow \quad \lambda' = 2\lambda \quad \Rightarrow \quad \Delta\lambda = \lambda' - \lambda = 2\lambda - \lambda = \lambda.$$

Bei einer Streuung um 45° gilt für die Änderung der Wellenlänge

$$\Delta\lambda = 2{,}42 \cdot 10^{-12}\ \text{m} \cdot (1 - \cos 45°) = 0{,}71\ \text{pm}.$$

Wegen $\Delta\lambda = \lambda$ ist die Änderung so groß wie die ursprüngliche Wellenlänge. Folglich gilt für die Frequenz der eingestrahlten Photonen

$$f = \frac{c}{\lambda} = \frac{3{,}0 \cdot 10^8}{0{,}71 \cdot 10^{-12}}\, s^{-1} = 4{,}2 \cdot 10^{20}\ \text{Hz}.$$

Die Photonen besaßen ursprünglich die Energie

$$W = h \cdot f = 6{,}63 \cdot 10^{-34} \cdot 4{,}2 \cdot 10^{20} = 2{,}8 \cdot 10^{-13}\ \text{J}.$$

Aufgabe 20: Comptoneffekt (2)

Das einfallende Röntgenphoton hat die Energie

$$W_1 = h \cdot f_1 = \frac{h \cdot c}{\lambda_1} = \frac{6{,}63 \cdot 10^{-34} \cdot 3{,}0 \cdot 10^8}{8{,}0 \cdot 10^{-12}} = 2{,}5 \cdot 10^{-14}\ \text{J}.$$

Bei einem Streuwinkel von 90° beträgt die Änderung der Wellenlänge

$$\Delta\lambda = \frac{h}{m_e \cdot c}(1 - \cos 90°) = \frac{6{,}63 \cdot 10^{-34}}{9{,}11 \cdot 10^{-31} \cdot 3{,}00 \cdot 10^8}\ \text{m} = 2{,}42 \cdot 10^{-12}\ \text{m} \quad (= \lambda_C).$$

Folglich hat das gestreute Röntgenphoton die Energie

$$W_2 = h \cdot f_2 = \frac{h \cdot c}{\lambda_2} = \frac{6{,}63 \cdot 10^{-34} \cdot 3{,}0 \cdot 10^8}{8{,}0 \cdot 10^{-12} + 2{,}42 \cdot 10^{-12}}\ \text{J} = 1{,}91 \cdot 10^{-14}\ \text{J}.$$

Die Differenz der Photonenenergien geht als kinetische Energie W_{kin} auf das Elektron über. Sie beträgt

$$W_{kin} = W_1 - W_2 = 5{,}8 \cdot 10^{-15}\ \text{J} = 36\ \text{MeV}.$$

Abiturprüfung an den allgemeinbildenden Gymnasien (Baden-Württemberg) 2007
Prüfungsfach: Physik – Aufgabe I

a) Ein Plattenkondensator besteht aus zwei quadratischen Metallplatten der Seitenlänge 12 cm. Der Plattenabstand beträgt 8,0 mm. Die Anordnung befindet sich in Luft ($\varepsilon_r = 1{,}0$). Am Kondensator wird eine Spannung von 220 V angelegt.

- Berechnen Sie die Kapazität und die Ladung des Kondensators.
- Bestimmen Sie die Feldstärke und die im Feld gespeicherte Energie.
- Wie ändern sich die berechneten Werte, wenn bei angeschlossener bzw. abgetrennter Quelle der Raum zwischen den Platten mit einem Dielektrikum ($\varepsilon_r = 3{,}5$) vollständig gefüllt wird? (7 VP)

b) Abbildung 1 zeigt ein idealisiertes Experiment zur Bewegung eines geladenen Kügelchens im elektrischen Feld eines Plattenkondensators. Von Reibungseffekten wird ebenso abgesehen wie vom Einfluss der Gravitation.
Das dargestellte Kügelchen besitzt eine Masse von 3,0 mg. Durch Berühren der linken Kondensatorplatte nimmt es eine Ladung von 5,0 nC auf.

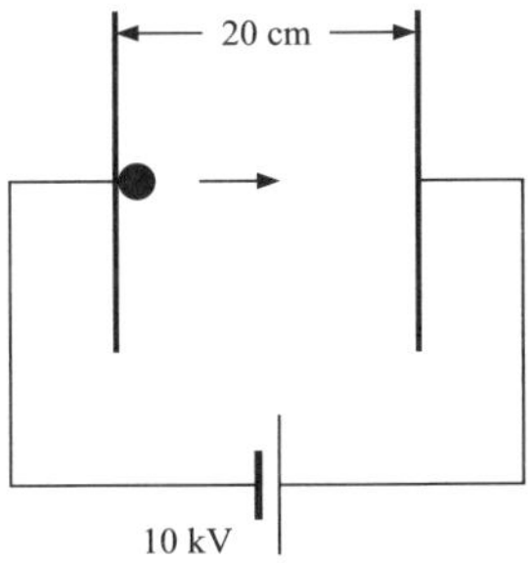

Abb. 1

- Mit welcher Geschwindigkeit erreicht das Kügelchen die rechte Platte, wenn es links mit vernachlässigbarer Anfangsgeschwindigkeit startet?

Beim Aufprall auf der rechten Platte wird das Kügelchen ohne Energieverlust reflektiert. Dabei ändert sich das Vorzeichen seiner Ladung, nicht aber deren Betrag. Zur Beschreibung der ersten Hin- und Herbewegung des Kügelchens stehen vier Diagramme in Abbildung 2 zur Auswahl:

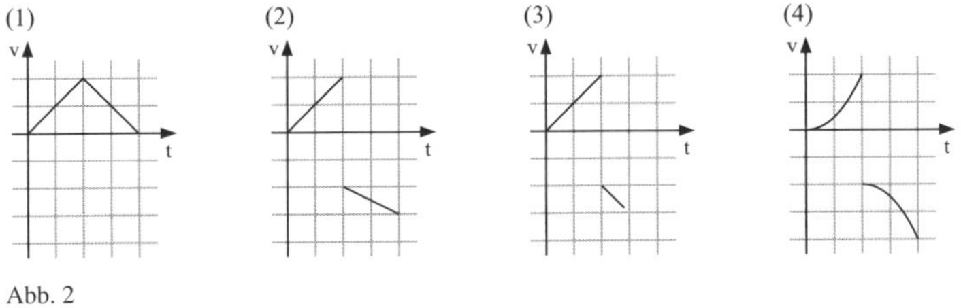

Abb. 2

- Diskutieren Sie die Brauchbarkeit der Diagramme zur Beschreibung des geschilderten Bewegungsvorgangs. (8 VP)

c) Eine Spule wird über einen Schalter an ein Netzgerät mit der konstanten Spannung 12 V angeschlossen. Beim Einschalten misst man den Stromverlauf und erhält das Diagramm in Abbildung 3.

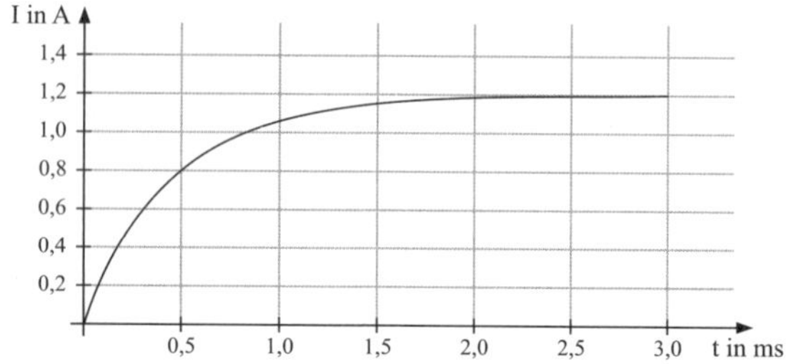

Abb. 3

- Erklären Sie das Zustandekommen des Kurvenverlaufs.
- Bestimmen Sie den ohmschen Widerstand und die Eigeninduktivität der Spule. (7 VP)

d) Elektronen werden durch eine Spannung von 50 kV beschleunigt und treffen anschließend auf einen Doppelspalt. Der Abstand der Spaltmitten beträgt 100 nm. Auf einer 5,0 cm entfernten Fotoplatte wird ein Muster (siehe Abbildung 4) registriert. Die Auftrefforte der Elektronen sind hell dargestellt. Der Abstand benachbarter heller Streifen beträgt 2,75 µm.

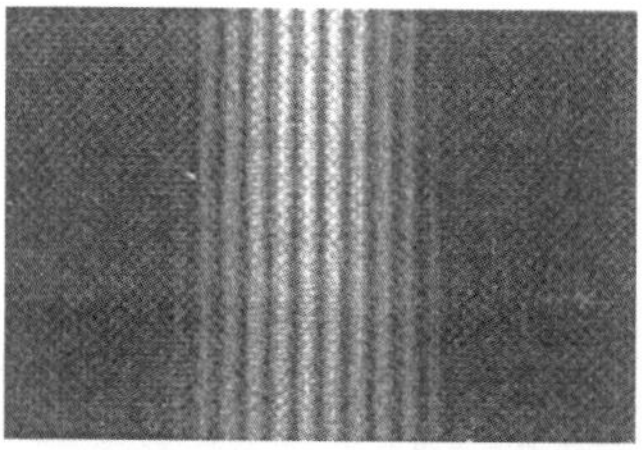
Abb. 4

- Bestimmen Sie aus der Spannungsangabe die de-Broglie-Wellenlänge der Elektronen.
- Prüfen Sie, ob die Wellenlänge der Elektronen, die man aus dem beschriebenen Muster ermitteln kann, mit der berechneten de-Broglie-Wellenlänge übereinstimmt.

Im Jahr 1989 wurde ein entsprechendes Doppelspaltexperiment mit einzelnen Elektronen durchgeführt, d. h. es befand sich jeweils nur ein Elektron in der Versuchsapparatur. Dabei ergaben sich die Bilder in Abbildung 5.

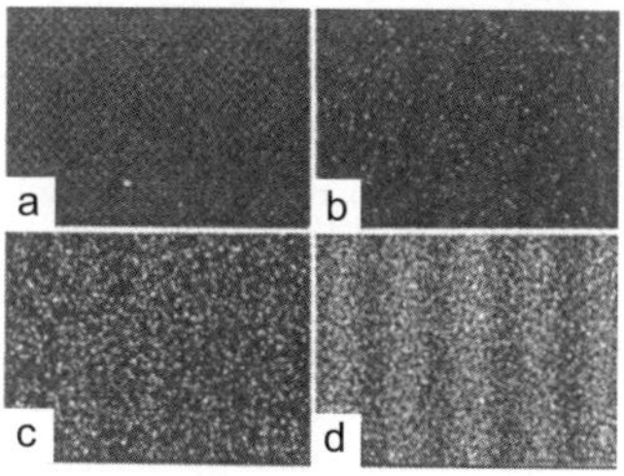

(a) weniger als 10 Elektronen; (b) 270 Elektronen; (c) 2 000 Elektronen; (d) 60 000 Elektronen. Abb. 5

- Erläutern Sie, warum dieses Experiment zeigt, dass Elektronen Quantenobjekte sind. (8 VP)

Elementarladung: $e = 1{,}60 \cdot 10^{-19}$ C
Elektronenmasse: $m_e = 9{,}11 \cdot 10^{-31}$ kg
Planck'sches Wirkungsquantum: $h = 6{,}63 \cdot 10^{-34}$ Js
Elektrische Feldkonstante: $\varepsilon_0 = 8{,}85 \cdot 10^{-12}\ \text{CV}^{-1}\text{m}^{-1}$

Tipps und Hinweise zur Lösung von Aufgabe I

Tipps zu Teilaufgabe a

- Falls Ihnen die passenden Formeln entfallen sein sollten, müssten Sie mit $C = \varepsilon_0 \cdot \varepsilon_r \cdot \frac{A}{d}$, $Q = C \cdot U$, $E = \frac{U}{d}$ und $W = \frac{1}{2} \cdot C \cdot U^2$ weiter kommen.
- Beim letzten Punkt muss man zuerst überlegen, welche Größe bei angeschlossener bzw. abgetrennter Spannungsquelle unverändert bleibt.

Tipps zu Teilaufgabe b

- Wenn bei einer Bewegungsaufgabe die Zeit keine Rolle spielt, ist der Energieerhaltungssatz immer erste Wahl.
- Beachten Sie bitte, dass alle vier Diagramme (auch das letzte) die Geschwindigkeit in Abhängigkeit von der Zeit darstellen.

Tipps zu Teilaufgabe c

- In der Antwort sollten die Begriffe Selbstinduktion und Lenz'sche Regel vorkommen.
- Den ohmschen Widerstand bekommt man aus dem Verhalten für große Zeiten, die Eigeninduktivität aus der Steigung im Ursprung.

Tipps zu Teilaufgabe d

- Die de-Broglie-Wellenlänge beträgt $\lambda = \frac{h}{p} = \frac{h}{m \cdot v}$.
  Die Geschwindigkeit kann aus der kinetischen Energie $e \cdot U = \frac{1}{2} \cdot m \cdot v^2$ berechnet werden.
- Hier wird wie beim Doppelspalt mit Laserlicht gerechnet. Benötigte Formeln:
  $\sin \alpha_k = \frac{k \cdot \lambda}{g}$; $\tan \alpha_k = \frac{d_k}{a}$; $\sin \alpha \approx \tan \alpha$
- Wichtig ist, dass im Aufgabentext betont wird, dass sich nur einzelne Elektronen in der Apparatur befinden. Worin zeigen sich die Welleneigenschaften, worin die Teilcheneigenschaften?

Lösung

a) **Berechnung der Kapazität**
Die Kapazität eines Kondensators wird mit der Formel $C = \varepsilon_0 \cdot \varepsilon_r \cdot \frac{A}{d}$ berechnet.
Setzt man $d = 8{,}0\ \text{mm} = 0{,}0080\ \text{m}$, $A = 144\ \text{cm}^2 = 0{,}0144\ \text{m}^2$ und $\varepsilon_r = 1{,}0$ ein, so ergibt sich

$$C = \varepsilon_0 \cdot \varepsilon_r \cdot \frac{A}{d} = 8{,}85 \cdot 10^{-12} \cdot 1{,}0 \cdot \frac{0{,}0144}{0{,}0080}\ \text{F} = 1{,}59 \cdot 10^{-11}\ \text{F} = 16\ \text{pF}.$$

Berechnung der Ladung
Der Zusammenhang zwischen Ladung und Spannung am Kondensator lautet $Q = C \cdot U$.
Einsetzen liefert

$$Q = C \cdot U = 1{,}59 \cdot 10^{-11} \cdot 220\ \text{C} = 3{,}50 \cdot 10^{-9}\ \text{C} = 3{,}5\ \text{nC}.$$

Berechnung der Feldstärke

$$E = \frac{U}{d} = \frac{220\ \text{V}}{0{,}0080\ \text{m}} = 2{,}8 \cdot 10^4\ \frac{\text{V}}{\text{m}}.$$

Berechnung der im Feld gespeicherten Energie

$$W = \frac{1}{2} \cdot C \cdot U^2 = \frac{1}{2} \cdot 1{,}59 \cdot 10^{-11} \cdot 220^2\ \text{J} = 3{,}9 \cdot 10^{-7}\ \text{J}.$$

Wie ändern sich die berechneten Werte bei angeschlossener Spannungsquelle?
Für das Dielektrikum gilt $\varepsilon_r = 3{,}5$.

- Da die Spannungsquelle angeschlossen bleibt, ändert sich die Spannung U nicht.
- Die Kapazität steigt wegen $C = \varepsilon_0 \cdot \varepsilon_r \cdot \frac{A}{d}$ auf den 3,5-fachen Wert.
- Die Ladung $Q = C \cdot U$ steigt deshalb ebenfalls auf den 3,5-fachen Wert an.
- Wegen $E = \frac{U}{d}$ bleibt auch die Feldstärke unverändert.
- Für die im Feld gespeicherte Energie gilt $W' = \frac{1}{2} \cdot C' \cdot (U')^2 = \frac{1}{2} \cdot 3{,}5 \cdot C \cdot U^2 = 3{,}5 \cdot W$.

Wie ändern sich die berechneten Werte bei abgetrennter Spannungsquelle?

- Da die Spannungsquelle abgetrennt ist, muss die Ladung Q konstant bleiben.
- Die Kapazität steigt wegen $C = \varepsilon_0 \cdot \varepsilon_r \cdot \frac{A}{d}$ auf den 3,5-fachen Wert.
- Wegen $Q = C \cdot U$ sinkt jetzt die Spannung auf

  $$U' = \frac{Q}{C'} = \frac{Q}{3{,}5 \cdot C} = \frac{1}{3{,}5} \cdot U$$

  ab.
- Entsprechend verringert sich die Feldstärke auf

  $$E' = \frac{U'}{d} = \frac{U}{3{,}5 \cdot d} = \frac{1}{3{,}5}\frac{U}{d} = \frac{1}{3{,}5} \cdot E.$$

- Die im Feld gespeicherte Energie sinkt auf

  $$W' = \frac{1}{2} \cdot C' \cdot (U')^2 = \frac{1}{2} \cdot 3{,}5 \cdot C \cdot \left(\frac{U}{3{,}5}\right)^2 = \frac{1}{3{,}5}\,W.$$

b) **Berechnung der Geschwindigkeit**

Nach dem Energieerhaltungssatz gilt:

$$\frac{1}{2}m \cdot v^2 = q \cdot U.$$

Auflösen nach v ergibt

$$v = \sqrt{\frac{2 \cdot q \cdot U}{m}} = \sqrt{\frac{2 \cdot 5{,}0 \cdot 10^{-9} \cdot 10\,000}{3{,}0 \cdot 10^{-6}}}\ m = 5{,}8\ \frac{m}{s}.$$

Diskussion der Diagramme

Das Kügelchen wird im homogenen Feld des Kondensators zuerst gleichmäßig nach rechts beschleunigt. Nach dem Aufprall auf die rechte Platte wird es nach links reflektiert und weiter so stark wie vorher gleichmäßig beschleunigt. Der Rückweg dauert kürzer als der Hinweg.

Bild 1: Da sich das Vorzeichen der Geschwindigkeit nicht ändert, kann dieses Bild nicht infrage kommen.

Bild 2: Nach dem Aufprall ändert sich zwar das Vorzeichen der Geschwindigkeit, ihre Zunahme ist aber auf den halben Wert gesunken. Außerdem braucht laut Bild das Kügelchen für Hin- und Rückweg gleich lang. Das Bild scheidet ebenfalls aus.

Bild 3: Hier hat die Geschwindigkeit einen Vorzeichenwechsel, ihre Zunahme behält den vorherigen Wert und der Rückweg dauert kürzer als der Hinweg. Dies ist das gesuchte Diagramm.

Bild 4: Die Geschwindigkeit nimmt mit dem Quadrat der Zeit zu. Das quadratische Gesetz gilt aber für den Weg und nicht für die Geschwindigkeit. Bild 4 scheidet also ebenfalls aus.

Für die gleichmäßig beschleunigte Bewegung gilt: $s = \frac{1}{2} \cdot a \cdot t^2$. Auflösen nach t ergibt

$$t = \sqrt{\frac{2 \cdot s}{a}}.$$

Für die doppelte Strecke wird also etwa die 1,4-fache Zeit gebraucht. Dies kann man in Bild 3 gut erkennen.

c) **Erklärung des Kurvenverlaufs**

Nach dem Einschalten der Spannung U_0 beginnt die Stromstärke in der Spule anzusteigen. Dadurch entsteht ein ansteigendes Magnetfeld und es wird nach dem Lenz'schen Gesetz eine Gegenspannung U_{ind} induziert, die ihrer Ursache, nämlich dem Anstieg der Stromstärke, entgegenwirkt. Im Stromkreis wirken also zwei Spannungsquellen U_0 und U_{ind}:

$$U_R(t) = U_0 + U_{ind}(t) = U_0 - L \cdot \dot{I}(t) = R \cdot I(t).$$

Der Verlauf der Stromstärke ergibt sich aus

$$I(t) = \frac{U_0 - L \cdot \dot{I}(t)}{R}. \qquad (*)$$

Für $t = 0$ s ist die Stromstärke noch 0 A, folglich haben die angelegte Spannung U_0 und die Gegenspannung U_{ind} den gleichen Betrag. Der Anstieg der Stromstärke nimmt ab, somit verringert sich auch die Gegenspannung. Nach einer gewissen Zeit ändert sich die Stromstärke nicht mehr, sie erreicht ihren Höchstwert

$$I_{max} = \frac{U_0}{R}.$$

Berechnung des ohmschen Widerstands
Die Maximalstromstärke beträgt $I_{max} = 1{,}2$ A. Hieraus lässt sich der ohmsche Widerstand der Schaltung berechnen:

$$R = \frac{U_0}{I_{max}} = \frac{12}{1{,}2}\,\Omega = 10\,\Omega.$$

Berechnung der Eigeninduktivität
Am einfachsten kann man die Eigeninduktivität der Spule aus dem Anstieg der Stromstärke zum Zeitpunkt t = 0 s berechnen.
Dann fließt noch kein Strom und die Gleichung (∗) vereinfacht sich zu

$$U_0 = L \cdot \dot{I}(0\,s).$$

Die Ableitung $\dot{I}(0\,s)$ lässt sich aus der Zeichnung als Tangentensteigung im Ursprung bestimmen. Es gilt

$$\dot{I}(0\,s) = \frac{\Delta I}{\Delta t} = \frac{1{,}5\text{ A}}{0{,}5\text{ ms}} = 3\,000\text{ A}\,s^{-1}.$$

Für die Eigeninduktivität folgt daraus:

$$L = \frac{U_0}{\dot{I}(0\,s)} = \frac{12}{3\,000}\text{ H} = 4{,}0\text{ mH}.$$

Da die Tangentensteigung nur nach Augenmaß bestimmt wird, ist hier eine gewisse Streuung der Ergebnisse möglich.

d) **Berechnung der de-Broglie-Wellenlänge aus der Spannungsangabe**
Zur Berechnung der de-Broglie-Wellenlänge braucht man wegen $\lambda = \frac{h}{p}$ den Impuls $p = m \cdot v$, weshalb man die Geschwindigkeit bestimmen muss. Wegen der Energieerhaltung $e \cdot U = \frac{1}{2} \cdot m \cdot v^2$ gilt

$$v = \sqrt{\frac{2 \cdot e \cdot U}{m}}.$$

Der Impuls beträgt

$$p = m \cdot v = m \cdot \sqrt{\frac{2 \cdot e \cdot U}{m}} = \sqrt{2 \cdot e \cdot m \cdot U} = \sqrt{2 \cdot 1{,}60 \cdot 10^{-19} \cdot 9{,}11 \cdot 10^{-31} \cdot 50\,000}\,\frac{kg \cdot m}{s}$$
$$= 1{,}21 \cdot 10^{-22}\,\frac{kg \cdot m}{s}.$$

Nun kann man die de-Broglie-Wellenlänge ausrechnen:

$$\lambda = \frac{h}{p} = \frac{6{,}63 \cdot 10^{-34}}{1{,}21 \cdot 10^{-22}}\text{ m} = 5{,}5 \cdot 10^{-12}\text{ m} = 5{,}5\text{ pm}.$$

Berechnung der de-Broglie-Wellenlänge aus dem Interferenzbild
Beim Doppelspalt beobachtet man Intensitätsmaxima, wenn der Gangunterschied δ_k benachbarter Wellen ein ganzzahliges Vielfaches der Wellenlänge λ ist. Es gilt

$$\delta_k = g \cdot \sin \alpha_k$$

sowie

$$\delta_k = k \cdot \lambda;\ \ k = 0, 1, 2, \ldots$$

Zusammengesetzt ergibt dies

$$\sin\alpha_k = \frac{k\cdot\lambda}{g}, \quad k = 0, 1, 2, \ldots$$

Auf einem Schirm im Abstand a können die Elektronen bei $x_k = a\cdot\tan\alpha_k$ nachgewiesen werden. Für kleine Winkel gilt die Näherung $\sin\alpha \approx \tan\alpha$ und damit

$$\frac{k\cdot\lambda}{g} = \frac{x_k}{a}.$$

Die hellen Streifen liegen bei

$$x_k = k\cdot\frac{\lambda\cdot a}{g}.$$

Benachbarte Maxima haben deshalb alle denselben Abstand

$$\Delta x = \frac{\lambda\cdot a}{g}.$$

Diese Formel kann man nach der gesuchten Wellenlänge auflösen:

$$\lambda = \frac{\Delta x\cdot g}{a} = \frac{2{,}75\cdot 10^{-6}\cdot 100\cdot 10^{-9}}{0{,}05}\ \text{m} = 5{,}5\cdot 10^{-12}\ \text{m}.$$

Dies stimmt mit dem oben berechneten Ergebnis überein.

Elektronen sind Quantenobjekte
In der Bilderserie erkennt man, dass sich mit steigender Elektronenzahl ein Interferenzbild aufbaut. Da sich immer nur ein Elektron in der Apparatur befunden hat, müssen die Elektronen mit sich selbst interferiert haben (Wellencharakter der Elektronen).
Auf den Bildern sieht man einzelne „Treffer“ der Elektronen, beim Nachweis auf der Fotoplatte zeigt sich also der Teilchencharakter der Elektronen.
Der genaue Auftreffpunkt eines Elektrons lässt sich jedoch nicht vorhersagen, es sind nur Aussagen möglich, mit welcher Wahrscheinlichkeit ein Elektron an einem gewissen Ort nachgewiesen werden kann.
Da man den Elektronen sowohl Wellen- als auch Teilcheneigenschaften zuschreiben kann, handelt es sich um Quantenobjekte.

Abiturprüfung an den allgemeinbildenden Gymnasien (Baden-Württemberg) 2007
Prüfungsfach: Physik – Aufgabe II

a) Ein langes Gummiseil ist in x-Richtung gespannt. Der Seilanfang A wird in y-Richtung zu sinusförmigen Schwingungen mit der Periodendauer 0,50 s und der Amplitude 2,0 cm angeregt (siehe Abbildung 1). Zum Zeitpunkt $t_0 = 0$ s startet die Erregung bei A in positive y-Richtung.

Abb. 1

- Wo befindet sich zum Zeitpunkt $t_1 = 2{,}4$ s der Seilanfang?
- In welche Richtung und mit welcher Geschwindigkeit bewegt er sich zum Zeitpunkt t_1?

Auf dem Seil bildet sich eine Welle mit der Ausbreitungsgeschwindigkeit $0{,}20\ \mathrm{ms^{-1}}$ aus.

- Zeichnen Sie eine Momentaufnahme für den Zeitpunkt $t_2 = 1{,}125$ s.
- Zeichnen Sie für $0\ \mathrm{s} \leq t \leq 2{,}5$ s ein t-y-Diagramm der Schwingung des Seilpunktes B, der zu Schwingungsbeginn 25 cm vom Punkt A entfernt ist. (10 VP)

b) Nun wird ein Gummiseil zwischen zwei Wänden eingespannt, die 80 cm voneinander entfernt sind. Es wird an einer geeigneten Stelle in Wandnähe sinusförmig quer zur Seilrichtung angeregt. Die Erregerfrequenz wird langsam von 0 Hz an erhöht.

- Welche Beobachtungen kann man dabei machen?
- Wie lassen sich diese erklären?

Bei einer bestimmten Eigenschwingung erhält man die in Abbildung 2 dargestellte Momentaufnahme.
Erhöht man die Frequenz um 20 Hz, so kommen zwei Schwingungsbäuche dazu.

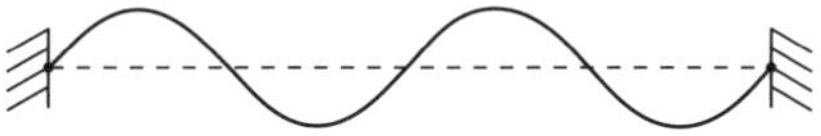

Abb. 2

- Wie groß ist die Ausbreitungsgeschwindigkeit im Seil?

Nun wird das Seil in der Mitte angezupft.

- Bestimmen Sie die kleinste Eigenfrequenz, mit der das Seil schwingen kann. (8 VP)

c) In einem neuen Versuch schwingen zwei Stifte S_1 und S_2 gleichphasig mit der Frequenz f (siehe Abbildung 3). Sie erzeugen hierbei jeweils sinusförmige Wasserwellen mit der Amplitude 1,0 mm.
Die Ausbreitungsgeschwindigkeit der Wasserwellen beträgt 10 cms^{-1}.

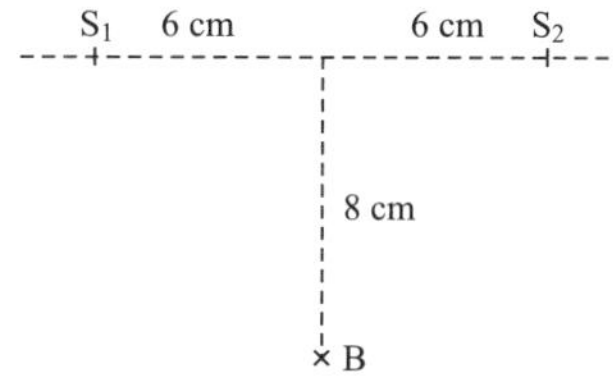

- Wie groß ist die Amplitude im Punkt B?

Abb. 3

Jetzt wird Stift S_2 langsam nach rechts verschoben. Nach einer Verschiebung um 3,0 cm registriert man in B zum ersten Mal ein Minimum der Amplitude.

- Berechnen Sie die Frequenz f.

Stift S_2 ist nun aus seiner ursprünglichen Lage um weniger als 3,0 cm nach rechts versetzt. Die Stifte schwingen gleichphasig mit der Frequenz f.

- Beschreiben Sie ein nicht-experimentelles Verfahren zur Bestimmung der Amplitude im Punkt B. (8 VP)

d) *„Beobachtungen stören nicht nur, was in einem System gemessen wird, sie erzeugen es. Bei einer Ortsmessung wird das Elektron zu einer Entscheidung gezwungen. Wir zwingen es an einen bestimmten Ort, vorher war es nicht hier, nicht dort, es hatte sich für keinen Ort entschieden."*

(Ernst Pascual Jordan; 1902–1980)

- Erläutern Sie die Aussage zur Ortsmessung anhand des Doppelspaltexperiments mit einzelnen Elektronen. (4 VP)

Die Abnahme der Amplitude mit der Entfernung wird nicht berücksichtigt.

Tipps und Hinweise zur Lösung von Aufgabe II

Tipps zu Teilaufgabe a

- Die Schwingung des Seilanfangs wird durch die Gleichung $s(t) = \hat{s} \cdot \sin(\omega t)$ beschrieben. Es gilt $\omega = \frac{2\pi}{T}$.
- Die Richtung und die Geschwindigkeit kann mit $v(t) = \dot{s}(t) = \hat{s} \cdot \omega \cdot \cos(\omega \cdot t)$ berechnet werden.
- Wie weit ist die Welle nach rechts fortgeschritten? Wie groß ist die Wellenlänge ($\lambda \cdot f = c$)? Zeichnen Sie die Welle von rechts nach links.
- Wann erreicht die Störung den Punkt B? Überlegen Sie sich einen günstigen Maßstab zum Zeichnen.

Tipps zu Teilaufgabe b

- Wenn Sie Probleme haben, so lesen Sie einfach weiter im Text.
- Zur Beobachtung der Bewegung des Gummiseils:
  Auf dem begrenzten Wellenträger laufen die Wellen hin und her. Bei gewissen Frequenzen passen die mehrfach reflektierten Wellen so aufeinander, dass sie sich verstärken. Beachten Sie außerdem, dass wegen der Randbedingung links und rechts Bewegungsknoten sein müssen.
- Sie können die Ausbreitungsgeschwindigkeit und die kleinste Eigenfrequenz ohne viel Rechnerei berechnen, wenn man weiß, dass bei zwei gleichen Enden die Frequenzen ganzzahlige Vielfache der Grundfrequenz sind.

Tipps zu Teilaufgabe c

- Da der Beobachtungspunkt in der Nähe der beiden Stifte liegt, kann nicht mit der Sinus-Formel gerechnet werden. Verwenden Sie den Satz des Pythagoras und vergleichen Sie den Wegunterschied mit der Wellenlänge. Bilden Sie die Summe beider Zeiger.
- Beim 1. Minimum beträgt der Gangunterschied eine halbe Wellenlänge.
- Zeichnen Sie ein Zeigerdiagramm. Rechnen Sie den Gangunterschied (in cm) in einen Phasenwinkel (in °) um.

Lösung

a) **Wo befindet sich der Seilanfang nach 2,4 Sekunden?**
Eine sinusförmige Schwingung, die aus der Ruhelage nach oben zu schwingen beginnt, wird durch die Gleichung $s(t) = \hat{s} \cdot \sin(\omega \cdot t)$ beschrieben. Die Amplitude beträgt $\hat{s} = 2{,}0$ cm. Die Kreisfrequenz ω kann aus der Periodendauer T berechnet werden:

$$\omega = \frac{2\pi}{T} = \frac{2\pi}{0{,}5\ \text{s}} = 4\pi\ \text{s}^{-1}.$$

Somit lautet die Bewegungsgleichung:

$$s(t) = 2{,}0\ \text{cm} \cdot \sin(4\pi\ \text{s}^{-1} \cdot t).$$

Setzt man den gefragten Zeitpunkt $t_1 = 2{,}4$ s ein, so erhält man

$$s(2{,}4\ \text{s}) = 2{,}0\ \text{cm} \cdot \sin(4\pi \cdot 2{,}4) = -1{,}9\ \text{cm}.$$

Der Seilanfang befindet sich also 1,9 cm unterhalb der Ausgangslage.

Geschwindigkeit des Seilanfangs nach 2,4 Sekunden
Die Geschwindigkeitsfunktion v(t) erhält man, indem man s(t) ableitet:

$$v(t) = \dot{s}(t) = \hat{s} \cdot \omega \cdot \cos(\omega \cdot t) = 2{,}0\ \text{cm} \cdot 4\pi\ \text{s}^{-1} \cdot \cos(4\pi\ \text{s}^{-1} \cdot t)$$
$$= 8\pi\ \text{cm} \cdot \text{s}^{-1} \cdot \cos(4\pi\ \text{s}^{-1} \cdot t).$$

Die gesuchte Geschwindigkeit beträgt

$$v(2{,}4\ \text{s}) = 8\pi\ \text{cm} \cdot \text{s}^{-1} \cdot \cos(4\pi \cdot 2{,}4) = 7{,}8\ \text{cm} \cdot \text{s}^{-1}.$$

Der Seilanfang bewegt sich mit 7,8 $\frac{\text{cm}}{\text{s}}$ nach oben.

Momentaufnahme nach 1,125 Sekunden
Auf dem Seil bildet sich eine fortschreitende Querwelle aus, die mit der Ausbreitungsgeschwindigkeit $c = 20\ \frac{\text{cm}}{\text{s}}$ nach rechts wandert. Die Wellenfront legt in der Zeit $t_2 = 1{,}125$ s die Strecke

$$x_2 = c \cdot t_2 = 20\ \frac{\text{cm}}{\text{s}} \cdot 1{,}125\ \text{s} = 22{,}5\ \text{cm}$$

zurück.

Sinnvollerweise zeichnet man nun die Welle von rechts nach links. Wegen $\lambda \cdot f = c$ bzw. $\lambda = c \cdot T$ beträgt die Wellenlänge

$$\lambda = 20\ \frac{\text{cm}}{\text{s}} \cdot 0{,}5\ \text{s} = 10\ \text{cm}.$$

Die Nullstellen befinden sich jeweils im Abstand $\frac{\lambda}{2} = 5$ cm links von $x_2 = 22{,}5$ cm, folglich liegen sie bei 17,5 cm, bei 12,5 cm, bei 7,5 cm und bei 2,5 cm.

Genau in der Mitte zwischen zwei Nullstellen findet man die Maxima und Minima.
Da die Bewegung mit einem Berg begonnen hat, liegt $\frac{\lambda}{4} = 2{,}5$ cm links von $x_2 = 22{,}5$ cm ein Maximum. Dies ist bei x = 20 cm. Die weiteren Maxima findet man bei x = 10 cm und direkt am Seilanfang.
Die Minima befinden sich bei 5 cm und 15 cm.

Zum Zeichnen ist für die x-Richtung z. B. der Maßstab 1 : 2 gut geeignet.
Die Momentaufnahme sieht wie in Abbildung 1 dargestellt aus (hier im Maßstab 1:2,5):

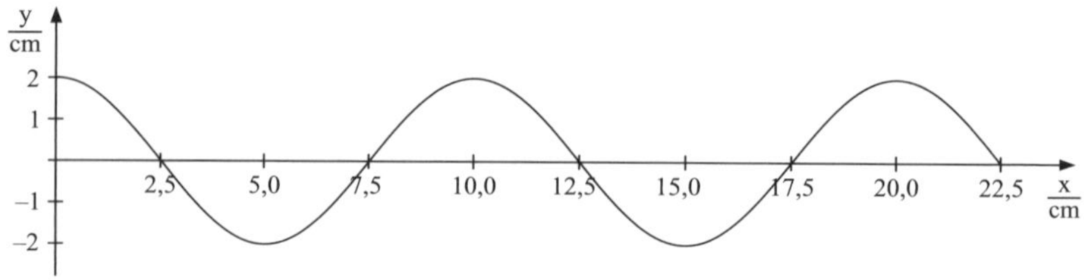

Abb. 1

t-y-Diagramm des Seilpunktes B

Der Seilpunkt B beginnt dann zu schwingen, wenn die Wellenfront die Strecke $x_3 = 25$ cm zurückgelegt hat. Dies dauert

$$t = \frac{x_3}{c} = \frac{25\,\text{cm}}{20\,\frac{\text{cm}}{\text{s}}} = 1{,}25\,\text{s}.$$

Anschließend schwingt der Seilpunkt B mit der gleichen Periodendauer T = 0,50 s und der gleichen Amplitude $\hat{s} = 2{,}0$ cm wie der Seilanfang A.
Das Diagramm lässt sich gut zeichnen, wenn für die Periodendauer T = 0,50 s in der Zeichnung eine Strecke von 2 cm gewählt wird.

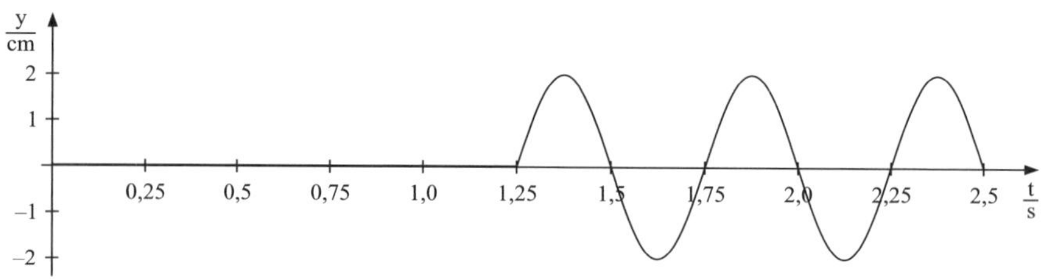

Abb. 2

b) **Beobachtung des Gummiseils und Erklärung der Beobachtung**

Bewegt sich die Stelle in der Nähe des Seilanfangs langsam nach oben und unten, so schreitet die Störung quer durch das Seil fort und wird am anderen Ende reflektiert. Die reflektierte Welle wandert zurück und wird wieder reflektiert. Das heißt, dass auf dem Seil (abgesehen von der Dämpfung) viele Wellen hin und her laufen. Dies ergibt im Regelfall ein unregelmäßiges Schwingen. Manchmal jedoch passen die verschiedenen Wellen genau aufeinander, so dass sich eine stehende Welle ausbilden kann. Dies ist dann der Fall, wenn die zweimal reflektierte Welle phasengleich zur ursprünglichen Welle ist. In den anderen Fällen gibt es mal zufälligerweise Auslöschung oder auch Verstärkung, so dass ein unregelmäßiges Schwingen beobachtet werden kann.
Da das Seil auf beiden Seiten eingespannt ist, haben alle stehenden Wellen an den Rändern einen Schwingungsknoten. Bei der Grundschwingung befindet sich genau in der Mitte ein Schwingungsbauch, bei den höheren Eigenschwingungen findet man entsprechend mehr Schwingungsbäuche.

Das Seil hat die Länge $\ell = 80$ cm. Für die ersten Eigenschwingungen gilt:

n	1	2	3	4	5
λ_n in cm	160	80	53,3	40	32

Berechnung der Ausbreitungsgeschwindigkeit und der kleinsten Eigenfrequenz
Die Frequenzen der Eigenschwingungen sind ganzzahlige Vielfache der Grundfrequenz. Diesen einfachen Sachverhalt kann man folgendermaßen herleiten:
Aus

$$\ell = n \cdot \frac{\lambda_n}{2} \quad \Rightarrow \quad \lambda_n = \frac{2 \cdot \ell}{n}$$

und

$$\lambda_n \cdot f_n = c$$

folgt

$$f_n = \frac{c}{\lambda_n} = n \cdot \frac{c}{2 \cdot \ell}.$$

Wenn bei der Erhöhung der Frequenz um $\Delta f = 20\text{ Hz}$ zwei Schwingungsbäuche hinzukommen, bedeutet dies den Übergang zur übernächsten Eigenschwingung; damit entsprechen 20 Hz gerade der doppelten Grundfrequenz:

$$\Delta f = f_{n+2} - f_n = (n+2) \cdot \frac{c}{2 \cdot \ell} - n \cdot \frac{c}{2 \cdot \ell} = 2 \cdot \frac{c}{2 \cdot \ell} = 2 \cdot f_1 \;\Rightarrow\; f_1 = \frac{\Delta f}{2} = \frac{20\text{ Hz}}{2} = 10\text{ Hz}$$

Die gesuchte Grundfrequenz beträgt $f_1 = 10\text{ Hz}$. Dazu gehört die Wellenlänge

$$\lambda_1 = 2 \cdot \ell = 2 \cdot 0{,}80\text{ m} = 1{,}6\text{ m}.$$

Die Ausbreitungsgeschwindigkeit beträgt

$$c = \lambda_1 \cdot f_1 = 1{,}6\text{ m} \cdot 10\text{ Hz} = 16\,\frac{\text{m}}{\text{s}}.$$

c) **Berechnung der Amplitude im Punkt B**
Im Punkt B treffen die von den beiden Stiften ausgehenden Wellen phasengleich aufeinander. Deshalb kann man die beiden Amplituden einfach addieren und erhält für die resultierende Amplitude den Wert 2,0 mm.

Bestimmung der Frequenz
Wird der Stift S_2 langsam nach rechts bewegt, so nimmt die Strecke $\overline{S_2B}$ zu, was zu einem anwachsenden Gangunterschied führt. Wenn dieser $\frac{\lambda}{2}$ beträgt, treffen die Wellen bei B gegenphasig ein, was ein Minimum ergibt.
Verschiebt man S_2 um 3,0 cm nach rechts, so gilt für den Gangunterschied

$$\begin{aligned}\Delta x &= \overline{S_2B} - \overline{S_1B} = \sqrt{9^2 + 8^2}\text{ cm} - \sqrt{6^2 + 8^2}\text{ cm}\\ &= \sqrt{145}\text{ cm} - \sqrt{100}\text{ cm}\\ &= 12{,}04\text{ cm} - 10\text{ cm}\\ &= 2{,}04\text{ cm}.\end{aligned}$$

Aus $\Delta x = \frac{\lambda}{2} = 2{,}04\text{ cm}$ folgt $\lambda = 4{,}08\text{ cm}$.
Die Frequenz beträgt

$$f = \frac{c}{\lambda} = \frac{0{,}10\,\frac{\text{m}}{\text{s}}}{0{,}0408\text{ m}} = 2{,}5\text{ Hz}.$$

Bestimmung der Amplitude
Zur Berechnung der Amplitude kann man ein Zeigerdiagramm verwenden. Die Addition der Zeiger, die zu den von S_1 und S_2 ankommenden Wellen gehören, ergibt den Zeiger der resultierenden Welle.

In einem ersten Schritt bestimmt man den Gangunterschied

$$\Delta x = \overline{S_2B} - \overline{S_1B}.$$

In einem zweiten Schritt muss dieser nun in eine Phasendifferenz $\Delta\varphi$ umgerechnet werden. 360° entsprechen der Wellenlänge λ. Gesucht ist der Phasenwinkel $\Delta\varphi$, der zum Gangunterschied Δx gehört:

$$\frac{\Delta\varphi}{\Delta x} = \frac{360°}{\lambda}.$$

Beispiel:
$\vec{s}_1$ und $\vec{s}_2$ sind die Zeiger der beiden ankommenden Wellen.
$\vec{s}$ ist der Zeiger der resultierenden Welle.

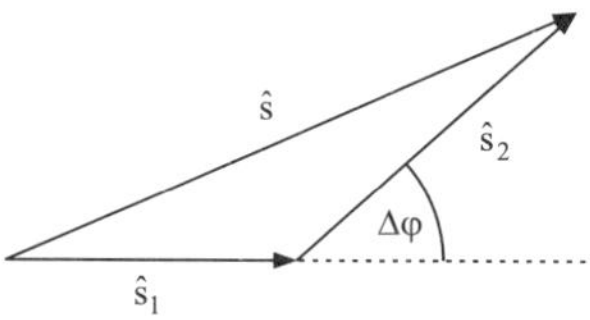

Abb. 3

d) Führt man ein Doppelspaltexperiment mit einzelnen Elektronen aus, so erhält man bei einer genügend langen Beobachtungsdauer die typische Interferenzfigur, wie man sie von Doppelspaltexperimenten mit Licht kennt. Dies kann nur dadurch erklärt werden, dass das Elektron mit sich selbst interferiert. Dazu ist aber notwendig, dass beide Spalte geöffnet sind.
Schließt man nun den einen oder den anderen Spalt, so bekommt man zwar die Information, durch welchen Spalt das Elektron gelangt ist (Ortsmessung). Auf dem Beobachtungsschirm verschwindet allerdings die Interferenzfigur des Doppelspaltes, man kann nur noch die Summe zweier Einzelspaltbeugungsbilder erkennen.

Abiturprüfung an den allgemeinbildenden Gymnasien (Baden-Württemberg) 2007
Prüfungsfach: Physik – Aufgabe III

a) Die Wellenvorstellung von Licht stützt sich unter anderem auf die am optischen Gitter beobachteten Interferenzerscheinungen.

- Skizzieren Sie einen Versuchsaufbau, mit dem man unter Verwendung eines Gitters das Linienspektrum einer Quecksilberdampflampe auf einem Schirm beobachten kann.
- Wie kann man mithilfe dieses Versuchsaufbaus die Wellenlänge einer Spektrallinie bestimmen? Verwenden Sie dazu eine geeignete Skizze.

Im Emissionsspektrum des atomaren Wasserstoffs beobachtet man vier Linien der Wellenlängen 656 nm, 486 nm, 434 nm und 410 nm. Das Gitter hat 100 Striche pro mm.

- Prüfen Sie, ob zwischen den Linien 2. Ordnung Linien 3. Ordnung liegen. Bestimmen Sie gegebenenfalls die Wellenlängen zu diesen Linien 3. Ordnung. (7 VP)

b) Laserlicht mit der Wellenlänge 632 nm fällt senkrecht auf einen Einzelspalt mit der Spaltbreite 5,00 µm. Eine Fotodiode kann auf einem Halbkreis mit großem Radius um die Spaltmitte bewegt werden und die Intensität registrieren.

- Unter welchen Winkeln treten die Minima 1. und 2. Ordnung auf?
- Wie viele Minima können insgesamt auftreten?
- Wie ändert sich der Intensitätsverlauf, wenn die Spaltbreite verkleinert wird?

Statt des Einzelspalts wird ein Haar mit dem Laser beleuchtet. Wieder entsteht eine Beugungsfigur, die der eines Einzelspalts entspricht. Das Minimum 10. Ordnung findet man unter einem Winkel von 17,7°.

- Welche Dicke hat das Haar, wenn sie der Spaltbreite entspricht? (8 VP)

c) Auf einen Doppelspalt fällt senkrecht blaues Licht. Das Beugungsbild hinter dem Spalt wird auf einem ebenen Schirm beobachtet. Der Schirm ist parallel zur Doppelspaltebene. Wird vor einen der beiden Spalte ein dünnes Glasplättchen gebracht, so verschiebt sich das Maximum 0. Ordnung.

- Begründen Sie, warum eine Verschiebung stattfindet und in welche Richtung das Maximum 0. Ordnung verschoben wird.

Gelbes Licht hat in Glas eine größere Ausbreitungsgeschwindigkeit als blaues.

- Was ändert sich an der Lage des 0. Maximums, wenn statt des blauen Lichts nun gelbes verwendet wird? Begründen Sie Ihre Aussage. (5 VP)

d) In eine Fotozelle fällt Licht einer bestimmten Wellenlänge. Die Spannung U ist so gepolt, dass der Strom I_F mit wachsender Spannung abnimmt (siehe Abbildung 1).

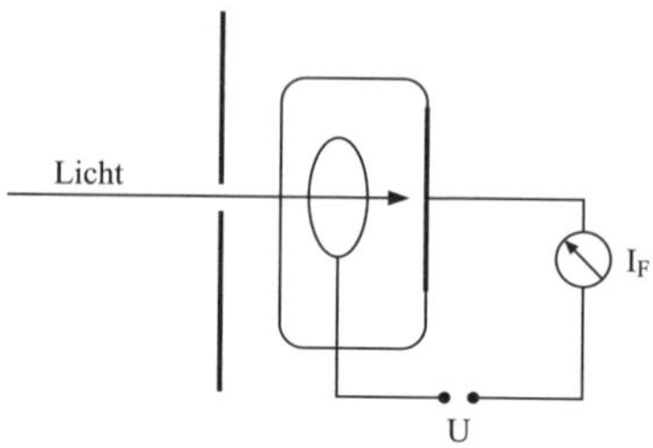

Abb. 1

- Erklären Sie, wie man mit diesem Versuchsaufbau die maximale kinetische Energie der Fotoelektronen messen kann.
- UV-Licht der Wellenlänge 250 nm löst aus der Kathode Elektronen mit einer maximalen Energie von 1,8 eV aus.
  Wie groß ist die Ablöseenergie für das Kathodenmaterial?

Nun werden zunächst die Intensität und anschließend die Frequenz des einfallenden Lichts variiert.

- Beschreiben Sie, wie sich jeweils die maximale Energie der Fotoelektronen verändert.
- Inwiefern ergibt sich ein Widerspruch zum Wellenmodell des Lichts?

1905 gelang es Einstein, diese Beobachtungen mithilfe der Lichtquantenhypothese zu erklären.

- Welche Aussage macht sie und wie kann man mit ihr die Versuchsergebnisse deuten? (10 VP)

Planck'sches Wirkungsquantum: $h = 6{,}63 \cdot 10^{-34}$ Js
Elementarladung: $e = 1{,}60 \cdot 10^{-19}$ C
Vakuumlichtgeschwindigkeit: $c = 3{,}00 \cdot 10^{8}\ ms^{-1}$
Umrechnung: $1\ eV = 1{,}60 \cdot 10^{-19}$ J

Tipps und Hinweise zur Lösung von Aufgabe III

Tipps zu Teilaufgabe a

- Bitte beachten: Es ist der Versuchsaufbau mit einer Quecksilberdampflampe und nicht mit einem Laser verlangt!
- $\sin\alpha_k = \frac{k \cdot \lambda}{g}$; $\tan\alpha_k = \frac{d_k}{a}$.
- Überlappung tritt dann auf, wenn es Linien 3. Ordnung gibt, die weiter innen liegen als die langwelligste Linie 2. Ordnung. Rechnen Sie nicht zuviel. Die Winkel selbst brauchen nicht berechnet zu werden.

Tipps zu Teilaufgabe b

- Setzen Sie in die Formel für Minima beim Einfachspalt ein.
- Denken Sie an die Wertemenge der Sinusfunktion.
- Beim Intensitätsverlauf ändern sich zwei Dinge.
- Dicke des Haars: Wie Sie der Aufgabenstellung entnehmen können, dürfen Sie genauso wie beim Einzelspalt rechnen.

Tipp zu Teilaufgabe c

- Licht hat in Glas eine kleinere Ausbreitungsgeschwindigkeit und damit eine kleinere Wellenlänge. Daraus resultiert ein Gangunterschied der interferierenden Wellen.

Tipps zu Teilaufgabe d

- Die maximale kinetische Energie der Elektronen kann nachgewiesen werden, indem man den Strom I_F geeignet auf null verringert.
- Zwischen der Frequenz f, der maximalen Elektronenenergie W_{el} und der Ablöseenergie W_A besteht der Zusammenhang $h \cdot f = W_{el} + W_A$. Die eV müssen in J und die Wellenlänge in eine Frequenz umgerechnet werden.
- Diskussion der Einflussgrößen und der Beschreibungsmodelle: Zu dieser Standardaufgabe werden keine fachlichen Hinweise gegeben. Sammeln Sie Ihre Gedanken auf dem Entwurfspapier und schreiben Sie einen kleinen fachlichen Aufsatz.

Lösung

a) **Versuchsaufbau**

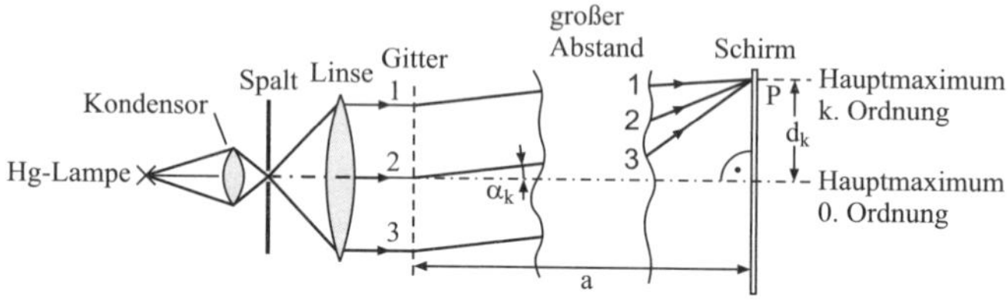

Abb. 1

Bestimmung der Wellenlänge einer Spektrallinie
Treffen die Lichtwellen auf ein Gitter, so werden sie an den Spalten gebeugt. Auf dem Schirm interferieren die von den Spalten ausgehenden Wellen miteinander. Je nach Lage des Auftreffpunktes auf dem Schirm unterscheidet sich der Gangunterschied δ der beiden Wellen.
Es gilt

$$\sin\alpha = \frac{\delta}{g}.$$

Ist dieser Gangunterschied $\delta_k = k \cdot \lambda$; $k = 0, 1, 2, \ldots$, so entstehen Intensitätsmaxima (konstruktive Interferenz). Dazwischen löschen sich die Wellen aus.
Auf dem Schirm beobachtet man die hellen Spektrallinien für Winkel α_k mit

$$\sin\alpha_k = k \cdot \frac{\lambda}{g}; \quad k = 0, 1, 2, \ldots$$

Den Winkel α_k misst man, indem man den Abstand a zwischen Gitter und Schirm sowie den Abstand d_k einer Spektrallinie vom Maximum 0. Ordnung bestimmt. Es gilt

$$\tan\alpha_k = \frac{d_k}{a}.$$

Den Abstand von der Mitte kann man auch ermitteln, indem man den gegenseitigen Abstand zweier gleichartiger Spektrallinien misst und das Ergebnis durch zwei teilt.

Untersuchung, ob die Spektren der 2. und der 3. Ordnung sich überlappen
Das Gitter hat 100 Striche pro mm. Dies ergibt folgende Gitterkonstante:

$$g = \frac{1}{100}\ \text{mm} = 1 \cdot 10^{-5}\ \text{m}.$$

Die Linien 3. Ordnung liegen dann zwischen den Linien 2. Ordnung, wenn es Linien 3. Ordnung gibt, die näher bei der Mitte liegen als die langwelligste Linie 2. Ordnung.

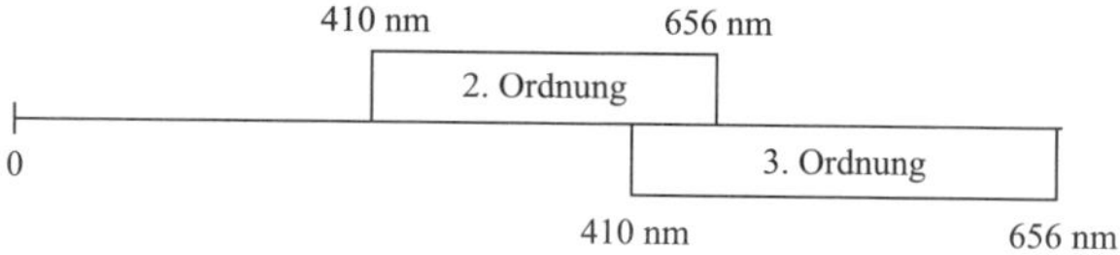

Abb. 2

Wegen der Monotonie der Sinusfunktion genügt es, die Sinuswerte zu berechnen. Die Winkel selbst brauchen nicht berechnet zu werden.
Für die langwelligste Linie 2. Ordnung gilt:

$$\sin\alpha_{2;\,656} = 2 \cdot \frac{\lambda_{656}}{g} = \frac{2 \cdot 656 \cdot 10^{-9}}{1 \cdot 10^{-5}} = 0{,}131.$$

Für die kurzwelligste Linie 3. Ordnung gilt:

$$\sin\alpha_{3;\,410} = 3 \cdot \frac{\lambda_{410}}{g} = \frac{3 \cdot 410 \cdot 10^{-9}}{1 \cdot 10^{-5}} = 0{,}123 < 0{,}131.$$

Diese Linie liegt also weiter innen. Vielleicht gibt es noch weitere solche Linien 3. Ordnung:

$$\sin\alpha_{3;\,434} = 3 \cdot \frac{\lambda_{434}}{g} = \frac{3 \cdot 434 \cdot 10^{-9}}{1 \cdot 10^{-5}} = 0{,}130 < 0{,}131$$

$$\sin\alpha_{3;\,486} = 3 \cdot \frac{\lambda_{486}}{g} = \frac{3 \cdot 486 \cdot 10^{-9}}{1 \cdot 10^{-5}} = 0{,}146 > 0{,}131.$$

Die Linien 3. Ordnung mit $\lambda = 410$ nm und $\lambda = 434$ nm liegen zwischen den Linien 2. Ordnung.

b) **Berechnung der Winkel für die 1. und die 2. Ordnung**
Das Laserlicht hat die Wellenlänge $\lambda = 632 \cdot 10^{-9}$ m. Die Breite des Einzelspalts beträgt $\ell = 5{,}00\ \mu m = 5{,}00 \cdot 10^{-6}$ m.
Beim Einzelspalt lautet die Formel für die Minima

$$\sin\alpha_k = \frac{k \cdot \lambda}{\ell}; \quad k = 1, 2, 3, \ldots$$

Der Winkel für das Minimum 1. Ordnung beträgt $\alpha_1 = 7{,}26°$, denn

$$\sin\alpha_1 = \frac{\lambda}{\ell} = \frac{632 \cdot 10^{-9}}{5 \cdot 10^{-6}} = 0{,}126.$$

Entsprechend folgt aus

$$\sin\alpha_2 = \frac{2 \cdot \lambda}{\ell} = \frac{2 \cdot 632 \cdot 10^{-9}}{5 \cdot 10^{-6}} = 0{,}253$$

für den Winkel des Minimums 2. Ordnung: $\alpha_2 = 14{,}64°$.

Anzahl der Minima
Die Werte der Sinusfunktion sind durch die Zahl 1 nach oben beschränkt. Folglich gilt

$$\sin\alpha_k = \frac{k \cdot \lambda}{\ell} < 1.$$

Umstellen ergibt

$$k < \frac{\ell}{\lambda} = \frac{5{,}00 \cdot 10^{-6}}{632 \cdot 10^{-9}} = 7{,}91.$$

Damit können Minima bis zur 7. Ordnung auftreten. Die gesamte Anzahl der möglichen Minima beträgt $2 \cdot 7 = 14$.

Anmerkungen:

- Die Frage nach der Anzahl der Minima ist eher theoretischer Natur, da die Intensitätsverteilung nach außen hin sehr abflacht und schon nach wenigen Ordnungen nichts mehr beobachtet werden kann.
- In der Mitte tritt das Hauptmaximum auf. Bei der ähnlichen Frage nach der Anzahl der Maxima beim Gitter muss man das Maximum in der Mitte noch dazuzählen.

Intensitätsverlauf bei verkleinerter Spaltbreite
Wird der Spalt verkleinert, so wird die Figur breiter und flacher, da das Licht auf eine immer größer werdende Fläche verteilt wird.

Bestimmung der Dicke des Haares
Wie man der Aufgabenstellung entnehmen kann, darf bei der Beugung an einem schmalen Hindernis genauso wie bei der Beugung am Einzelspalt gerechnet werden:

$$\sin\alpha_{10} = \frac{10 \cdot \lambda}{\ell} \quad \Rightarrow \quad \ell = \frac{10 \cdot \lambda}{\sin\alpha_{10}} = \frac{6\,320 \cdot 10^{-9}}{\sin 17{,}7^\circ}\ \text{m} = 2{,}08 \cdot 10^{-5}\ \text{m}.$$

Das Haar hat eine Dicke von 20,8 μm.

c) **Verschiebung durch ein dünnes Glasplättchen**
Die Lichtgeschwindigkeit ist abhängig vom Material, in dem sich die Lichtwelle ausbreitet. In einem Glaskörper mit der Brechzahl n ist die Lichtgeschwindigkeit im Vergleich zur Vakuumlichtgeschwindigkeit um den Faktor n verkleinert:

$$c_{\text{Glas}} = \frac{c}{n}.$$

Deshalb legt das Licht in Glas eine kürzere Strecke als in Luft zurück; die Welle, die sich in Luft bewegt hat, bekommt deshalb einen Vorsprung. Der Gangunterschied beträgt $\delta = n \cdot d - d = (n-1) \cdot d$, wenn d die Dicke des Glasplättchens ist. Der Gangunterschied, der vor dem Doppelspalt durch die Glasplatte verursacht wird, muss hinter dem Spalt durch einen weiteren Weg des anderen Wellenstrahls wieder ausgeglichen werden.
Das Maximum 0. Ordnung wird somit in Richtung des Glasplättchens verschoben.

Ergänzung: Was bedeutet dies für die beobachtete Intensitätsverteilung?
Diese besteht aus zwei Anteilen, nämlich der Beugungsfigur, die durch die Einzelspalte erzeugt wird, sowie der Interferenzfigur, die durch die Interferenz der Wellen entsteht, die von den beiden Spalten ausgehen. Der Anteil der Einzelspalte wird durch das Glasplättchen nicht beeinflusst. Folglich kann die Intensitätsverteilung maximal um den Abstand zweier Doppelspaltmaxima verschoben werden (vergleiche Aufgabe 2005/I).

Was passiert mit gelbem Licht?
Gelbes Licht hat in Glas eine größere Ausbreitungsgeschwindigkeit als blaues Licht. Folglich ist der Vorsprung des Lichts, das nur durch die Luft lief, nicht mehr so groß, und der Effekt ist nicht mehr so stark wie bei blauem Licht.

d) **Bestimmung der maximalen Energie der Fotoelektronen**
Fällt Licht auf eine Fotokathode, so können Elektronen aus der Fotokathode herausgelöst werden, wenn die Photonenenergie $W_{ph} = h \cdot f$ größer als die Ablöseenergie der Elektronen ist. Die Elektronen verlassen die Fotokathode, fliegen zum Ring und fließen wieder zurück, sodass ein geschlossener Stromkreis entsteht. Man kann eine Stromstärke I_F messen. Die Spannungsquelle wird nun so gepolt, dass der Minuspol links liegt. Dann müssen die Elektronen gegen ein elektrisches Feld anlaufen. Die Spannung U wird langsam erhöht. Die Stromstärke I_F nimmt ab. Wenn I_F gerade null wird, haben die schnellsten Elektronen die Energie $W_{el} = e \cdot U_{max}$.

Bestimmung der Ablöseenergie des Kathodenmaterials
Licht der Wellenlänge 250 nm hat die Frequenz

$$f = \frac{c}{\lambda} = \frac{3{,}00 \cdot 10^8}{250 \cdot 10^{-9}} \text{ Hz} = 1{,}2 \cdot 10^{15} \text{ Hz}$$

und die Energie

$$W_{ph} = h \cdot f = 6{,}63 \cdot 10^{-34} \cdot 1{,}2 \cdot 10^{15} \text{ Hz} = 7{,}96 \cdot 10^{-19} \text{ J}.$$

Im Idealfall (ohne Verluste an die Kathode) wird diese Energie in die Ablöseenergie W_A des Kathodenmaterials und die Energie W_{el} der Elektronen aufgeteilt:

$$W_{ph} = W_{el} + W_A.$$

Die Elektronen haben maximal die Energie

$$W_{el} = 1{,}8 \text{ eV} = 1{,}8 \cdot 1{,}60 \cdot 10^{-19} \text{ J} = 2{,}88 \cdot 10^{-19} \text{ J}.$$

$$W_A = W_{ph} - W_{el} = 7{,}96 \cdot 10^{-19} \text{ J} - 2{,}88 \cdot 10^{-19} \text{ J} = 5{,}08 \cdot 10^{-19} \text{ J} = 3{,}2 \text{ eV}.$$

Änderung der Intensität
Eine höhere Intensität bedeutet, dass in der gleichen Zeit mehr Photonen auf eine bestimmte Fläche der Fotokathode auftreffen. Die Energie der Photonen hängt jedoch nicht von der Bestrahlungsstärke ab. Folglich ändert sich die maximale Energie der Elektronen nicht. Nur die Anzahl der freigesetzten Elektronen wird erhöht. Entsprechendes gilt für eine Erniedrigung der Intensität.

Anschließende Änderung der Frequenz
Erhöht man die Frequenz des einfallenden Lichts, so steigt wegen $W_{ph} = h \cdot f$ die Energie der Photonen und wegen $W_{el} = W_{ph} - W_A$ die Energie der Elektronen an.
Erniedrigt man die Frequenz des einfallenden Lichts, so sinkt die Energie der Elektronen so lange, bis die Photonenenergie kleiner als die Austrittsarbeit wird und keine Elektronen mehr freigesetzt werden können.

Widerspruch zum Wellenmodell
Eine Vergrößerung der Intensität bedeutet, dass in gleicher Zeit mehr Energie auf die gleiche Fläche abgegeben wird. Nach dem Wellenmodell erwartet man, dass die Energie der Elektronen zunimmt.

Erklärung nach Einstein

Diese Teilfrage wurde im Prinzip schon oben beantwortet.

Licht gibt seine Energie in Portionen, den Lichtquanten oder Photonen, ab. Für die Energie eines Photons gilt $W_{ph} = h \cdot f$, sie wird in einem einzigen Vorgang vollständig an ein Elektron übertragen. Eine Erhöhung der Lichtfrequenz führt zu einer Erhöhung der Photonenenergie und damit zu einer Erhöhung der Energie der Elektronen. Dies kann durch die Erhöhung von U_{max} nachgewiesen werden. Eine Erhöhung der Lichtintensität hat keinen Einfluss auf die Maximalenergie der Elektronen.

Abiturprüfung an den allgemeinbildenden Gymnasien (Baden-Württemberg) 2008
Prüfungsfach: Physik – Aufgabe I

In der in Abbildung 1 dargestellten Versuchsanordnung befindet sich im Punkt Q eine Elektronenquelle. Die Elektronen treten im Punkt R mit einer Geschwindigkeit von $v_0 = 4{,}0 \cdot 10^7\ \mathrm{ms^{-1}}$ längs der x-Achse in einen „Black-Box-Würfel" ein. Innerhalb des Würfels können homogene elektrische und magnetische Felder erzeugt werden, deren Feldlinien in den folgenden Versuchen jeweils parallel zu den Kanten des Würfels verlaufen. Der Versuchsaufbau befindet sich im Vakuum.

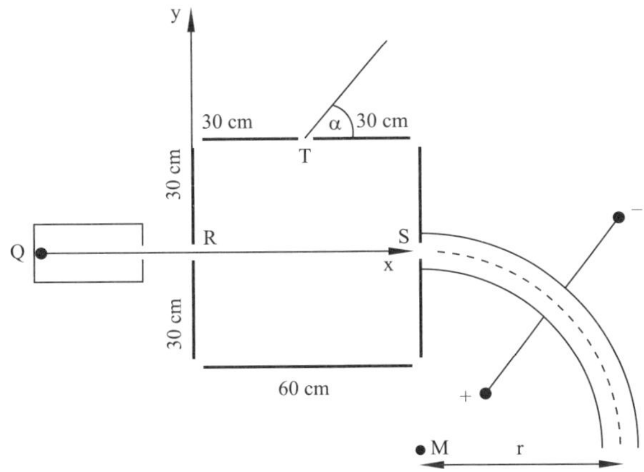

Abb. 1

a) • Erläutern Sie eine Methode, mit der man einen Elektronenstrahl erzeugen kann.

• Berechnen Sie die Spannung, die nötig ist, Elektronen aus der Ruhe auf die Geschwindigkeit v_0 zu beschleunigen.

Die Elektronenbewegung beginnt in Q zum Zeitpunkt $t_0 = 0$ s aus der Ruhe heraus. Für die Elektronengeschwindigkeit ergibt sich in Abhängigkeit von der Zeit:

t in 10^{-9} s	0	1,0	3,0	5,0	6,0	7,0	10,0	13,0	17,0	18,5	21,0	26,0	30,0	31,0
v in $10^7\ \mathrm{ms^{-1}}$	0	0,8	2,4	4,0	4,0	4,0	2,9	1,9	0,5	0	−0,9	−2,7	−4,0	−4,0

• Erstellen Sie ein t-v-Diagramm und interpretieren Sie es. Nehmen Sie dabei Bezug auf die Versuchsanordnung. (9 VP)

b) Nun wird der Innenraum des Würfels gleichzeitig von einem elektrischen und einem magnetischen Feld durchsetzt. Die Elektronen treten in R ein und in S mit der Geschwindigkeit $\vec{v}_0$ aus.

• Erläutern Sie, wie die Felder zu orientieren sind.

Am felderzeugenden Kondensator liegt eine Spannung von 1,5 kV an.

• Berechnen Sie die Beträge der elektrischen Feldstärke und der magnetischen Flussdichte.

Nun ist im Black-Box-Würfel nur ein magnetisches Feld. Der Elektronenstrahl soll geradlinig von R nach S verlaufen.

• Für welche magnetischen Flussdichten $\vec{B}$ ist dies möglich?

• Wie wird die Geschwindigkeit beeinflusst? Begründen Sie Ihre Antwort. (7 VP)

c) Die Elektronen sollen in weiteren Versuchen den Würfel in T verlassen, wobei der Würfel entweder von einem elektrischen oder einem magnetischen Feld durchsetzt ist. Für den Austrittswinkel α treten zwei unterschiedliche Fälle auf: entweder $\alpha_1 = 90°$ oder $\alpha_2 < 90°$.

- Erklären Sie, wie diese beiden Fälle zustande kommen.
- Berechnen Sie für den Fall eines elektrischen Feldes den Betrag der elektrischen Feldstärke. (8 VP)

d) Die Elektronen verlassen nun den Würfel in S mit der Geschwindigkeit $\vec{v}_0$ und treten in einen Kondensator mit gekrümmten Platten ein (siehe Abbildung 1). Die elektrische Feldstärke ist so gewählt, dass die Elektronen den Kondensator auf der gestrichelten Bahn durchlaufen. Dort beträgt die elektrische Feldstärke 6,0 kVm^{-1}.

- Berechnen Sie den Bahnradius r.

Gemäß der Relativitätstheorie gilt für die Masse m eines Elektrons mit der Geschwindigkeit v

$$m = \frac{m_e}{\sqrt{1-\left(\frac{v}{c}\right)^2}}.$$

Dabei ist m_e die Masse des ruhenden Elektrons und c die Vakuumlichtgeschwindigkeit.

- Wie weichen die Elektronen unter Berücksichtigung dieser relativistischen Beziehung von der gestrichelten Bahn ab? (6 VP)

Elektronenmasse: $m_e = 9{,}11 \cdot 10^{-31}$ kg
Elektronenladung: $e = 1{,}60 \cdot 10^{-19}$ C
Lichtgeschwindigkeit im Vakuum: $c = 3{,}00 \cdot 10^{8}\ ms^{-1}$

Tipps und Hinweise zur Lösung von Aufgabe I

Tipps zu Teilaufgabe a

- Woher kommen die Elektronen? Wie werden sie beschleunigt? Wie entsteht ein dünner Strahl?
- Verwenden Sie den Energieerhaltungssatz.
- Wählen Sie eine einfache Skalierung, z. B. 0,5 cm für 1 ns. Vergessen Sie nicht, die Achsen sauber zu beschriften. Beschreiben Sie, wo sich die Elektronen in den verschiedenen Zeitabschnitten befinden und um welche Art von Bewegung es sich handelt. Begründen Sie kurz. Die Polung des Feldes darf nicht vergessen werden.

Tipps zu Teilaufgabe b

- Orientierung der Felder: Überlegen Sie, wie elektrische bzw. magnetische Felder die Bewegung von Teilchen beeinflussen. Wie sind die Kräfte gerichtet?
- Berechnung der elektrischen Feldstärke: $U = E \cdot d$. Die magnetische Flussdichte erhalten Sie aus dem Kräftegleichgewicht.
- Anwendung der Drei-Finger-Regel liefert die Lösung.
- Auch die letzte Teilfrage folgt aus der Drei-Finger-Regel.

Tipps zu Teilaufgabe c

- Die Ablenkung in elektrischen und in magnetischen Feldern unterscheidet sich grundsätzlich. Überlegen Sie, welche Bahnen sich in beiden Fällen ergeben. Es muss auch die Richtung der Felder angegeben werden.
- Hier benötigen Sie die Bewegungsgleichungen für die x- und y-Richtung.

Tipps zu Teilaufgabe d

- Auch wenn die Aufgabe auf den ersten Blick ungewohnt erscheint, lässt sie sich ganz einfach lösen, wenn man bedenkt, dass die elektrische Kraft als Zentripetalkraft wirkt.
- Es ist nicht verlangt, den neuen Radius auszurechnen (was aber keine Probleme bereiten sollte). Gesucht ist eine qualitative Aussage, also **wie** sich die Bahn der Elektronen verändert.

Lösung

a) **Erzeugen eines Elektronenstrahls**

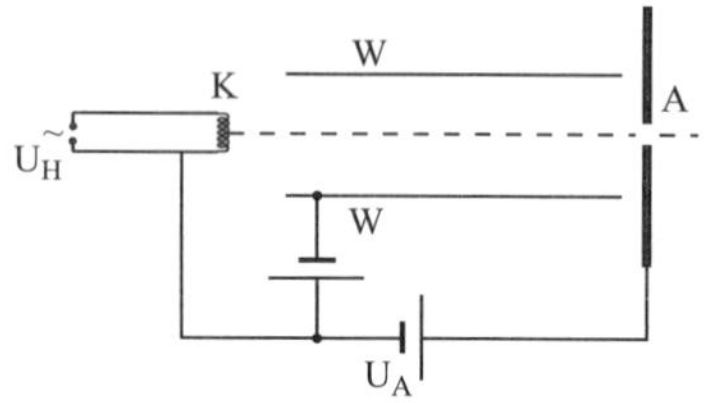

U_H: Heizspannung
K: Kathode
A: Anode
U_A: Beschleunigungsspannung
W: Wehneltzylinder

Abb. 1

Elektronen werden durch den glühelektrischen Effekt aus einem Glühdraht (der Glühkatode K) freigesetzt. Sie werden zu einem Metallplättchen (der Anode A) beschleunigt, da sich zwischen der Glühkatode und der Anode eine Spannung mit Pluspol an der Anode befindet. In der Anode befindet sich ein Loch, damit die Elektronen aus der Beschleunigungsvorrichtung austreten können. Zur Fokussierung des Elektronenstrahls dient der leicht negativ geladene Wehneltzylinder.

Berechnung der Beschleunigungsspannung
Nach dem Energieerhaltungssatz gilt

$$e \cdot U_0 = \frac{1}{2} m_e \cdot v_0^2.$$

Auflösen nach der Spannung liefert:

$$U_0 = \frac{m_e \cdot v_0^2}{2 \cdot e} = \frac{9{,}11 \cdot 10^{-31} \cdot (4{,}0 \cdot 10^7)^2}{2 \cdot 1{,}60 \cdot 10^{-19}} \text{V} = 4\,555 \text{ V} = 4{,}6 \text{ kV}.$$

Man benötigt 4,6 kV, um die Elektronen zu beschleunigen.

t-v-Diagramm

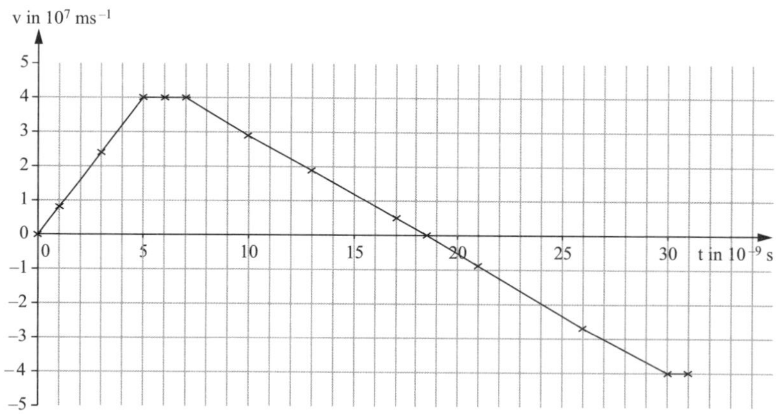

Abb. 2

$0{,}0\ \text{ns} < t < 5{,}0\ \text{ns}$:	Die Elektronen werden gleichmäßig auf $\vec{v}_0$ beschleunigt.
$5{,}0\ \text{ns} < t < 7{,}0\ \text{ns}$:	Sie fliegen mit konstanter Geschwindigkeit nach R, wo sie in den Würfel eintreten.
$7{,}0\ \text{ns} < t < 18{,}5\ \text{ns}$:	Die Elektronen werden gleichmäßig bis zur Ruhe abgebremst, weil sich im Würfel ein elektrisches Feld befindet, dessen Feldlinien von links nach rechts verlaufen, der Minuspol also auf der Seite von S liegt. Der Betrag der Verzögerung im Würfel ist geringer als der Betrag der Beschleunigung zuvor.
$18{,}5\ \text{ns} < t < 30{,}0\ \text{ns}$:	Die Elektronen kehren um und werden nach links beschleunigt. Bei R haben sie die Geschwindigkeit $-\vec{v}_0$.
$30{,}0\ \text{ns} < t < 31{,}0\ \text{ns}$:	Die Elektronen verlassen den Würfel bei R mit der Geschwindigkeit $-\vec{v}_0$.

b) **Orientierung der Felder**

Da die Geschwindigkeit der Elektronen während ihres Flugs durch die Black Box konstant bleibt, darf keine resultierende Kraft auf die Elektronen wirken; die überlagerten E- und B-Felder müssen daher so angeordnet sein, dass die Kraft des B-Feldes der Kraft des E-Feldes genau entgegengesetzt ist. Weil außerdem die Lorentzkraft nur auftritt, wenn das B-Feld eine Komponente senkrecht zur Bewegungsrichtung hat, kommen für die Orientierung der Felder die folgenden zwei Möglichkeiten in Betracht (die Feldlinien verlaufen nach der Aufgabenstellung parallel zu den Kanten des Würfels):

Möglichkeit 1: Befindet sich der Pluspol des E-Feldes oben, so werden die Elektronen nach oben abgelenkt, falls nur das E-Feld vorhanden ist. Die Kraft des B-Feldes muss nach unten zeigen, damit auf die Elektronen keine Kraft wirkt. Die Richtung des Magnetfeldes kann mit der UVW-Regel für die linke Hand bestimmt werden:

U(rsache):	Bewegung nach rechts, also Daumen nach rechts.
W(irkung):	Richtung der Kraft, also Mittelfinger nach unten.
V(ermittlung):	Die Richtung des gesuchten Magnetfeldes wird durch den Zeigefinger angezeigt. Er zeigt ebenso wie das Magnetfeld in die Zeichenebene hinein.

Möglichkeit 2: Befindet sich der Pluspol des E-Feldes unten, so werden die Elektronen nach unten abgelenkt, falls nur das E-Feld vorhanden ist. Die Kraft des B-Feldes muss nach oben zeigen, damit auf die Elektronen keine Kraft wirkt. Die Richtung des Magnetfeldes wird wiederum mit der UVW-Regel für die linke Hand bestimmt:

U(rsache):	Bewegung nach rechts; also Daumen nach rechts.
W(irkung):	Richtung der Kraft; also Mittelfinger nach oben.
V(ermittlung):	Die Richtung des gesuchten Magnetfeldes wird durch den Zeigefinger angezeigt. Er zeigt ebenso wie das Magnetfeld aus der Zeichenebene heraus.

Berechnung der Beträge von elektrischer Feldstärke und magnetischer Flussdichte

Die elektrische Feldstärke beträgt

$$\begin{aligned} E &= \frac{U}{d} \\ &= \frac{1\,500\ \text{V}}{0{,}60\ \text{m}} \\ &= 2{,}5\ \frac{\text{kV}}{\text{m}}. \end{aligned}$$

Die Elektronen fliegen dann geradeaus, wenn die Beträge der magnetischen Lorentzkraft und der elektrischen Kraft gleich groß sind:

$$F_L = F_{el}$$
$$B \cdot e \cdot v_0 = e \cdot E$$
$$B = \frac{E}{v_0} = \frac{2\,500}{4{,}0 \cdot 10^7}\ T = 6{,}25 \cdot 10^{-5}\ T$$

Wann bewegen sich die Elektronen im Magnetfeld geradlinig von R nach S?
Steht das Magnetfeld senkrecht auf der Bewegungsrichtung einer Ladung, so wird die Ladung auf eine Kreisbahn gezwungen. Steht das Magnetfeld schräg auf der Bewegungsrichtung einer Ladung, so bewegt sich diese Ladung auf einer Schraubenbahn.
Ein Magnetfeld beeinflusst nur dann die Bewegung einer Ladung nicht, wenn die magnetischen Feldlinien parallel zur Bewegungsrichtung der Ladung verlaufen.

Wie wird die Geschwindigkeit der Elektronen beeinflusst?
Da in diesem Fall keine Kraft wirkt, werden die Elektronen weder abgelenkt noch wird der Betrag ihrer Geschwindigkeit verändert.

c) **Die Elektronen verlassen den Würfel senkrecht in T**
Die Black-Box wird von einem B-Feld durchsetzt, dessen Feldlinien senkrecht aus der Zeichenebene herauszeigen. Die Lorentzkraft wirkt als Zentripetalkraft und die Elektronen werden auf eine Kreisbahn gezwungen. Wird die magnetische Flussdichte geeignet gewählt, so durchlaufen die Elektronen einen Viertelkreis und können den Würfel bei T senkrecht verlassen.

Die Elektronen verlassen den Würfel in T unter einem Winkel kleiner als 90°
Der Würfel wird von einem elektrischen Feld durchsetzt, dessen Feldlinien von oben nach unten gerichtet sind. Dann werden die Elektronen nach oben beschleunigt und bewegen sich auf einer Parabelbahn.

Berechnung der elektrischen Feldstärke
Für die Richtung parallel zu den Platten gilt:

$$x(t) = v_0 \cdot t, \quad v_x(t) = v_0.$$

Für die Richtung senkrecht zu den Platten gilt:

$$y(t) = \frac{1}{2} a \cdot t^2, \quad v_y(t) = a \cdot t.$$

Die Elektronen legen in x-Richtung 30 cm zurück und brauchen dafür die Zeit

$$T = \frac{x}{v_0} = \frac{0{,}30}{4{,}0 \cdot 10^7}\ s = 7{,}5 \cdot 10^{-9}\ s.$$

Da $y(T) = 30$ cm bekannt ist, kann die Beschleunigung a ermittelt werden:

$$y(T) = \frac{1}{2} a \cdot T^2 \quad \Rightarrow \quad a = \frac{2 \cdot y(T)}{T^2}.$$

Wegen $F = m_e \cdot a = e \cdot E$ folgt dann für die elektrische Feldstärke:

$$E = \frac{m_e \cdot a}{e} = \frac{m_e \cdot 2 \cdot y(T)}{e \cdot T^2} = \frac{9{,}11 \cdot 10^{-31} \cdot 2 \cdot 0{,}30}{1{,}60 \cdot 10^{-19} \cdot (7{,}5 \cdot 10^{-9})^2}\ \frac{V}{m} = 61\ \frac{kV}{m}.$$

d) **Bestimmung des Bahnradius r**
Die Elektronen durchlaufen eine Kreisbahn, wenn die elektrische Kraft als Zentripetalkraft wirkt:

$$F_{el} = F_Z$$

$$e \cdot E = \frac{m_e \cdot v^2}{r}$$

$$r = \frac{m_e \cdot v^2}{e \cdot E} \qquad (*)$$

$$r = \frac{9{,}11 \cdot 10^{-31} \cdot (4{,}0 \cdot 10^7)^2}{1{,}60 \cdot 10^{-19} \cdot 6\,000}\ \text{m} = 1{,}52\ \text{m}$$

Änderung des Bahnradius r wegen des relativistischen Effekts
Berücksichtigt man die Relativitätstheorie, so steigt die Masse an, da mit steigendem v der Nenner in der Masse-Geschwindigkeits-Beziehung kleiner wird. Dies hat zur Folge, dass der Radius ansteigt, da die restlichen Größen in der Formel (*) gleich bleiben.

Da in der Aufgabenstellung nur gefragt wurde, wie die Bahn sich verändert, ist die geforderte Lösung damit vollständig. Will man den neuen Wert des Bahnradius berechnen, so lautet die Rechnung:

$$m = \frac{m_e}{\sqrt{1-\left(\frac{v}{c}\right)^2}} = \frac{9{,}11 \cdot 10^{-31}}{\sqrt{1-\left(\frac{4{,}0 \cdot 10^7}{3{,}00 \cdot 10^9}\right)^2}}\ \text{kg} = 1{,}009 \cdot 9{,}11 \cdot 10^{-31}\ \text{kg} = 9{,}19 \cdot 10^{-31}\ \text{kg}.$$

Daraus folgt:

$$r_{rel} = \frac{m \cdot v^2}{e \cdot E} = \frac{9{,}19 \cdot 10^{-31} \cdot (4{,}0 \cdot 10^7)^2}{1{,}60 \cdot 10^{-19} \cdot 6\,000}\ \text{m} = 1{,}009 \cdot r = 1{,}53\ \text{m}.$$

Der Bahnradius wächst um 0,9 %.

a) Zwei kreisförmige Metallplatten mit 24 cm Durchmesser stehen sich im Abstand von 2,0 cm gegenüber. Zwischen den Platten befindet sich Luft ($\varepsilon_r = 1{,}0$).

- Berechnen Sie die Kapazität dieses Kondensators.

An den Kondensator wird eine Gleichspannung angelegt. Nach dem Ladevorgang wird der Kondensator wieder von der Quelle getrennt. Die Feldstärke zwischen den Platten soll experimentell bestimmt werden. Dazu werden die Platten auseinander gezogen und ein kleines, an einem Faden befestigtes, graphitbeschichtetes Kügelchen dazwischen gehängt.

- Warum hat das Auseinanderziehen der Platten keinen Einfluss auf die Feldstärke?
- Erklären Sie mithilfe einer Zeichnung, wie mit diesem Versuchsaufbau eine Bestimmung der elektrischen Feldstärke möglich ist.
- Wie kann man untersuchen, ob das Kondensatorfeld zwischen den Platten homogen ist? (7 VP)

b) An einem Plattenkondensator wird der Zusammenhang zwischen felderzeugender Ladung Q und angelegter Spannung U gemessen. Bei zwei verschiedenen Plattenabständen $d_1 < d_2$ ergeben sich die in Abbildung 1 dargestellten Messkurven A und B.

- Ordnen Sie die Messkurven den Plattenabständen zu und begründen Sie Ihre Zuordnung.
- Warum enden die Messkurven?
- Leiten Sie die Gleichung $W = \frac{1}{2}C \cdot U^2$ für die Energie eines Kondensators her.

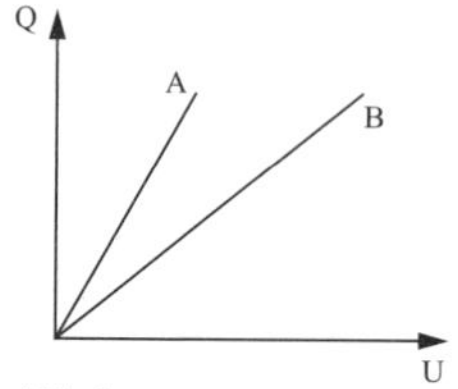

Abb. 1

Ein Kondensator der Kapazität 1,0 F wird auf eine Spannung von 3,0 V aufgeladen. Mit ihm wird eine Leuchtdiode betrieben. Wenn die angelegte Spannung zwischen 1,5 V und 3,0 V liegt, leuchtet die Diode mit einer mittleren Leistung von 20 mW. Bei kleineren Spannungen erlischt sie.

- Wie lange leuchtet die Diode? (8 VP)

c)

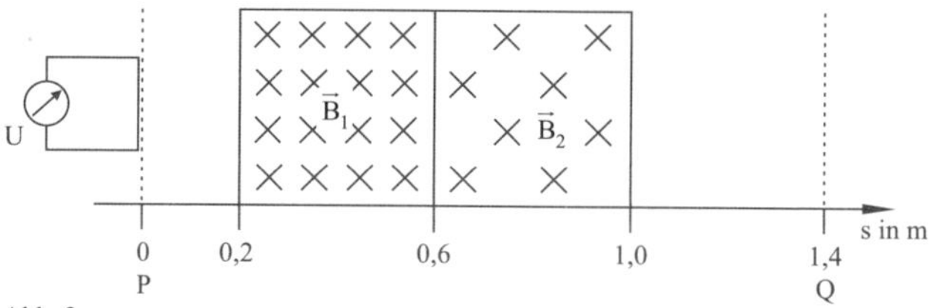

Abb. 2

In einer Versuchsanordnung befinden sich zwischen den Punkten P und Q zwei begrenzte magnetische Felder mit variablen Flussdichten.

In einem ersten Versuch betragen die Flussdichten $B_1 = 0{,}80\,T$ und $B_2 = 0{,}40\,T$. Eine quadratische Spule mit der Seitenlänge 0,20 m und 100 Windungen wird mit einer konstanten Geschwindigkeit von $0{,}10\,ms^{-1}$ von P nach Q durch die Anordnung bewegt. Die Anschlüsse der Spule sind mit einem Spannungsmessgerät verbunden (siehe Abbildung 2).

Nach einiger Zeit wird eine Spannung angezeigt.

- Erklären Sie das Zustandekommen dieser Spannung.

Die Spule startet bei P zum Zeitpunkt $t_0 = 0$ s.

- Zeichnen Sie ein t-U-Diagramm für die Bewegung der Spule von P nach Q.

In einem weiteren Versuch bleibt die Spule vollständig im Feld der Flussdichte $\vec{B}_1$.

- Erläutern Sie, wie man nun zwischen den Spulenanschlüssen eine Spannung von 1,6 V erzeugen kann. (8 VP)

d)

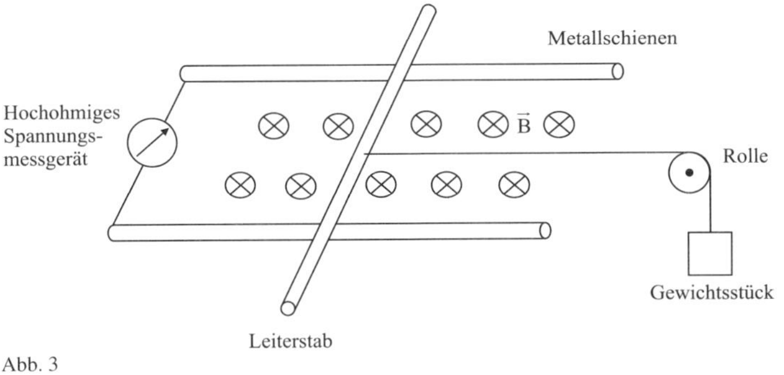

Abb. 3

Im Versuchsaufbau nach Abbildung 3 wird die Spannung gemessen.

- Diskutieren Sie die Brauchbarkeit der Diagramme (1) bis (4) in Abbildung 4 zur Beschreibung des Spannungsverlaufs. Von Reibungseffekten wird abgesehen.

(1)

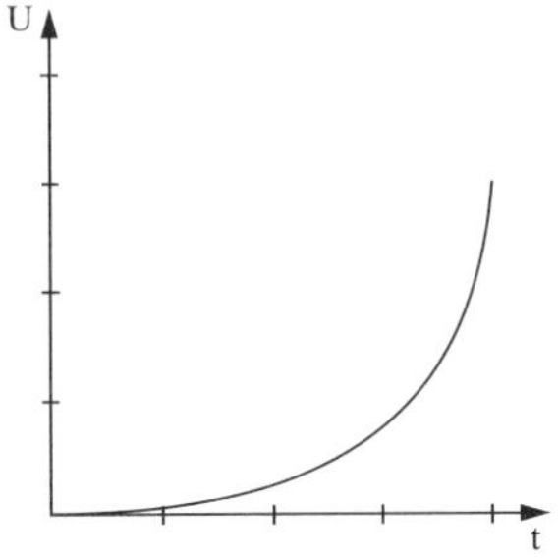

(2)

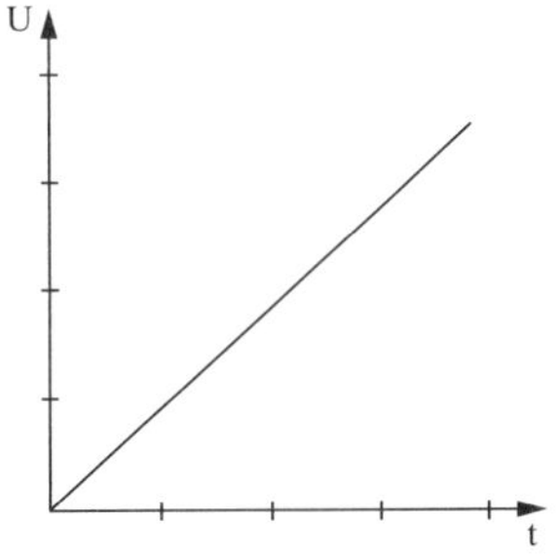

(3)

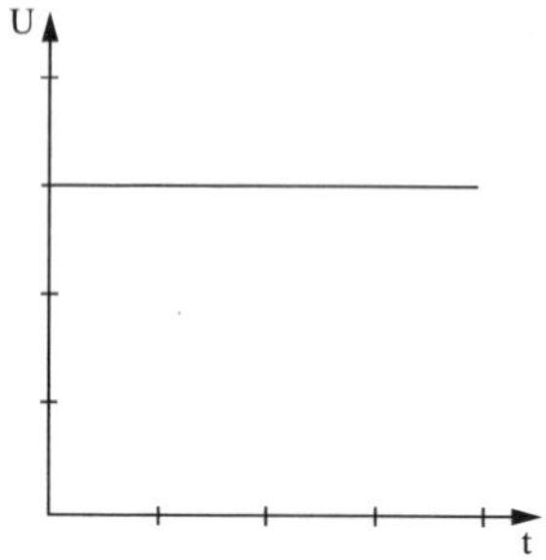

(4)

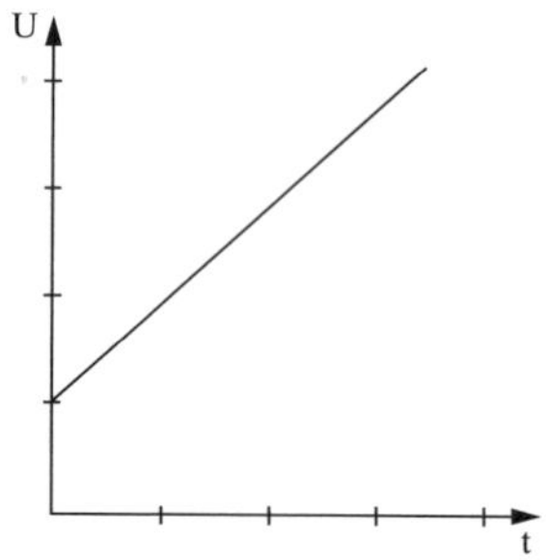

Abb. 4

Nun wird das Spannungsmessgerät durch ein Strommessgerät mit nicht vernachlässigbarem Innenwiderstand ersetzt. Der Leiter startet zum Zeitpunkt $t_0 = 0$ s aus der Ruhe.

- Skizzieren Sie das t-I-Diagramm und erläutern Sie es. (7 VP)

Elektrische Feldkonstante: $\varepsilon_0 = 8{,}85 \cdot 10^{-12}\,\mathrm{CV^{-1}m^{-1}}$

Tipps und Hinweise zur Lösung von Aufgabe II

Tipps zu Teilaufgabe a

- Die Kapazität des Kondensators beträgt $C = \varepsilon_0 \cdot \varepsilon_r \cdot \frac{A}{d}$.
- Zur Beantwortung dieser Teilfrage muss man wissen, wie die elektrische Feldstärke mit den Daten des Kondensators zusammen hängt. Dann erkennt man, dass der Plattenabstand keine Rolle spielt: Die elektrische Feldstärke ist proportional zur Flächenladungsdichte, diese wiederum ist proportional zur felderzeugenden Plattenladung Q.
- Verlangt ist nicht nur eine Zeichnung mit ein paar Formeln (Viele Physiker sind schreibfaul!). Ein erläuternder Text ist unbedingt notwendig. Zur vollständigen Angabe der Feldstärke gehören Betrag und Richtung.
- Ein homogenes Feld hat überall die gleiche Stärke und die gleiche Richtung.

Tipps zu Teilaufgabe b

- Aus $C = \varepsilon_0 \cdot \frac{A}{d}$ und $Q = C \cdot U$ folgt sofort die Antwort.
- Beide Kurven enden bei der gleichen Ladung Q und nicht etwa bei der gleichen Spannung U. Bedenken Sie, dass sich die Apparatur in Luft befindet.
- Die Fläche unter der Kurve im U-Q-Diagramm ist ein Maß für die im Kondensator gespeicherte Energie W.
- Während die Leuchtdiode leuchtet, nimmt der Energiegehalt des Kondensators ab. Die mittlere Leistung ist der Quotient aus Energieumsatz und Zeit.

Tipps zu Teilaufgabe c

- Es gibt zwei Möglichkeiten, diese Aufgabe zu lösen.
  1. Elektronen erfahren im Magnetfeld eine Lorentzkraft. Drei-Finger-Regel und Kräftegleichgewicht führen zum Ziel.
  2. Eine Spannung wird induziert, wenn der magnetische Fluss sich ändert. In dieser Aufgabe ändert sich die von der magnetischen Flussdichte durchsetzte Fläche.
- Das Diagramm kann auf zwei Arten gezeichnet werden, da die Polung der Induktionsspannung nicht festgelegt ist.
- Eine Spannung wird auch ohne Bewegung induziert, wenn die magnetische Flussdichte sich ändert.

Tipps zu Teilaufgabe d

- Zuerst ist ein hochohmiges Spannungsmessgerät angeschlossen, sodass kein Strom fließen kann. Für die induzierte Spannung gilt $U_{ind} = B \cdot d \cdot v$. Was für eine Bewegung liegt vor, wenn rechts das Gewichtsstück nach unten sinkt? Kleine Falle: Es gibt keine Aussage über die Anfangsgeschwindigkeit des Leiterstabs!
- Jetzt ist ein niederohmiges Stromstärkemessgerät angeschlossen. Denken Sie an die Konsequenzen daraus. Die Anfangsgeschwindigkeit ist vorgegeben.

Lösung

a) **Berechnung der Kapazität**

Die Kapazität des Kondensators beträgt

$$C = \varepsilon_0 \cdot \varepsilon_r \cdot \frac{A}{d} = 8{,}85 \cdot 10^{-12} \cdot 1 \cdot \frac{\pi \cdot 0{,}12^2}{0{,}020}\ F = 20\ pF$$

Auseinanderziehen der Kondensatorplatten

Es gelten die Formeln

$$\sigma = \frac{Q}{A} \text{ sowie } \sigma = \varepsilon_0 \cdot E.$$

Darin ist σ die Flächenladungsdichte. Zieht man die Kondensatorplatten auseinander, nachdem die Spannungsquelle abgetrennt wurde, so bleibt die Ladung Q konstant und somit ändert sich die Flächenladungsdichte nicht. Deshalb bleibt auch die elektrische Feldstärke konstant, sofern der Plattenabstand nicht so groß wird, dass das Feld im Kondensator nicht mehr homogen ist.

Erläuterung des Versuchsaufbaus zur Berechnung der Feldstärke

Hängt man ein mit der Probeladung q aufgeladenes graphitbeschichtetes Kügelchen in den Kondensator, so erfährt es unter dem Einfluss der elektrischen Feldkraft und der Gewichtskraft eine Auslenkung. Dabei zeigt die Resultierende aus elektrischer Kraft und Gewichtskraft in die gleiche Richtung wie der gespannte Faden. Es gilt

$$\tan\varphi = \frac{F_{el}}{G} \text{ sowie } \sin\varphi = \frac{x}{\ell}.$$

Die Definition der elektrischen Feldstärke E lautet:

$$E = \frac{F_{el}}{q}.$$

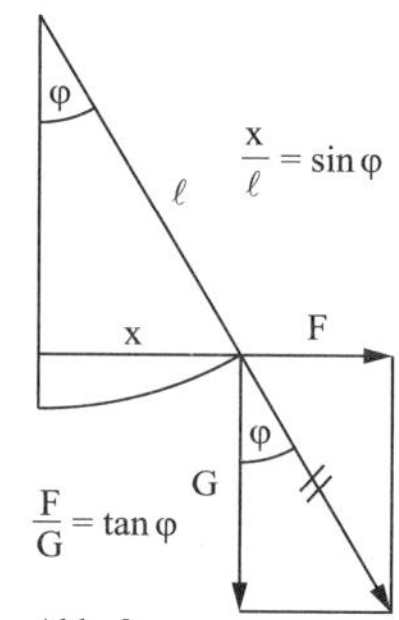

Abb. 3

Es muss also die Gewichtskraft G des Kügelchens und die Länge ℓ des Fadens bekannt sein. Bringt man das geladene Kügelchen in den Kondensator, so muss man die Auslenkung x messen. Einsetzen in die Gleichungen liefert das gewünschte Ergebnis. Wegen der kleinen Winkel kann man auch Sinus und Tangens gleichsetzen. Dies führt auf

$$\frac{F_{el}}{G} = \frac{x}{\ell}.$$

Folglich gilt für die elektrische Feldstärke:

$$E = \frac{x \cdot G}{q \cdot \ell}.$$

Ist das Kügelchen positiv geladen, so zeigt die Auslenkung in Richtung der Feldlinien, im umgekehrten Fall in die entgegengesetzte Richtung.

Untersuchung auf Homogenität

Ändert man die Lage des Kügelchens im Kondensator, so muss die Auslenkung konstant bleiben, wenn ein homogenes Feld vorliegt. Praktischerweise wird man nicht das Kügelchen, sondern den Kondensator bewegen.

b) **Zuordnung der Messkurven**

Die Messkurven zeigen den linearen Zusammenhang zwischen Plattenladung Q und Spannung U, nämlich $Q = C \cdot U$. Dabei ist C die Kapazität des Kondensators: $C = \varepsilon_0 \cdot \varepsilon_r \cdot \frac{A}{d}$.

d_1 gehört zum Kondensator mit dem kleineren Plattenabstand, also der größeren Kapazität. Dazu gehört die steilere Gerade A.

Warum enden die Messkurven?

Luft wird leitend, wenn die elektrische Feldstärke E zu groß wird. Gemäß $E = \frac{U}{d}$ darf die Spannung nicht zu groß werden. Wegen

$$E = \frac{\sigma}{\varepsilon_0 \cdot \varepsilon_r} = \frac{Q}{\varepsilon_0 \cdot \varepsilon_r \cdot A}$$

enden die Kurven A und B bei der gleichen Feldladung Q und nicht etwa bei der gleichen Spannung U.

Herleitung der Gleichung zur Berechnung der im Feld gespeicherten Energie

Im U-Q-Diagramm ist die Fläche unter der Kurve ein Maß für die im Kondensator gespeicherte Energie W. Lädt man den Kondensator mit der Ladung Q_1 auf die zugehörige Spannung U_1 auf, so gilt für die Dreiecksfläche:

$$W_1 = \frac{1}{2} U_1 \cdot Q_1.$$

Wegen $Q_1 = C_1 \cdot U_1$ ergibt dies

$$W_1 = \frac{1}{2} U_1 \cdot C \cdot U_1 = \frac{1}{2} C \cdot U_1^2.$$

Allgemein gilt:

$$W = \frac{1}{2} C \cdot U^2.$$

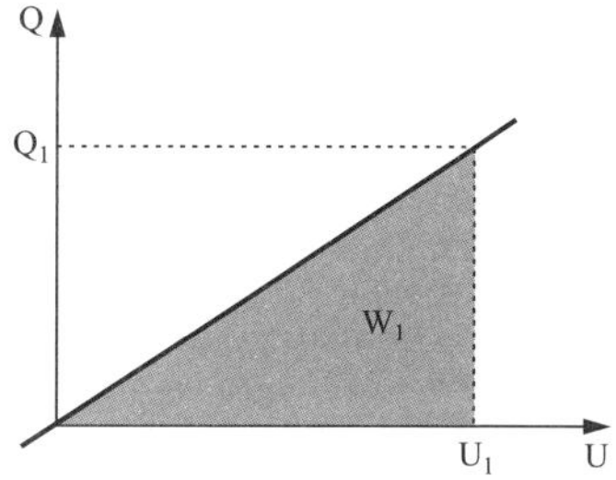

Abb. 4

Leuchtdauer der Leuchtdiode

Wird die Leuchtdiode an den mit $U_1 = 3{,}0$ V aufgeladenen Kondensator angeschlossen, so wird der Kondensator entladen und die Spannung sinkt ab. Bei $U_2 = 1{,}5$ V erlischt die Leuchtdiode. In dieser Zeit sinkt der Energiegehalt des Kondensators von

$$W_1 = \frac{1}{2} C \cdot U_1^2 = \frac{1}{2} \cdot 1{,}0 \cdot 3{,}0^2 \text{ J} = 4{,}5 \text{ J} \quad \text{auf}$$

$$W_2 = \frac{1}{2} C \cdot U_2^2 = \frac{1}{2} \cdot 1{,}0 \cdot 1{,}5^2 \text{ J} = 1{,}125 \text{ J}.$$

Wegen $\Delta W = P \cdot \Delta t$ gilt:

$$\Delta t = \frac{\Delta W}{P} = \frac{3{,}375 \text{ J}}{0{,}020 \text{ W}} = 169 \text{ s}.$$

Die Leuchtdauer der Diode beträgt somit etwa 2 Minuten und 50 Sekunden.

c) Es gibt zwei Möglichkeiten, diese Aufgabe zu lösen, ausgehend von zwei Lösungsansätzen:

1. Elektronen erfahren im Magnetfeld eine Lorentzkraft.
2. Eine Spannung wird induziert, wenn der magnetische Fluss sich ändert.

Warum entsteht eine Induktionsspannung (Variante 1)?

Bewegt sich die Spule nach rechts, so erfahren die Elektronen in den Drähten der Spule eine Kraft, die senkrecht zur Bewegungsrichtung und senkrecht zum magnetischen Feld steht. Mit der UVW-Regel für die linke Hand lässt sich die Richtung der Kraft auf die Elektronen ermitteln.

U(rsache):	Bewegung nach rechts; also Daumen nach rechts.
V(ermittlung):	Das Magnetfeld zeigt in die Zeichenebene, also Zeigefinger in Richtung der Zeichenebene.
W(irkung):	Der Mittelfinger zeigt nach unten. Die Elektronen erfahren also eine Kraft nach unten. Es wird nur in den beiden von oben nach unten verlaufenden Leiterstücken eine Spannung induziert, der obere und der untere Rand der Spule tragen nicht zur induzierten Spannung bei, da hier keine Kraft längs der Drahtrichtung wirkt.

Die induzierte Spannung wird mit der Formel $U_{ind} = n \cdot B \cdot d \cdot v$ berechnet.

t-U-Diagramm (Variante 1)

Bewegt sich nun das rechte oder linke Ende der Spule im Feld der Flussdichte B_1, so wird dort die Spannung

$$U_1 = n \cdot B \cdot d \cdot v = 100 \cdot 0{,}80 \cdot 0{,}20 \cdot 0{,}10 \text{ V} = 1{,}60 \text{ V}$$

induziert. Die Elektronen erfahren eine Kraft nach unten, dort ist der Minuspol. Im Feld der Flussdichte $B_2 = 0{,}5 \cdot B_1$ wird die Spannung $U_2 = 0{,}80$ V induziert. Die Spule legt in einer Sekunde 0,1 Meter zurück. Nach zwei Sekunden erreicht das rechte Ende der Spule das Magnetfeld. Somit gilt:

0 s bis 2 s:	Es wird keine Spannung induziert.
2 s bis 4 s:	Im rechten Teil werden 1,6 V induziert.
4 s bis 6 s:	Jetzt sind linkes und rechtes Ende im Magnetfeld, die beiden Spannungen heben sich auf.
6 s bis 8 s:	Der rechte Rand befindet sich im rechten, der linke Rand im linken Magnetfeld. Die Spannungen heben sich nur teilweise auf, die Spannung beträgt 0,8 V in Gegenrichtung.
8 s bis 10 s:	Beide Spannungen betragen 0,8 V und heben sich auf.
10 s bis 12 s:	Links werden 0,8 V induziert, immer noch Gegenrichtung zum Anfang.
12 s bis 14 s:	Die Spule befindet sich außerhalb der Magnetfelder, die Spannungen sind null.

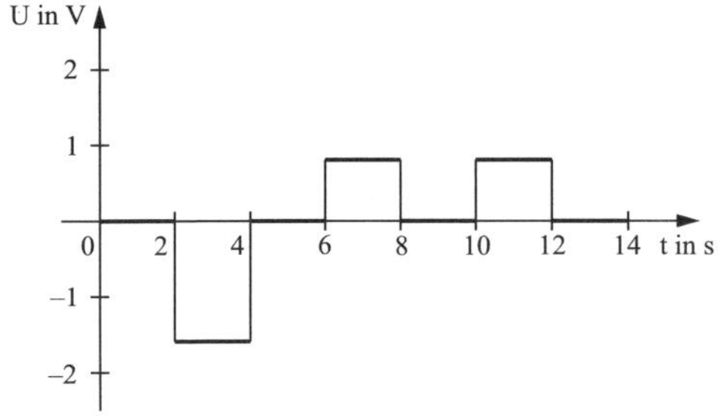

Abb. 5

Ein an der t-Achse gespiegeltes Diagramm ist ebenfalls richtig.

Warum entsteht eine Induktionsspannung (Variante 2)?
Eine Spannung wird induziert, wenn der magnetische Fluss $\Phi = B \cdot A$ sich ändert. Dies kann auf verschiedene Arten geschehen. Entweder ändert sich die magnetische Flussdichte oder es ändert sich die vom Magnetfeld durchsetzte Fläche oder es ändern sich beide Größen gleichzeitig. Es gilt $U_{ind} = -n \cdot \dot{\Phi}$.

t-U-Diagramm (Variante 2)

0 s bis 2 s: Es wird keine Spannung induziert.

2 s bis 4 s: Die vom Magnetfeld durchsetzte Fläche wird größer.

$$U_{ind} = -n \cdot \dot{\Phi} = -n \cdot B_1 \cdot \frac{\Delta A}{\Delta t} = -100 \cdot 0,80 \cdot \frac{0,0400}{2} \text{ V} = -1,60 \text{ V}$$

4 s bis 6 s: Jetzt befindet sich die Spule ganz im linken Magnetfeld, es wird keine Spannung induziert.

6 s bis 8 s: $U_{ind} = -n \cdot \dot{\Phi} = -n \cdot \frac{\Delta B}{\Delta t} \cdot A = -100 \cdot \frac{-0,40}{2} \cdot 0,0400 \text{ V} = 0,80 \text{ V}$

8 s bis 10 s: Jetzt befindet sich die Spule ganz im rechten Magnetfeld, es wird keine Spannung induziert.

10 s bis 12 s: Die vom Magnetfeld durchsetzte Fläche wird kleiner.

$$U_{ind} = -n \cdot \dot{\Phi} = -n \cdot B_2 \cdot \frac{\Delta A}{\Delta t} = -100 \cdot 0,40 \cdot \frac{-0,0400}{2} \text{ V} = 0,80 \text{ V}$$

12 s bis 14 s: Die Spule befindet sich außerhalb der Magnetfelder, die Spannungen sind null.

Erzeugung einer Induktionsspannung
Um eine Spannung zu induzieren, gibt es verschiedene Möglichkeiten.

Möglichkeit 1: Man verändert die magnetische Flussdichte und lässt die Spule im Magnetfeld liegen.

$$U_{ind} = -n \cdot \dot{\Phi} = -n \cdot \frac{\Delta B}{\Delta t} \cdot A$$

Auflösen und Einsetzen ergibt

$$\frac{\Delta B}{\Delta t} = -\frac{U_{ind}}{n \cdot A} = -\frac{1,6}{100 \cdot 0,20^2} \frac{\text{T}}{\text{s}} = -0,4 \frac{\text{T}}{\text{s}}.$$

Die magnetische Flussdichte muss sich pro Sekunde um 0,4 T ändern. Das Vorzeichen der Änderung spielt keine Rolle, da man zwei Möglichkeiten hat, den Verbraucher an die Spule anzuschließen.

Möglichkeit 2: Man dreht die Spule im Magnetfeld, welches konstant bleibt.

$$U_{ind} = -n \cdot \dot{\Phi} = -n \cdot B \cdot \frac{\Delta A}{\Delta t}$$

Auflösen und Einsetzen ergibt

$$\frac{\Delta A}{\Delta t} = -\frac{U_{ind}}{n \cdot B} = -\frac{1,6}{100 \cdot 0,80} \frac{\text{m}^2}{\text{s}} = -0,02 \frac{\text{m}^2}{\text{s}}.$$

Dreht man die Spule mit der Fläche $A = 0,04 \text{ m}^2$ im Magnetfeld der Flussdichte $B_1 = 0,80$ T innerhalb von 2 Sekunden um 90°, so wird eine mittlere Spannung von 1,6 V induziert.

d) **Brauchbarkeit der Diagramme**

Die Berechnung der induzierten Spannung erfolgt mit der Formel $U_{ind} = B \cdot d \cdot v$.
Da die Spannung mit einem hochohmigen Messgerät gemessen wird, fließt kein Strom. Somit gibt es keine bremsende Lorentzkraft und der Stab wird durch das Gewichtsstück gleichmäßig beschleunigt. Bei einer gleichmäßig beschleunigten Bewegung steigt die Geschwindigkeit v linear an, sodass folgt:

- Die beiden Diagramme (1) und (3) kommen nicht infrage.
- Diagramm (2) ist dann richtig, wenn der Leiter zum Zeitpunkt 0 aus der Ruhe startet.
- Diagramm (4) ist dann richtig, wenn der Leiter zum Zeitpunkt 0 bereits eine Anfangsgeschwindigkeit hat.

t-I-Diagramm

Ersetzt man das hochohmige Spannungsmessgerät durch ein niederohmiges Stromstärkemessgerät, so kann jetzt ein Strom fließen. Die Elektronen fließen im Leiterstab von hinten nach vorne. Wendet man die UVW-Regel für die linke Hand auf den Leiterstab an, so sieht man, dass eine abbremsende Kraft entsteht, welche die Zunahme der Geschwindigkeit behindert.

U(rsache): Die Elektronen werden nach vorne bewegt, also zeigt der Daumen nach vorne.
V(ermittlung): Der Zeigefinger zeigt wie das Magnetfeld nach unten.
W(irkung): Der Mittelfinger zeigt nun nach links und gibt die Richtung der Kraft an.

Der Leiter wird im Laufe der Zeit weniger stark beschleunigt. Sind die Metallschienen genügend lang, so stellt sich ein Gleichgewichtszustand zwischen der beschleunigenden Kraft durch das Massestück und der abbremsenden Lorentzkraft ein und der Leiterstab bewegt sich mit konstanter Geschwindigkeit. Somit hat das t-I-Diagramm das folgende Aussehen:

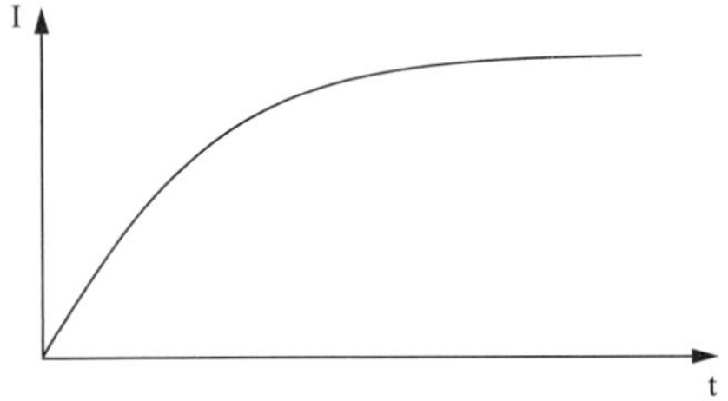

Abb. 6

Abiturprüfung an den allgemeinbildenden Gymnasien (Baden-Württemberg) 2008
Prüfungsfach: Physik – Aufgabe III

Das Licht eines He-Ne-Lasers hat die Wellenlänge 633 nm.

a) In den Strahlengang werden folgende Beugungsobjekte senkrecht zur Strahlrichtung gestellt:
   - ein Einzelspalt,
   - ein Vierfachspalt,
   - ein Gitter.

   In einer Entfernung von 8,0 m hinter dem jeweiligen Beugungsobjekt registriert man in der Ebene senkrecht zur Strahlrichtung die drei abgebildeten Intensitätsverteilungen.

   - Ordnen Sie die Abbildungen den drei Beugungsobjekten zu und begründen Sie ihre Zuordnung.
   - Bestimmen Sie mithilfe der Schaubilder die Breite des Einzelspalts, den Abstand benachbarter Spaltmitten des Vierfachspalts sowie die Gitterkonstante.

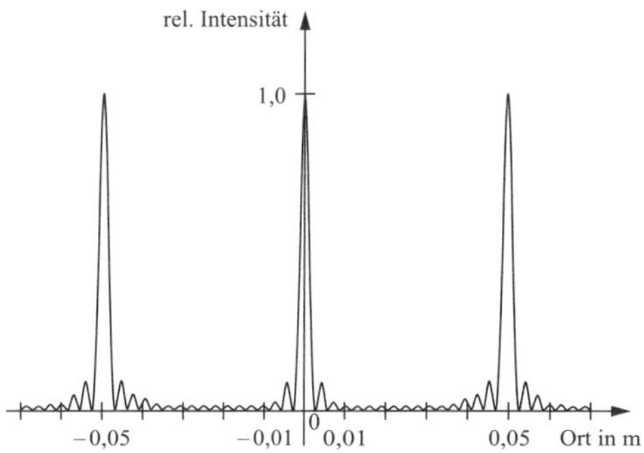

Abb. 1

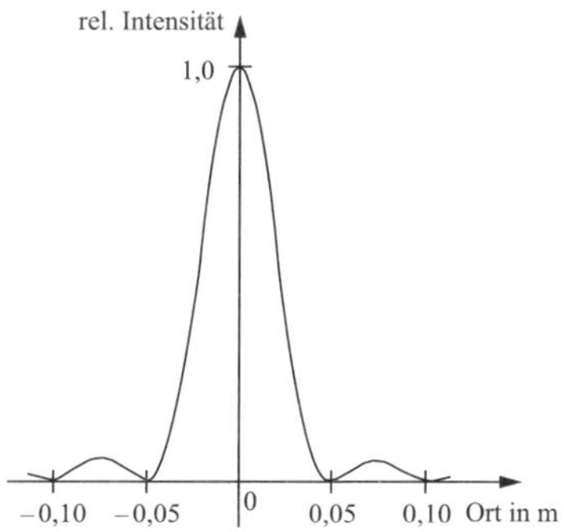

Abb. 2

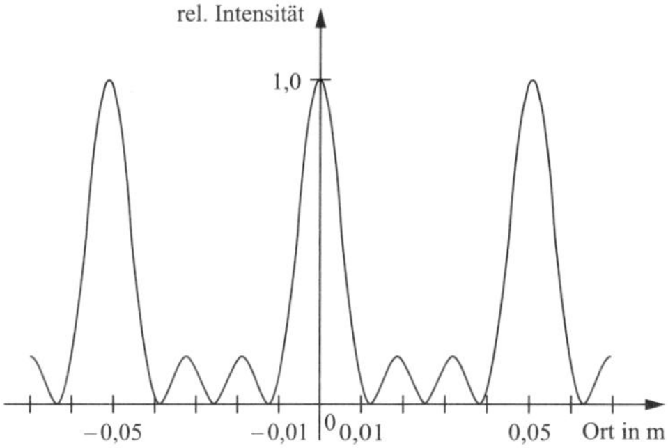

Abb. 3

(6 VP)

b) In einem neuen Versuch trifft das Laserlicht senkrecht auf einen Doppelspalt mit Spaltmittenabstand 20 µm. Auf einem im Abstand von 80 cm parallel zur Doppelspaltebene angebrachten Schirm ist ein Interferenzmuster beobachtbar.

- Welchen Abstand haben die beiden Maxima 1. Ordnung voneinander auf dem Schirm?
  Leiten Sie die erforderlichen Gleichungen anhand geeigneter Skizzen her.

Bei der Durchführung des Experiments stellt man fest, dass die erwarteten Maxima 3. Ordnung nicht auftreten.

- Erläutern Sie diesen Sachverhalt.
- Zeigen Sie, dass weitere Maxima ausfallen. (8 VP)

c) In einer Versuchsapparatur treffen Elektronen mit der Geschwindigkeit $1{,}00 \cdot 10^5\ \text{ms}^{-1}$ auf den Doppelspalt aus Teilaufgabe b. Dahinter werden sie auf einem geeigneten Schirm registriert.

- Welche de-Broglie-Wellenlänge ist den Elektronen zuzuordnen?
- Warum ist der verwendete Doppelspalt für ein Interferenz-Experiment mit diesen Elektronen nicht gut geeignet?
- Welche experimentellen Abwandlungsmöglichkeiten gibt es, sodass die Interferenz beobachtbar wird?

Nun befindet sich in einer entsprechend verbesserten Versuchsanordnung immer nur ein Elektron.

- Beschreiben Sie, welche Versuchsergebnisse bei kurzer bzw. langer Beobachtungsdauer zu erwarten sind.
- Erläutern Sie die Versuchsergebnisse aus quantenphysikalischer Sicht. (9 VP)

d) Ein Foto-Blitzgerät hat während einer Blitzdauer von $\frac{1}{30}$ Sekunde eine Durchschnittsleistung von 300 W. Die mittlere Energie der Photonen entspricht der von blau-grünem Licht der Wellenlänge 500 nm.

- Bestimmen Sie die Anzahl der Photonen, die bei einem Blitz frei werden.

Mit einem Lichtblitz soll eine chemische Reaktion, die eine hohe Aktivierungsenergie benötigt, ausgelöst werden. Der Versuch wird in drei Varianten ausgeführt:
A: Blitzgerät ohne Filter
B: Blitzgerät mit Rotfilter
C: Blitzgerät mit Blaufilter

Nur in zwei der drei Fälle ist eine Reaktion zu beobachten.

- Erläutern Sie dies.

Die nicht funktionierende Versuchsvariante wird nun abgewandelt, indem ein zweites, gleichartiges Blitzgerät gleichzeitig ausgelöst wird.

- Inwiefern eignet sich dieser Versuch dazu, die Grenzen der klassischen Wellentheorie aufzuzeigen? (7 VP)

Elektronenmasse: $m_e = 9{,}11 \cdot 10^{-31}$ kg
Lichtgeschwindigkeit in Luft: $c = 3{,}00 \cdot 10^8\ \text{ms}^{-1}$
Planck'sches Wirkungsquantum: $h = 6{,}62 \cdot 10^{-34}$ Js

Tipps und Hinweise zur Lösung von Aufgabe III

Tipps zu Teilaufgabe a

- Versuchen Sie zuerst den Einzelspalt und anschließend das Gitter herauszufinden. Der Vierfachspalt bleibt übrig.
- Die Formeln für den Einzelspalt und für den Mehrfachspalt bzw. das Gitter ähneln sich, weisen aber auch einen grundlegenden Unterschied auf. Beim Einzelspalt gilt die Sinusformel für die Minima (beginnend mit $k = 1$), für den Mehrfachspalt bzw. das Gitter gibt die Sinusformel die Lage der Maxima an (beginnend mit $k = 0$). Die Tangensformel ist für alle Beugungsobjekte gleich. Die Ablenkwinkel sind offensichtlich sehr klein, folglich können Sie mit der Näherung für kleine Winkel rechnen.

Tipps zu Teilaufgabe b

- Achtung Falle! Gesucht ist der Abstand der beiden Maxima 1. Ordnung voneinander und nicht von der Mitte.
  „Leiten Sie anhand geeigneter Skizzen" bedeutet nicht nur zwei Skizzen plus die Angabe von zwei Formeln, sondern es sollte ein kleiner Text angegeben werden, in dem die Stichworte Beugung, Elementarwellen, Gangunterschied sowie konstruktive Interferenz vorkommen.
- Hier müssen Sie zwei Interferenzeffekte beachten: Zum einen die Überlagerung der von den beiden Spalten ausgehenden Wellen; zum anderen die aufgrund der endlichen Spaltbreite von den einzelnen Spalten ausgehenden und interferierenden Elementarwellen. Überlegen Sie: was passiert, wenn ein solches Einzelspaltminimum auf ein Doppelspaltmaximum trifft?
- Berechnen Sie zuerst die Einzelspaltbreite, für die das dritte Doppelspaltmaximum ausfällt. Setzt man dann $\sin \beta_n$ der Einzelspaltminima mit $\sin \alpha_k$ der Doppelspaltmaxima gleich, so ergibt sich die Antwort zu dieser Teilfrage.

Tipps zu Teilaufgabe c

- Die de-Broglie-Wellenlänge beträgt $\lambda = \frac{h}{p} = \frac{h}{m \cdot v}$.
- Vergleichen Sie die Wellenlänge der Elektronen mit der Wellenlänge des Laserlichts.
- Damit die Maxima weiter auseinanderrücken, muss der Winkel oder der Abstand zum Schirm vergrößert werden. Der Winkel kann durch den Spaltmittenabstand oder durch die Wellenlänge der Elektronen beeinflusst werden.
- Bei einer kurzen Beobachtungszeit werden nur wenige Einzelprozesse beobachtet, bei langer Beobachtungszeit wird eine Regelmäßigkeit erkennbar (welche?).
- Erläutern Sie die Interpretation der de-Broglie-Wellen als Wahrscheinlichkeitswellen.

Tipps zu Teilaufgabe d

- Wichtig sind hier die Definition der Leistung sowie der Zusammenhang zwischen der Wellenlänge und der Energie eines einzelnen Photons.
- Blitzlicht ist ein Gemisch verschiedener Wellenlängen. Überlegen Sie genau, welche Wellenlängen bei einem Blau- bzw. einem Rotfilter für die chemische Reaktion zur Verfügung stehen.
- Welche Größen werden durch die Verwendung eines zweiten Blitzgerätes verändert, welche nicht? Von welchen Größen hängt nach der klassischen Wellentheorie die Energie der elektromagnetischen Welle ab? Von welchen Größen hängt nach der Quantentheorie die Energie der Photonen ab? Wenn Sie sich diese Zusammenhänge klar gemacht haben, ist die Beantwortung der Frage kein Problem mehr.

Lösung

a) **Zuordnung der Abbildungen und Begründung**

- Abbildung 1 zeigt die Intensitätsverteilung, die sich durch ein **Gitter** ergibt. Die Hauptmaxima sind scharf ausgeprägt und es liegen sehr viele Minima zwischen zwei Maxima.
- Abbildung 2 zeigt die Intensitätsverteilung des **Einzelspaltes**. Es gibt ein breites Hauptmaximum, die Nebenmaxima sind schwach ausgeprägt.
- Abbildung 3 zeigt die Intensitätsverteilung, die sich durch einen **Vierfachspalt** ergibt. Zwischen zwei Hauptmaxima liegen drei Minima und zwei Nebenmaxima. (Beim n-fach- Spalt liegen zwischen zwei Maxima immer n – 1 Minima.)

Bestimmung der Einzelspaltbreite bzw. der Spaltabstände

Breite b des Einzelspaltes: Für den Winkel des ersten Minimums gilt $\sin\beta_1 = \frac{\lambda}{b}$.

Der Winkel hängt über die Formel $\tan\beta_1 = \frac{d_1}{a}$ mit dem Abstand d_1 auf dem Schirm zusammen:

$$\tan\beta_1 = \frac{0{,}05}{8{,}0} \quad\Rightarrow\quad \beta_1 = 0{,}358°. \qquad (*)$$

Daraus folgt die Spaltbreite:

$$b = \frac{\lambda}{\sin\beta_1} = \frac{633\cdot 10^{-9}}{\sin 0{,}358°}\,\text{m} = 1{,}0\cdot 10^{-4}\,\text{m}.$$

Wie man an (*) sieht, ist der Winkel sehr klein. Deshalb ist es möglich, alternativ mit der Näherung $\sin\beta \approx \tan\beta$ für kleine Winkel zu rechnen:

$$\frac{\lambda}{b} = \frac{d_1}{a} \quad\Rightarrow\quad b = \frac{a\cdot\lambda}{d_1} = \frac{8{,}0\cdot 633\cdot 10^{-9}}{0{,}05}\,\text{m} = 1{,}0\cdot 10^{-4}\,\text{m}.$$

Beim Gitter und beim Vierfachspalt gelten fast die gleichen Formeln, nur muss man beachten, dass es hier die Formel für die Maxima ist und dass statt der Spaltbreite der Spaltmittenabstand genommen werden muss. Bezeichnet g den Spaltenmittenabstand des Vierfachspalts bzw. die Gitterkonstante, so gilt jeweils:

$$g = \frac{a\cdot\lambda}{d_1} = \frac{8{,}0\cdot 633\cdot 10^{-9}}{0{,}05}\,\text{m} = 1{,}0\cdot 10^{-4}\,\text{m}.$$

b) **Herleitung der Gleichungen und Berechnung des Abstands der Maxima 1. Ordnung**

Das Laserlicht wird am Doppelspalt gebeugt und die entstehenden Elementarwellen überlagern sich. Da der Abstand des Schirms zum Doppelspalt bzgl. des Spaltmittenabstands groß ist, können die vom Doppelspalt ausgehenden Strahlen als parallel angesehen werden. Die Elementarwellen überlagern sich konstruktiv, wenn ihr Gangunterschied $\delta_k = k\cdot\lambda$; $k = 0, 1, 2, \ldots$ beträgt.

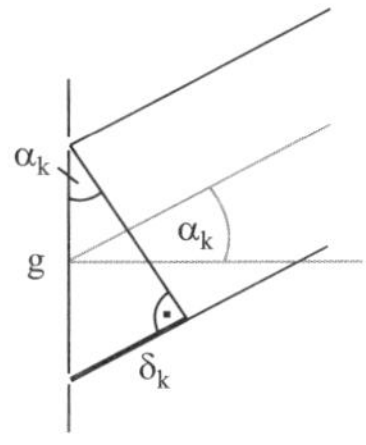

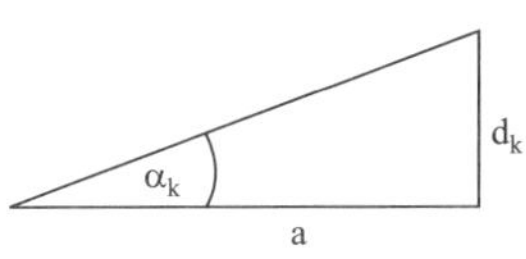

Abb. 7

Für die Maxima gilt die Bedingung (vgl. Abbildung 7):

$$\sin\alpha_k = \frac{k \cdot \lambda}{g}, \quad k = 0, 1, 2, \ldots$$

Der Abstand auf dem Schirm wird mit $\tan\alpha_k = \frac{d_k}{a}$ berechnet.

Sind die Winkel klein, so kann die Näherung $\sin\alpha \approx \tan\alpha$ verwendet werden. Dies führt für $k = 1$ auf

$$\frac{\lambda}{g} = \frac{d_1}{a}.$$

Einsetzen der gegebenen Werte ergibt:

$$d_1 = \frac{a \cdot \lambda}{g} = \frac{0{,}80 \cdot 633 \cdot 10^{-9}}{20 \cdot 10^{-6}}\ \text{m} = 2{,}53\ \text{cm}.$$

Der gegenseitige Abstand der beiden Minima beträgt also 5,1 cm.

Warum fehlen die Maxima 3. Ordnung?
Maxima n-ter Ordnung sind nur dann beobachtbar, wenn die beiden Einzelspalte in diese Richtungen merkliche Intensitäten liefern. Wegen der endlichen Breite der Spaltöffnungen gehen von jeder Öffnung mehrere Elementarwellen aus, die miteinander interferieren. Fällt nun ein berechnetes Doppelspaltmaximum auf ein solches Einzelspaltminimum, so ist das Doppelspaltmaximum nicht beobachtbar.
Beim Einzelspalt mit der Breite b gilt für die Minima die Bedingung

$$\sin\beta_n = \frac{n \cdot \lambda}{b}; \quad n = 1, 2, \ldots$$

Für die Doppelspaltmaxima gilt:

$$\sin\alpha_k = \frac{k \cdot \lambda}{g}; \quad k = 0, 1, 2, \ldots$$

Das erste nicht beobachtbare Doppelspaltmaximum hat die Ordnung drei und fällt mit dem ersten Einzelspaltminimum zusammen. Deshalb gilt:

$$\sin\beta_1 = \frac{1 \cdot \lambda}{b} = \frac{3 \cdot \lambda}{g} = \sin\alpha_3.$$

Dies ergibt $b = \frac{g}{3}$, die Einzelspaltbreite ist nur ein Drittel so groß wie der Spaltmittenabstand.

Weitere fehlende Maxima
Es fallen dann weitere Doppelspaltmaxima der Ordnung k aus, wenn sie mit einem Einzelspaltminimum der Ordnung n zusammenfallen. Dafür gilt die Bedingung

$$\sin\beta_n = \frac{n \cdot \lambda}{b} = \frac{k \cdot \lambda}{3 \cdot b} = \sin\alpha_k.$$

Dies ist für $k = 3n$ erfüllt. Somit fällt jedes dritte Doppelspaltmaximum aus. Allerdings ist hierbei vorausgesetzt, dass die Intensität der Einzelspalte bei der jeweils betrachteten Ordnung genügend groß ist.

c) **Berechnung der de-Broglie-Wellenlänge der Elektronen**
Teilchen, die sich mit der Geschwindigkeit v bewegen, kann man nach de Broglie eine Welle zuordnen, die ein Maß für die Antreffwahrscheinlichkeit der Atome angibt. Für deren Wellenlänge gilt:

$$\lambda = \frac{h}{p} = \frac{h}{m \cdot v} = \frac{6{,}62 \cdot 10^{-34}}{9{,}11 \cdot 10^{-31} \cdot 1{,}00 \cdot 10^{5}}\ \text{m} = 7{,}27 \cdot 10^{-9}\ \text{m}.$$

Eignung des verwendeten Doppelspaltes
Im Vergleich zur Wellenlänge der Elektronen ist der Spaltmittenabstand sehr groß, die Winkel für die Maxima sind also sehr klein. Der Winkel für das erste Maximum beträgt $\alpha_1 = 0{,}021°$, da

$$\sin\alpha_1 = \frac{\lambda}{g} = \frac{7{,}27 \cdot 10^{-9}}{20 \cdot 10^{-6}} = 3{,}64 \cdot 10^{-4}.$$

Das Auflösungsvermögen der Apparatur ist daher zu gering, man wird damit keine Interferenzfigur beobachten können.

Abwandlungsmöglichkeiten des Experiments

1. Man verwendet langsamere Elektronen. Je langsamer die Elektronen sind, desto größer ist die Wellenlänge. Um eine Interferenzfigur beobachten zu können, muss die Wellenlänge ein oder zwei Zehnerpotenzen kleiner als der Spaltabstand sein.
2. Den gleichen Effekt erreicht man, indem man einen Doppelspalt verwendet, dessen Spaltabstand deutlich kleiner als der des verwendeten ist.
3. Vergrößert man den Abstand zwischen Doppelspalt und Schirm, so erhöhen sich bei gleichen Winkeln die Abstände auf dem Schirm.

Beobachtung bei unterschiedlich langen Beobachtungszeiten

Kurze Beobachtungszeit: Die Elektronen treffen scheinbar willkürlich auf den Schirm, es ist keine Regelmäßigkeit zu erkennen.

Lange Beobachtungszeit: Es ist ein Interferenzmuster zu erkennen, wie man es von Laserlicht am Doppelspalt kennt.

Quantenphysikalische Deutung des Experiments
Elektronen sind Quantenobjekte mit der de-Broglie-Wellenlänge $\lambda = \frac{h}{p}$.
Diese Wellen nennt man Materie- oder Wahrscheinlichkeitswellen. Das Quadrat des Betrags gibt die Wahrscheinlichkeit an, ein Elektron anzutreffen. Der genaue Auftreffpunkt eines bestimmten Elektrons lässt sich nicht vorhersagen, es sind nur Aussagen möglich, mit welcher Wahrscheinlichkeit ein Elektron an einem gewissen Ort nachgewiesen werden kann.
Man kann die Bahn eines einzelnen Elektrons im Mikrokosmos nicht genau bestimmen, deshalb ist die Verteilung der Elektronen bei *kurzer Beobachtungsdauer* zufällig. Tatsächlich interferieren die Wahrscheinlichkeitswellen miteinander (selbst wenn sich nur ein Elektron in der Apparatur befindet). Bei *langer Beobachtungsdauer* resultiert ein Interferenzmuster, das der Wahrscheinlichkeitsverteilung des Auftreffortes entspricht.

d) **Anzahl der Photonen**
Die gesamte Energie, die bei einem einzelnen Blitz abgegeben wird, beträgt

$$W_{ges} = P \cdot t = 300\ \text{W} \cdot \frac{1}{30}\ \text{s} = 10\ \text{J}. \qquad (**)$$

Die mittlere Frequenz der Photonen ist

$$f = \frac{c}{\lambda} = \frac{3{,}00 \cdot 10^8}{500 \cdot 10^{-9}}\ \text{Hz} = 6{,}00 \cdot 10^{14}\ \text{Hz}.$$

Somit hat ein einzelnes Photon die Energie

$$W_{ph} = h \cdot f = 6{,}62 \cdot 10^{-34} \cdot 6{,}00 \cdot 10^{14}\ \text{J} = 3{,}97 \cdot 10^{-19}\ \text{J}.$$

Daraus folgt mit (**) die Anzahl der Photonen:

$$n = \frac{W_{ges}}{W_{ph}} = \frac{10}{3{,}97 \cdot 10^{-19}} = 2{,}5 \cdot 10^{19}.$$

In welchen Fällen kann die Reaktion beobachtet werden?
Die chemische Reaktion kann nur stattfinden, wenn eine gewisse Energie für den Einzelprozess vorhanden ist. Die Energie wird von den einzelnen Photonen abgegeben. Die Photonenenergie $W_{ph} = h \cdot f$ muss größer als die Aktivierungsenergie sein. Versuch B kann die Reaktion nicht in Gang setzen. Versuch A und C liefern die nötige Energie.

Begründung: Das Blitzgerät mit Blaufilter liefert blaues Licht. Blaues Licht ist kurzwellig und hat eine hohe Frequenz und damit eine große Photonenenergie, die ausreicht, um die Reaktion zu aktivieren. Beim Rotfilter steht nur langwelliges rotes Licht mit kleiner Frequenz zur Verfügung. Die Energie der Photonen ist dann zu klein und kann die Reaktion nicht in Gang setzen. Bei dem Blitz ohne Filter sind alle Farben vertreten. Die Energie reicht aus.

Verwendung eines zweiten Blitzgerätes
Wenn ein zweites identisches Blitzgerät gleichzeitig mit dem ersten Blitzgerät mit Rotfilter ausgelöst wird, so erhöht sich die Intensität des Blitzes.
Nach der klassischen Wellentheorie ist die Energie der elektromagnetischen Welle gleichmäßig verteilt. Eine Erhöhung der Intensität bedeutet eine Erhöhung der Energie, die in einer vorgegebenen Zeit auf eine bestimmte Fläche abgegeben wird.
Der Versuch zeigt jedoch, dass die Reaktion immer noch nicht abläuft. Die Ursache hierfür liegt darin, dass – im Gegensatz zur klassischen Vorstellung – die Energie des Lichts nur „portionsweise“ zur Verfügung steht. Da die Frequenz gleich bleibt, haben die Photonen immer noch die gleiche (zu kleine) Energie $W_{ph} = h \cdot f$. Es gibt lediglich mehr Photonen, die diese Energie besitzen.

Abiturprüfung an den allgemeinbildenden Gymnasien (Baden-Württemberg) 2009
Prüfungsfach: Physik – Aufgabe I

Ein schwingendes System besteht aus einer elastischen Blattfeder (Masse vernachlässigbar) und einem Schwingungskopf (siehe Abbildung 1). Die Masse des Schwingungskopfes beträgt 100 g. Für kleine Auslenkungen schwingt er näherungsweise harmonisch mit der Frequenz 10 Hz. Die Amplitude beträgt 2,0 mm.

a)
- Wie groß sind die Periodendauer und die Federkonstante des schwingenden Systems?
- Durch welche Änderungen an dem schwingenden System kann man seine Periodendauer vergrößern?

Der Schwingungskopf startet zum Zeitpunkt $t = 0$ s im oberen Umkehrpunkt.

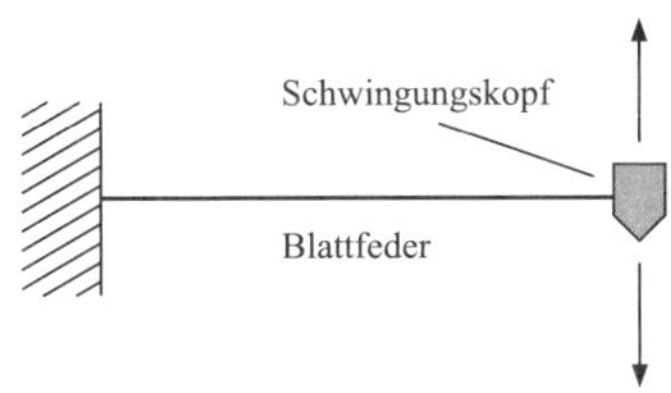

Abb. 1

- Bestimmen Sie die maximale Geschwindigkeit des Schwingungskopfes.
- Berechnen Sie die Elongation des Schwingungskopfes zum Zeitpunkt 0,040 s.

(8 VP)

Das schwingende System wird zur Anregung von Wasserwellen in einer sehr großen Wellenwanne benutzt. Die im Punkt S erzeugten, kreisförmigen, harmonischen Wasserwellen breiten sich mit der Geschwindigkeit $0{,}50\ \mathrm{ms}^{-1}$ aus. Es wird angenommen, dass die Wellenamplitude unabhängig von der Entfernung vom Erreger 2,0 mm beträgt. Die Wellen treffen nach 12,5 cm auf ein ebenes Hindernis. Abbildung 2 zeigt die Geometrie der Anordnung von oben.

b) Die Wasseroberfläche wird bei S zu Beginn aus der Gleichgewichtslage nach unten ausgelenkt. Am Hindernis werden die Wasserwellen wie an einem losen Ende reflektiert.
- Zeichnen Sie ein Momentbild der Wasseroberfläche entlang der Strecke SA zum Zeitpunkt 0,40 s in einem geeigneten Maßstab.
- Worin unterscheiden sich fortschreitende und stehende Wellen? Stellen Sie die Unterschiede an zwei Merkmalen dar.

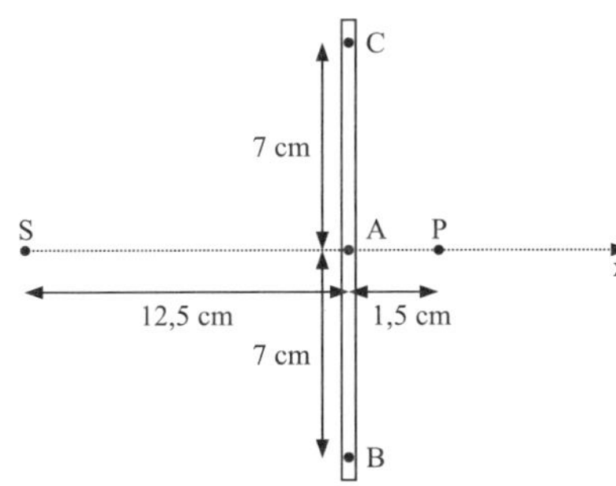

Abb. 2

(7 VP)

c) An den Stellen A und B wird jeweils ein Spalt geöffnet (siehe Abbildung 2). Auf der x-Achse befinden sich rechts vom Hindernis Orte, an denen die Wasseroberfläche ständig in Ruhe bleibt.
- Erklären Sie dieses Phänomen.
- Zeigen Sie, dass die Wasseroberfläche im Punkt P in Ruhe bleibt.

An der Stelle C wird zusätzlich ein weiterer Spalt geöffnet.

- Welche Amplitude hat nun die Schwingung der Wasseroberfläche am Ort P? Begründen Sie Ihre Überlegungen.
- Warum kann es jetzt auf der x-Achse keine Orte mehr geben, an denen die Wasseroberfläche immer in Ruhe ist? (8 VP)

d) In einem neuen Experiment treffen im Vakuum nacheinander einzelne Elektronen auf einen Doppelspalt. Der Auftreffort der Elektronen auf einem Schirm hinter dem Doppelspalt wird mithilfe eines Computers gespeichert. Abbildung 3 zeigt die grafische Darstellung aller registrierten Auftrefforte.

- Beschreiben und erklären Sie die Struktur der dargestellten Verteilung.

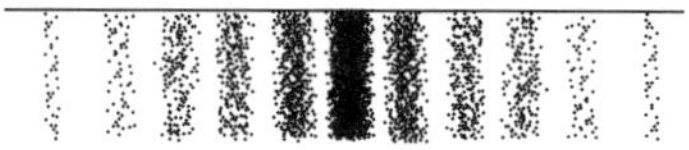

Abb. 3

Das Experiment wird nun mit einem Dreifachspalt durchgeführt. Es ergibt sich eine Verteilung entsprechend Abbildung 4. Dargestellt ist die Anzahl der Treffer in Abhängigkeit vom Ort.

- Erklären Sie das Auftreten der zusätzlichen Nebenmaxima (siehe Pfeile in Abbildung 4).

An einem der drei Spalte wird der Versuchsaufbau so ergänzt, dass an diesem Spalt der Durchgang eines Elektrons zuverlässig nachgewiesen werden kann. Es ergibt sich eine Verteilung gemäß Abbildung 5.

- Erklären Sie dieses neue Versuchsergebnis.

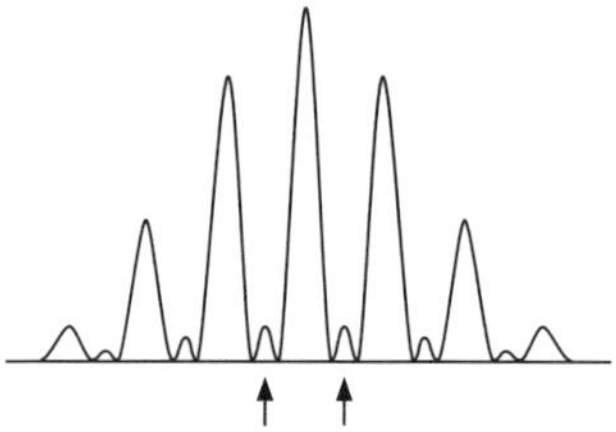

Abb. 4

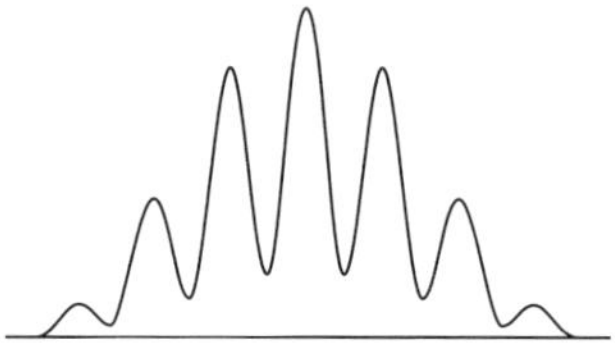

Abb. 5

(7 VP)

Tipps und Hinweise zur Lösung von Aufgabe I

Tipps zu Teilaufgabe a

- Sie können die Federkonstante D berechnen, indem Sie die bekannte Formel für die Schwingungsdauer T umformen.
- Überlegen Sie anhand der Formel für die Schwingungsdauer, wie man T vergrößern kann.
- Stellen Sie unter Berücksichtigung der Anfangsbedingung die Bewegungsgleichung s(t) für den Schwinger auf (Kosinusfunktion).
  Bestimmen Sie durch Ableiten nach der Zeit die Momentangeschwindigkeit v(t).
  Berechnen Sie daraus die maximale Geschwindigkeit und die Elongation für $t = 0{,}040$ s.
- Die maximale Geschwindigkeit können Sie auch mit dem Energieerhaltungssatz berechnen.

Tipps zu Teilaufgabe b

- Zur Bestimmung des Momentbilds der Wasseroberfläche für $t = 0{,}040$ s benötigen Sie zuerst die Wellenlänge. Diese folgt aus $\lambda \cdot f = c$.
  Als nächstes ist es nötig zu wissen, wie weit die Welle gelaufen ist. Am besten zeichnen Sie die Welle zuerst ohne Berücksichtigung des Hindernisses und spiegeln den Teil hinter dem Hindernis in einem zweiten Schritt. Beachten Sie außerdem, dass man die Welle von rechts nach links zeichnen muss.
- Vergleichen Sie die Bewegung einzelner Teilchen an verschiedenen Stellen bei einer fortschreitenden und einer stehenden Welle. Wie sieht es mit dem Energietransport aus?

Tipps zu Teilaufgabe c

- Die Elementarwellen, die von den beiden Spalten ausgehen, überlagern sich. In Abhängigkeit vom Gangunterschied ergibt sich konstruktive bzw. destruktive Interferenz.
- Jetzt muss konkret für die Stelle P der Gangunterschied berechnet werden. Liegt destruktive Interferenz vor?
- Vor dem Öffnen des dritten Spaltes war in P die Wasseroberfläche in Ruhe. Wie groß ist nun die Amplitude, wenn eine dritte Welle hinzu kommt?
- Hilfreich ist hier das Zeigerdiagramm. Was gilt für die Zeiger der beiden Wellen, die von B und C kommen?

Tipps zu Teilaufgabe d

- Man erkennt Maxima und Minima. Die Intensität nimmt nach außen hin ab. Wie sind diese beiden Beobachtungen zu erklären?
  Es handelt sich um Elektronen. Wichtige Stichworte sind deshalb Interferenz von Wahrscheinlichkeitswellen (Wellenfunktionen, Aufenthaltswahrscheinlichkeit) sowie Quantenobjekt.
- Die Nebenmaxima entstehen, weil es zwischen benachbarten Hauptmaxima zwei Stellen gibt, an denen die Intensität null ist. Erklären Sie das Zustandekommen dieser beiden Stellen.
- Welche wichtige Eigenschaft der Wellen ändert sich, wenn man die Elektronen des einen Spaltes nachweisen kann?

Lösung

a) **Periodendauer und Federkonstante**
Die Periodendauer beträgt

$$T = \frac{1}{f} = \frac{1}{10}\ s = 0{,}10\ s.$$

Aus der Formel $T = 2\pi \cdot \sqrt{\frac{m}{D}}$ für die Schwingungsdauer folgt durch Umformen für die Federkonstante:

$$D = \frac{4\pi^2}{T^2} \cdot m = \frac{4\pi^2}{0{,}10^2} \cdot 0{,}100\ \frac{N}{m} = 395\ \frac{N}{m}.$$

Vergrößerung der Periodendauer
Die Periodendauer kann vergrößert werden, indem man die schwingende Masse vergrößert oder die Federkonstante verkleinert. Dazu müsste man die vorhandene Feder verlängern oder eine weichere Feder verwenden.

Berechnung der maximalen Geschwindigkeit
Da der Körper zum Zeitpunkt $t = 0\ s$ im oberen Umkehrpunkt nach unten zu schwingen beginnt, kann man die Bewegung durch eine Kosinusfunktion beschreiben. Es gilt

$$s(t) = \hat{s} \cdot \cos(\omega t)$$

und damit

$$v(t) = \dot{s}(t) = -\hat{s} \cdot \omega \cdot \sin(\omega t).$$

Die Kreisfrequenz ω wird aus der Frequenz $f = 10$ Hz berechnet:

$$\omega = 2\pi \cdot f = 2\pi \cdot 10\ s^{-1} = 20\pi\ s^{-1}.$$

Die maximale Geschwindigkeit beträgt

$$\hat{v} = \hat{s} \cdot \omega = 0{,}0020 \cdot 20\pi\ m \cdot s^{-1} = 0{,}126\ m \cdot s^{-1}.$$

Alternative Berechnung der maximalen Geschwindigkeit mit dem Energieerhaltungssatz
Nach Gleichsetzen von maximaler Spann- und maximaler kinetischer Energie folgt:

$$\frac{1}{2} m \cdot \hat{v}^2 = \frac{1}{2} D \cdot \hat{s}^2 \quad \Rightarrow \quad \hat{v} = \hat{s} \cdot \sqrt{\frac{D}{m}} = 0{,}0020 \cdot \sqrt{\frac{395}{0{,}100}}\ \frac{m}{s} = 0{,}126\ \frac{m}{s}.$$

Berechnung der Elongation für $t = 0{,}040$ s
Zum Zeitpunkt 0,040 s befindet sich der Schwingkopf an der Stelle

$$s(0{,}040\ s) = 2{,}0\ mm \cdot \cos(20\pi \cdot 0{,}040) = -1{,}6\ mm,$$

also 1,6 mm unterhalb der Gleichgewichtslage.

b) **Momentbild der Wasseroberfläche für $t = 0{,}040$ s**
Die Wellenlänge beträgt

$$\lambda = \frac{c}{f} = \frac{0{,}50}{10}\ m = 0{,}050\ m = 5{,}0\ cm.$$

In 0,40 s legt die Welle die Strecke

$$x = c \cdot t = 0{,}50 \cdot 0{,}40\ m = 0{,}20\ m = 20\ cm$$

zurück. Nach 12,5 cm treffen die Wellen auf das Hindernis, das wie ein loses Ende wirkt.

Am einfachsten zeichnet man zuerst die Welle ohne Berücksichtigung des Hindernisses: Von der Stelle 20 cm ausgehend zeichnet man nun die Welle mit $\lambda = 5{,}0$ cm von rechts nach links. Die Nullstellen liegen 2,5 cm voneinander entfernt. Da die Schwingung aus der Ruhelage nach unten beginnt, liegt bei 18,75 cm ein Minimum vor. Anschließend spiegelt man alles, was rechts vom Hindernis gezeichnet wurde, nach links. Wegen des losen Endes gibt es keinen Phasensprung, also keine Spiegelung an der x-Achse. Die Welle läuft bis zur Stelle 5,0 cm zurück (Abbildung 6).

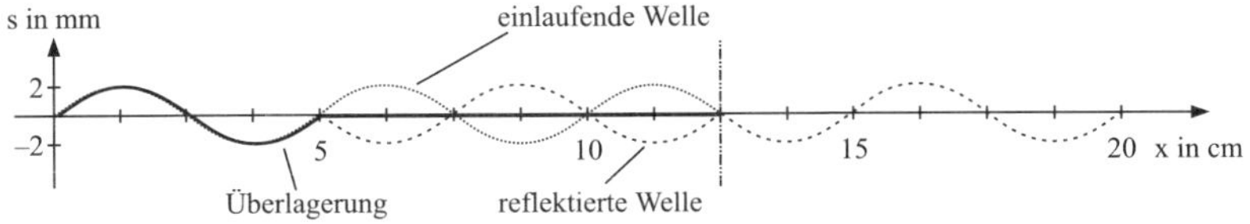

Abb. 6

Dass die Auslenkung am Hindernis gerade null beträgt, ist Zufall. An dieser Stelle befindet sich sogar ein Schwingungsbauch, allerdings wird die Welle gerade zu einem Zeitpunkt gezeichnet, an dem sich alle Stellen gerade (mit maximaler Geschwindigkeit) in der Ruhelage befinden.

Unterschiede zwischen fortschreitenden und stehenden Wellen
Bei einer fortschreitenden Welle sind alle Teile ständig in Bewegung. Sie bewegen sich phasenverschoben und erreichen nacheinander die maximale Elongation.
Bei einer stehenden Welle bewegen sich alle Teilchen im Gleich- bzw. Gegentakt. Es gibt Stellen, die ständig in Ruhe bleiben. Dies sind die so genannten Bewegungsknoten, die eine halbe Wellenlänge voneinander entfernt liegen. Alle Punkte zwischen zwei Bewegungsknoten bewegen sich gleichzeitig mit unterschiedlicher Amplitude in die gleiche Richtung, sie sind in Phase. Genau in der Mitte zwischen zwei Bewegungsknoten befinden sich die Bewegungsbäuche, an denen die Teilchen mit maximaler Amplitude schwingen. Eine stehende Welle transportiert im Gegensatz zur fortschreitenden Welle keine Energie. Diese bleibt zwischen den Bewegungsknoten gespeichert.

c) **Warum bleiben manche Stellen in Ruhe?**
Wird an den Stellen A und B jeweils ein Spalt geöffnet, so breiten sich von dort zwei Elementarwellen aus. Teilchen, die sich rechts des Hindernisses befinden, bleiben genau dann in Ruhe, wenn sich dort Wellen treffen, deren Gangunterschied ein ungeradzahliges Vielfaches der halben Wellenlänge beträgt.

Wasseroberfläche an der Stelle P
Der Punkt P befindet sich auf der x-Achse. Die Welle, die von A kommt, hat

$$\overline{SA} + \overline{AP} = 12{,}5\text{ cm} + 1{,}5\text{ cm} = 14{,}0\text{ cm}$$

zurückgelegt. Die von B kommende Welle hat einen längeren Weg zurückgelegt, der mit dem Satz des Pythagoras berechnet werden kann:

$$\overline{SB} + \overline{BP} = \sqrt{12{,}5^2 + 7^2}\text{ cm} + \sqrt{1{,}5^2 + 7^2}\text{ cm} = 21{,}5\text{ cm}.$$

Der Gangunterschied beträgt

$$\delta = 21{,}5\text{ cm} - 14{,}0\text{ cm} = 7{,}5\text{ cm} = \frac{3}{2}\lambda.$$

Die beiden Wellen löschen sich aus, folglich bleibt die Wasseroberfläche bei P in Ruhe.

Öffnen des dritten Spaltes

Nun wird an der Stelle C ein weiterer Spalt geöffnet. Da B und C symmetrisch zu A liegen, kommen bei P zwei phasengleiche Wellen von B und C sowie eine weitere Welle von A an. Da sich vorher die von A und B ausgehenden Wellen ausgelöscht haben, kann jetzt wegen der zusätzlichen Welle keine Auslöschung mehr vorliegen. Die Amplitude ist so groß wie die Amplitude einer einzelnen Welle, sie beträgt also 2,0 mm.

Beliebige Stellen auf der x-Achse

Für beliebige Orte des Detektors auf der x-Achse sind die beiden Zeiger der äußeren Spalte B und C immer gleichgerichtet. Es ergibt das in Abbildung 7 dargestellte Zeigerdiagramm: Je nach Stellung des Zeigers des mittleren Spaltes A ergibt sich ein Summenzeiger, dessen Länge zwischen der einfachen und der dreifachen Länge eines einzelnen Zeigers variiert. Die Intensität kann folglich nie null werden.

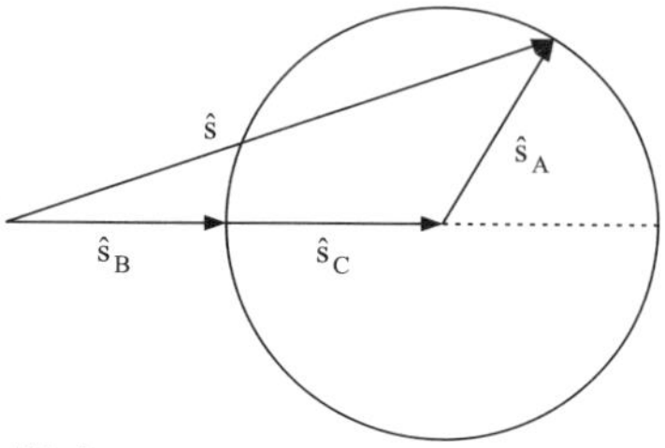

Abb. 7

d) **Struktur der Verteilung**

Die Abbildung erinnert an die Intensitätsverteilung bei einem Doppelspaltexperiment mit Licht, bei dem aufgrund der Interferenz Minima und Maxima zu beobachten sind. Wegen der Breite der Einzelspalte nimmt die Intensität nach außen hin ab. Allerdings ist bei genauerem Hinsehen die Intensitätsverteilung nicht stetig, sondern es sind einzelne „Treffer" zu erkennen.

Elektronen sind Quantenobjekte, denen man eine Wellenfunktion zuordnen kann, welche die Aufenthaltswahrscheinlichkeit für das Antreffen der Elektronen angibt. Diese Wellen sind interferenzfähig, sodass man ein Interferenzmuster mit Maxima und Minima erhalten kann. Dieses Muster entsteht selbst dann, wenn sich nur ein einziges Elektron in der Apparatur befindet.

Warum treten die zusätzlichen Nebenmaxima auf?

Öffnet man den dritten Spalt, so überlagern sich drei Wellen. Das Entstehen von Maxima und Minima kann man am besten mit dem Zeigerdiagramm erklären (Abbildung 8). Das Hauptmaximum in der Mitte entsteht, weil alle drei Wellen ohne Gangunterschied ankommen. Alle drei Zeiger sind parallel und ihre Summe wird maximal. Die weiteren Hauptmaxima entstehen, wenn die drei Zeiger wieder parallel sind. Dann ist ihr Phasenunterschied 0° bzw. ein ganzzahliges Vielfaches von 360°. Zwischen den Hauptmaxima gibt es Stellen, bei denen der Phasenunterschied 120° bzw. 240° beträgt. Der resultierende Zeiger hat die Länge null, an diesen Stellen löschen sich die drei Wellen aus.

Zwischen diesen Stellen löschen sich die drei Zeiger nicht genau aus, sodass ein Nebenmaximum entsteht.

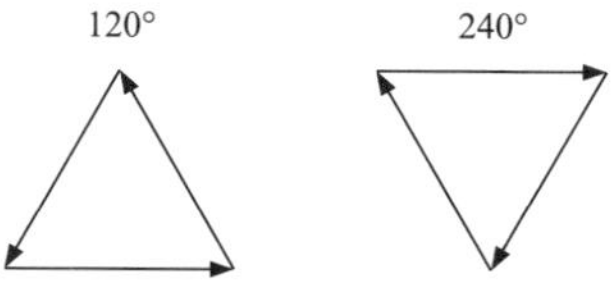

Abb. 8

Erklärung des neuen Versuchsergebnisses

Besteht die Möglichkeit, dass nachgewiesen werden kann, dass ein Elektron einen Spalt passiert hat, so kann die Welle dieses Spaltes nicht mehr mit den Wellen der beiden anderen Spalte interferieren. Was man nun beobachten kann, ist die Addition des Interferenzbildes eines Doppelspaltes mit dem Hauptmaximum des Einzelspaltes, mit dem man den Durchgang eines Elektrons nachweisen kann.

Abiturprüfung an den allgemeinbildenden Gymnasien (Baden-Württemberg) 2009
Prüfungsfach: Physik – Aufgabe II

a) Zur Bestimmung der magnetischen Flussdichte eines Magnetfeldes wird die Kraft auf einen stromdurchflossenen Leiter gemessen. Die wirksame Leiterlänge beträgt 8,0 cm. Dabei ergeben sich folgende Messwerte:

I in A	0	1,0	2,0	3,0	4,0	5,0
F in mN	0	6,5	14	22	29	35

- Stellen Sie in einem Diagramm die Kraft in Abhängigkeit von der Stromstärke dar und bestimmen Sie die magnetische Flussdichte.
- Skizzieren und beschreiben Sie für diesen Versuch einen möglichen Versuchsaufbau.

Die magnetische Flussdichte lässt sich experimentell auch mit einer Hallsonde messen.

- Erläutern Sie mithilfe einer geeigneten Skizze den Halleffekt. (9 VP)

b) In einer Versuchsanordnung nach Abbildung 1 befindet sich ein begrenztes homogenes Magnetfeld der Flussdichte 0,50 T, das senkrecht in die Zeichenebene hinein gerichtet ist. Ein quadratischer Drahtrahmen mit der Seitenlänge 8,0 cm wird mit der konstanten Geschwindigkeit von $0{,}16\ \mathrm{ms^{-1}}$ senkrecht zu den Feldlinien durch das Magnetfeld bewegt. Abbildung 1 zeigt die Position des Drahtrahmens zum Zeitpunkt 0 s. Zwischen den Anschlüssen des Drahtrahmens wird zunächst ein hochohmiges Spannungsmessgerät angebracht.

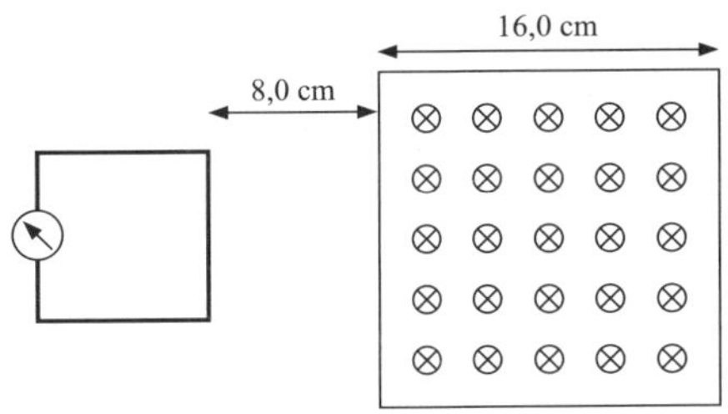

Abb. 1

Eines der angegebenen Diagramme (1) bis (4) gibt den Spannungsverlauf korrekt wieder.

- Für welches Diagramm ist dies der Fall?
- Begründen Sie Ihre Auswahl mit Bezug auf die Versuchsanordnung.

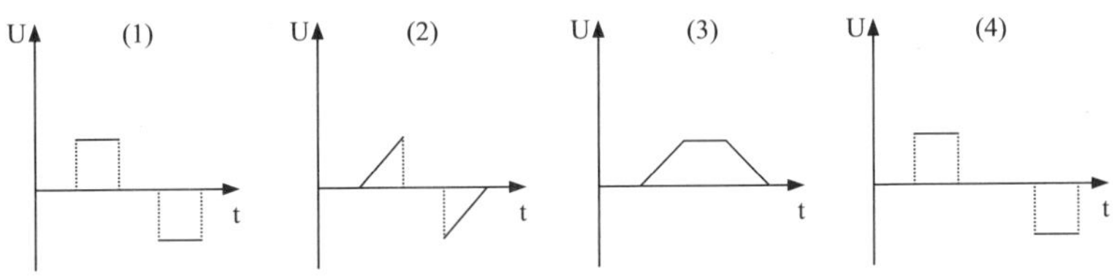

Abb. 2

Nun wird das Spannungsmessgerät durch ein Strommessgerät ersetzt. Der Widerstand des gesamten Stromkreises beträgt 5,0 Ω.

- Zeichnen Sie ein Zeit-Stromstärke-Diagramm für den Zeitraum 0 s bis 2,5 s.

Damit die Bewegung des Drahtrahmens gleichförmig verläuft, ist zeitweise eine Kraft notwendig.

- Zeichnen Sie das zugehörige Zeit-Kraft-Diagramm. (9 VP)

c) Der Drahtrahmen aus Teilaufgabe b befindet sich jetzt vollständig in einem homogenen Magnetfeld der Flussdichte 0,50 T und rotiert 20-mal in einer Sekunde. Zwischen den Anschlüssen kann dabei eine Spannung gemessen werden (siehe Abbildung 3).

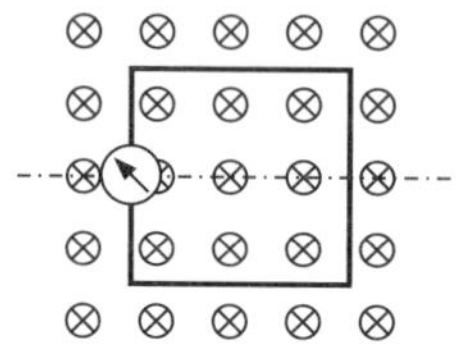

Abb. 3

Zu Beginn der Drehung soll der Drahtrahmen wie in Abbildung 3 senkrecht zu den Feldlinien stehen.

- Leiten Sie eine Gleichung für die bei der Rotation gemessene Spannung her.
- Berechnen Sie die maximale Spannung.
- Skizzieren Sie den Verlauf der Spannung in Abhängigkeit von der Zeit während der ersten beiden Umdrehungen.

Nun wird die Drehfrequenz der Leiterschleife halbiert.

- Skizzieren Sie den Verlauf der Spannung in Abhängigkeit von der Zeit in dasselbe Schaubild. (8 VP)

d) Bei einem Gespräch im Jahr 1926 formulierte Albert Einstein gegenüber Werner Heisenberg:

„In der Nebelkammer[1] *beobachten wir die Bahn des Elektrons durch die Kammer. Im Atom aber soll es nach Ihrer Ansicht keine Bahnen des Elektrons mehr geben. Das ist doch offenbar Unsinn. Einfach durch Verkleinerung des Raumes, in dem das Elektron sich bewegt, kann doch der Bahnbegriff nicht außer Kraft gesetzt werden."*

(Quelle: Werner Heisenberg, Der Teil und das Ganze – Gespräche im Umkreis der Atomphysik, Deutscher Taschenbuchverlag 1985)

1 Bei der Bewegung eines geladenen Teilchens durch eine Nebelkammer entstehen sichtbare Kondensstreifen.

- Setzen Sie sich mit dieser Aussage Albert Einsteins aus heutiger Sicht kritisch auseinander. (4 VP)

Tipps und Hinweise zur Lösung von Aufgabe II

Tipps zu Teilaufgabe a

- Das Zeichnen des Diagramms und die Bestimmung der Steigung sollten eine Routineaufgabe darstellen. Können Sie die Steigung auch mittels linearer Regression bestimmen?
- Hierzu gibt es zwei Standardversuche. Dabei ist die Auswertung des Versuchs, den Sie (hoffentlich) schon aus der Mittelstufe kennen, komplizierter als der Versuch aus der Oberstufe. Es ist natürlich nur eine Lösung verlangt.
- Wenn Sie sich gerade nicht mehr an den Halleffekt erinnern können: Ein Magnetfeld steht senkrecht auf einem Halbleiterplättchen oder auf einem Metallband, das von einem Strom durchflossen wird. Dabei kann eine Spannung gemessen werden, die proportional zur magnetischen Flussdichte ist.

Tipps zu Teilaufgabe b

- Aufgrund des einfachen Versuchsaufbaus bietet es sich an, mit der Formel $U_{ind} = B \cdot d \cdot v$ zu argumentieren. Selbstverständlich kann man auch mit der Änderung des magnetischen Flusses arbeiten.
- Zwei Diagramme scheiden sofort aus.
- Bitte beachten Sie, dass der Leiter mit konstanter Geschwindigkeit durch das Magnetfeld bewegt wird. Deshalb ist diese Teilaufgabe viel leichter zu lösen, als man ursprünglich wegen des Stromes vielleicht denkt. Versuchen Sie (zur Übung) die induzierte Spannung mit beiden möglichen Lösungsansätzen zu bestimmen.
- Die Berechnung der Kraft ist recht einfach. Aber haben Sie sich die richtigen Gedanken über das Vorzeichen der Kraft gemacht?

Tipps zu Teilaufgabe c

- Diese Aufgabe kann ebenfalls mit den beiden Ansätzen $U_{ind} = B \cdot d \cdot v$ bzw. $U_{ind} = -n \cdot \dot{\Phi}$ bearbeitet werden. Lösen Sie auf beide Arten und freuen Sie sich, wenn beide Male die gleiche Lösung herauskommt. Die ersten beiden Teilaufgaben können zusammen bearbeitet werden.
- Die Spannung zeigt einen sinusförmigen Verlauf.
- Wird die Drehfrequenz halbiert, so ändern sich zwei Größen!

Tipp zu Teilaufgabe d

- Die Heisenberg'sche Unbestimmtheitsrelation lautet $\Delta x \cdot \Delta p_x \approx h$.

Lösung

a) **Stromstärke-Kraft-Diagramm**

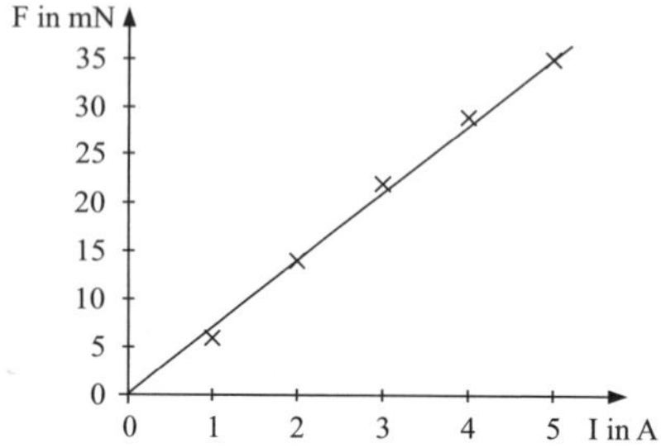

Abb. 4

Bestimmung der magnetischen Flussdichte

Die eingezeichneten Punkte liegen fast auf einer Ursprungsgeraden, die man nach Augenmaß einzeichnet. Deshalb ist die Kraft F proportional zur Stromstärke I. Die Steigung des Schaubildes lässt sich auf verschiedene Arten bestimmen:

- Man nimmt das Wertepaar, das am besten auf der Geraden liegt oder
- Man nimmt einen beliebigen Punkt der gezeichneten Geraden.

Außerdem bietet sich an, mit dem GTR bzw. dem CAS eine lineare Regression durchzuführen. Die mithilfe der Regression bestimmte Steigung beträgt

$$\frac{F}{I} = 7{,}16\,\frac{\text{mN}}{\text{A}},$$

die anderen Methoden liefern ähnliche Werte. Die magnetische Flussdichte beträgt bei der gegebenen Leiterlänge $s = 8{,}0$ cm

$$\begin{aligned} B &= \frac{F}{I \cdot s} = \frac{F}{I} \cdot \frac{1}{s} \\ &= 7{,}16\,\frac{\text{mN}}{\text{A}} \cdot \frac{1}{0{,}080\ \text{m}} \\ &= 89{,}5\ \text{mT}. \end{aligned}$$

Möglicher Versuchsaufbau, Variante 1

Eine stromdurchflossene Leiterschleife, die an einem Kraftmesser befestigt ist, hängt mit ihrer Unterkante vollständig in einem waagerecht verlaufenden homogenen Magnetfeld, sodass die Feldlinien senkrecht auf der Fläche der Leiterschleife stehen (Abbildung 5). Das homogene Feld kann durch eine langgestreckte Spule, ein Helmholtzspulenpaar oder durch Permanentmagnete erzeugt werden. Folgende Größen sind zu messen:

- Länge s der Unterkante der Leiterschleife
- Veränderung F der Kraft auf den Kraftmesser
- Stromstärke I

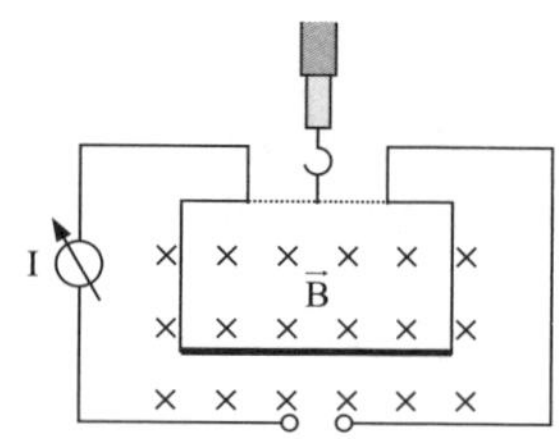

Abb. 5

Möglicher Versuchsaufbau, Variante 2

Eine stromdurchflossene Leiterschaukel hängt mit ihrer Unterkante im vertikal verlaufenden Magnetfeld eines Hufeisenmagneten. Sie erfährt unter dem Einfluss der Lorentzkraft F_L und der Gewichtskraft G eine Auslenkung. Dabei zeigt die Resultierende aus beiden Kräften in die gleiche Richtung wie die gespannten seitlichen Schnüre der Schaukel. Es gilt (Abbildung 6)

$$\tan\varphi = \frac{F_L}{G} \quad \text{sowie} \quad \sin\varphi = \frac{x}{\ell}.$$

Für kleine Auslenkungen gilt $\sin\varphi \approx \tan\varphi$ und damit

$$\frac{x}{\ell} \approx \frac{F_L}{G} \quad \text{bzw.} \quad F_L \approx G \cdot \frac{x}{\ell}.$$

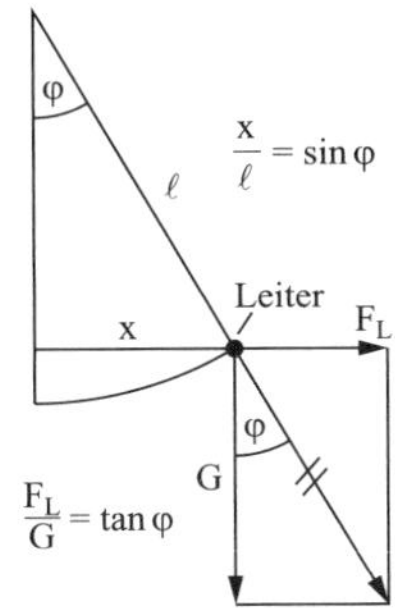

Abb. 6

Man braucht also die Gewichtskraft G der Schaukel, die Länge ℓ der Aufhängung sowie die Auslenkung x und kann daraus die Kraft bestimmen. Aus der Länge s des horizontalen Drahtes der Leiterschaukel, der Kraft F_L sowie der Stromstärke I kann man wieder die magnetische Flussdichte bestimmen.

Halleffekt

Ein Magnetfeld steht senkrecht auf einem Halbleiterplättchen oder einem Metallstreifen der Breite d. Wird dieser Leiter von einem Strom durchflossen, so kann an den seitlichen Anschlüssen des Leiters eine Spannung gemessen werden.

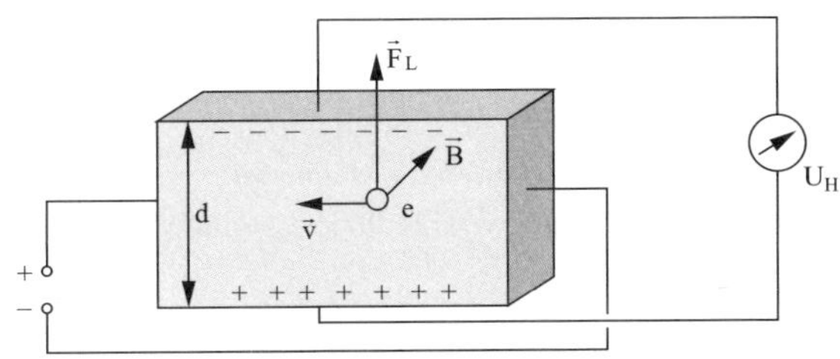

Abb. 7

Erklärung: Treten die Elektronen mit der Geschwindigkeit v in das magnetische Querfeld der Flussdichte B ein, so werden sie von der Lorentzkraft $F_L = B \cdot e \cdot v$ abgelenkt. Die positiven Ladungen bleiben ortsfest. Durch die Ladungstrennung baut sich ein elektrisches Feld E auf, bis die elektrische Feldkraft F_{el} und die magnetische Lorentzkraft F_L den gleichen Betrag haben.

Ergänzung (steht nicht im Erwartungshorizont):
Es gilt

$$F_L = F_{el} \;\Rightarrow\; B \cdot e \cdot v = e \cdot E \;\Leftrightarrow\; B \cdot e \cdot v = e \cdot \frac{U_H}{d}$$

und damit

$$U_H = B \cdot d \cdot v.$$

An der Polung der Hallspannung kann man erkennen, dass in Metallen und n-Halbleitern der Stromfluss durch negative Ladungsträger (nämlich den Elektronen) verursacht wird. Mithilfe des Halleffektes kann man die Geschwindigkeit der Ladungen bestimmen. Außerdem kann man mit geeichten Hallsonden die magnetische Flussdichte durch Messung der Hallspannung ermitteln.

b) **Welches Diagramm ist richtig?**

Der Drahtrahmen bewegt sich mit konstanter Geschwindigkeit. Zuerst befindet er sich außerhalb des Magnetfeldes, tritt dann zuerst nur mit der rechten Kante ins Magnetfeld ein, befindet sich anschließend ganz im Magnetfeld und verlässt zuerst mit der rechten, später mit der linken Kante das Magnetfeld.

Die induzierte Spannung wird mit der Formel $U_{ind} = B \cdot d \cdot v$ berechnet. Folglich sind die induzierten Spannungen konstant bzw. null und nicht an- oder absteigend wie in den Diagrammen (2) und (3).

Was unterscheidet die Diagramme (1) und (4)? In Diagramm (1) sind alle Zeitabschnitte gleich lang, während in Diagramm (4) die Zeit, in der keine Spannung gemessen werden kann (also die Zeit, in der sich der Drahtrahmen ganz im Magnetfeld befindet) länger als die Zeiten ist, in denen eine Spannung gemessen werden kann (Ein- bzw. Austrittsphase des Drahtrahmens).

Die Geschwindigkeit beträgt $v = 16\ \text{cm}\,\text{s}^{-1}$, der Rahmen ist zu Beginn 8,0 cm vom Magnetfeld entfernt. Nach 0,5 s wird das Magnetfeld erreicht und eine Spannung induziert. Da der Rahmen eine Seitenlänge von ebenfalls 8,0 cm hat, dauert auch die Eintrittsphase 0,5 s. Für die restlichen 8,0 cm im Magnetfeld werden nochmals 0,5 s benötigt, die Austrittsphase dauert schließlich ebenfalls 0,5 s. **Diagramm (1)** ist damit die richtige Lösung.

Zeit-Stromstärke-Diagramm

Zur Berechnung der Stromstärke

$$I = \frac{U_{ind}}{R}$$

bei gegebenem Widerstand R muss zunächst die induzierte Spannung U_{ind} berechnet werden. Hierzu gibt es zwei Möglichkeiten:

1. Elektronen erfahren im Magnetfeld eine Lorentzkraft.
2. Eine Spannung wird induziert, wenn der magnetische Fluss sich ändert.

Zu 1:

$$|U_{ind}| = B \cdot d \cdot v = 0{,}50\ \text{T} \cdot 0{,}080\ \text{m} \cdot 0{,}16\ \text{ms}^{-1} = 6{,}4\ \text{mV}.$$

Diese Spannung wird beim Eintritt und beim Austritt induziert, die Polarität ist verschieden, da zuerst rechts und dann links die Spannung induziert wird.

Zu 2:

Eine Spannung wird induziert, wenn sich der magnetische Fluss $\Phi = B \cdot A$ ändert. Es gilt

$$U_{ind} = -n \cdot \dot{\Phi}.$$

Die Windungszahl ist $n = 1$. Durch die Bewegung ändert sich zeitweise die vom Magnetfeld durchsetzte Fläche, sodass folgt:

$$|U_{ind}| = |-n \cdot \dot{\Phi}| = B \cdot \frac{|\Delta A|}{\Delta t} = 0{,}50 \cdot \frac{0{,}080^2}{0{,}5}\ \text{V} = 6{,}4\ \text{mV}.$$

Da sich die vom Magnetfeld durchsetzte Fläche beim Eintritt vergrößert und beim Austritt verkleinert, haben die beiden induzierten Spannungen unterschiedliche Vorzeichen.

Befindet sich im Stromkreis ein Widerstand von 5,0 Ω, so misst man die Stromstärken

$$I = \frac{U_{ind}}{R} = \frac{\pm 6{,}4\ \text{mV}}{5{,}0\ \Omega} = \pm 1{,}28\ \text{mA}.$$

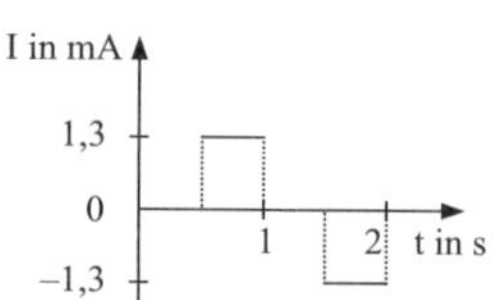

Abb. 8

Das Zeit-Stromstärke-Diagramm zeigt Abbildung 8.

Zeit-Kraft-Diagramm

Die Kraft auf einen stromdurchflossenen Leiter der Länge s wird mit der Formel $F_L = B \cdot I \cdot s$ berechnet:

$$F_L = 0{,}50\ \text{T} \cdot 1{,}28\ \text{mA} \cdot 0{,}080\ \text{m} = 0{,}051\ \text{mN} = 51\ \mu\text{N}.$$

Wegen der Lenz'schen Regel ist die Kraft immer der Ursache entgegengesetzt, d. h. dass die Kraft im Gegensatz zur Spannung bzw. Stromstärke immer das gleiche Vorzeichen hat (Abbildung 9).

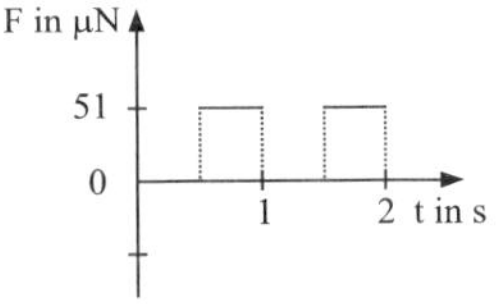

Abb. 9

Lassen Sie sich durch das wechselnde Vorzeichen von I (Abbildung 8) nicht dazu verleiten, gemäß der Formel $F_L = B \cdot I \cdot s$ auf ein wechselndes Vorzeichen von F zu schließen: Es ändert sich zwar der Drehsinn des Stroms in der Leiterschleife, aber eben auch der wirksame Leiterabschnitt (beim Eintritt in das Magnetfeld der rechte Zweig, beim Austritt der linke Zweig), sodass der die Kraftwirkung hervorrufende Strom immer in die gleiche Richtung fließt.

c) **Herleitung der Gleichung für Wechselspannung, Variante 1**

Bei der Rotation des Drahtrahmens wird in den beiden achsenparallelen Leiterstücken der Länge a = 8,0 cm eine Spannung induziert, da hier Elektronen längs des Leiters verschoben werden können. Bewegt sich die obere Kante des Drahtrahmens nach unten, so erfahren die Elektronen wegen der UVW-Regel für die linke Hand eine Kraft nach links:

U(rsache): Geschwindigkeitskomponente nach unten; also Daumen nach unten.
V(ermittlung): B-Feld in die Zeichenebene; also Zeigefinger in die Zeichenebene.
W(irkung): Der Mittelfinger zeigt nach links; die Elektronen werden nach links verschoben.

Entsprechend erfahren die Elektronen der unteren Kante eine Kraft nach rechts. Die beiden anderen Seiten tragen nichts zur Induktionsspannung bei, da hier die Elektronen quer zum Leiter verschoben werden. Der Maximalwert der Spannung wird mit der Formel

$$\hat{U} = 2 \cdot B \cdot a \cdot \hat{v}$$

berechnet. Der Faktor 2 folgt aus der Tatsache, dass die Spannungen in der oberen und der unteren Hälfte des Drahtrahmens addiert werden; $\hat{v}$ ist der Betrag der Umdrehungsgeschwindigkeit, für den gilt:

$$\hat{v} = \frac{2\pi \cdot r}{T} = 2\pi \cdot r \cdot f$$
$$= 2\pi \cdot 0{,}040 \cdot 20\ \text{ms}^{-1}$$
$$= 5{,}03\ \text{ms}^{-1}.$$

Beim Radius ist zu beachten, dass man nur die Hälfte der Seitenlänge einsetzt.

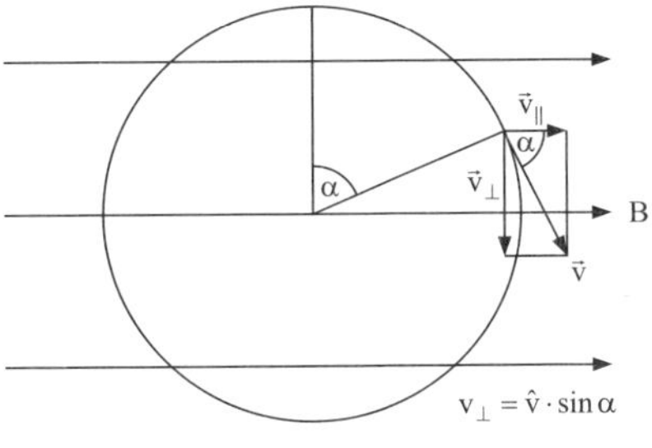

Blick in Richtung der Rotationsachse

Abb. 10

Wegen der Anfangsbedingung ist der Winkel α zum Zeitpunkt t = 0 s null. Die Geschwindigkeitsfunktion lautet deshalb (vgl. Abbildung 10):

$$v(t) = \hat{v} \cdot \sin(2\pi \cdot f \cdot t).$$

Für die Spannungsfunktion folgt:

$$U(t) = 2 \cdot B \cdot a \cdot v(t) = 2 \cdot B \cdot a \cdot \hat{v} \cdot \sin(2\pi \cdot f \cdot t)$$
$$= 2 \cdot 0{,}50 \cdot 0{,}080 \cdot 5{,}03\ \text{V} \cdot \sin(2\pi \cdot 20\ \text{s}^{-1} \cdot t)$$
$$= 0{,}40\ \text{V} \cdot \sin(40\pi\ \text{s}^{-1} \cdot t).$$

Es entsteht also eine sinusförmige Wechselspannung mit dem Scheitelwert 0,40 V (Abbildung 11).

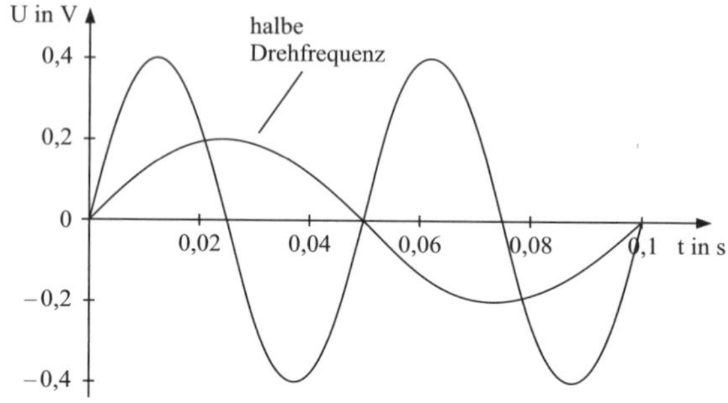

Abb. 11

Was bewirkt eine Halbierung der Drehfrequenz?
Wird die Drehfrequenz halbiert, so sinkt der Betrag der Geschwindigkeit auf die Hälfte und wegen $\hat{U} = 2 \cdot B \cdot a \cdot \hat{v}$ sinkt der Scheitelwert der Spannung auf den halben Wert. Außerdem wird die Periodendauer verdoppelt.

Herleitung der Gleichung für Wechselspannung, Variante 2
Eine Spannung wird induziert, wenn sich der magnetische Fluss $\Phi = B \cdot A_{\perp}$ ändert (Abbildung 12). Es gilt

$$\begin{aligned} U_{ind} &= -n \cdot \dot{\Phi} \\ &= -n \cdot (B \cdot \dot{A}_{\perp} + \dot{B} \cdot A_{\perp}). \end{aligned}$$

Der Drahtrahmen hat nur eine Windung, das Magnetfeld bleibt konstant. Somit vereinfacht sich die Formel zu

$$U_{ind} = -B \cdot \dot{A}_{\perp}.$$

Wegen der Anfangsbedingung ist der Winkel α zum Zeitpunkt $t = 0$ s null. Die Flächenfunktion lautet deshalb

$$A_{\perp}(t) = A \cdot \cos(2\pi \cdot f \cdot t).$$

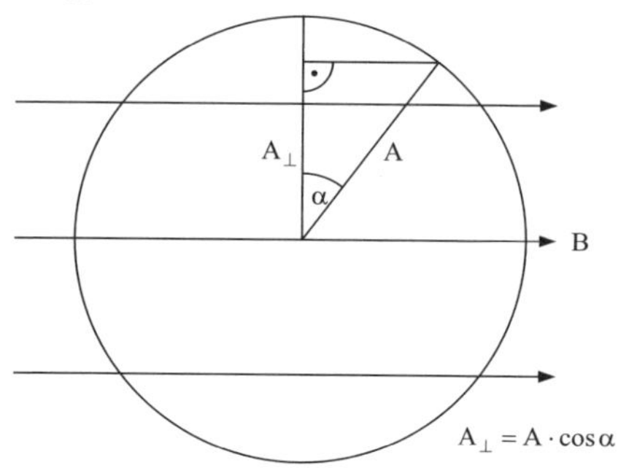

Blick in Richtung der Rotationsachse

Abb. 12

Die induzierte Spannung beträgt

$$\begin{aligned} U_{ind} &= -B \cdot \dot{A}_{\perp} = B \cdot A \cdot 2\pi \cdot f \cdot \sin(2\pi \cdot f \cdot t) \\ &= 0{,}50 \cdot 0{,}080^2 \cdot 2\pi \cdot 20\ \text{V} \cdot \sin(2\pi \cdot 20\ \text{s}^{-1} \cdot t) \\ &= 0{,}40\ \text{V} \cdot \sin(40\pi\ \text{s}^{-1} \cdot t). \end{aligned}$$

Was bewirkt eine Halbierung der Drehfrequenz?
Wird die Drehfrequenz halbiert, sinkt wegen $\hat{U} = B \cdot A \cdot 2\pi \cdot f$ der Scheitelwert der Spannung auf den halben Wert. Außerdem wird die Periodendauer verdoppelt.

d) Wegen der Heisenberg'schen Unbestimmtheitsrelation $\Delta x \cdot \Delta p_x \approx h$ ist es grundsätzlich nicht möglich, den Ort und den Impuls eines Teilchens gleichzeitig beliebig scharf zu bestimmen. Dies hat nichts mit Messfehlern zu tun. Je genauer man versucht, den Ort eines Teilchens zu einem bestimmten Zeitpunkt zu bestimmen, umso größer wird der Bereich, in dem man die Impulswerte messen kann, und umgekehrt. Im Falle der Bahn in einer Nebelkammer spielt diese Unbestimmtheit wegen des großen Radius keine Rolle. Im atomaren Bereich jedoch kann die Unbestimmtheit größer als der Wert der Größe selbst sein.

Zahlenbeispiel: Die Ausdehnung eines Atoms liegt in der Größenordnung von 10^{-10} m. Will man von einer Elektronenbahn sprechen, so darf diese nicht beliebig breit werden. Es wird angenommen, dass die Bahn beispielsweise 5 % der Ausdehnung des Atoms annehmen darf. Dann ist $\Delta x \approx 0{,}5 \cdot 10^{-11}$ m. Die zugehörige Impulsunschärfe beträgt dann

$$\Delta p_x \approx \frac{h}{\Delta x} = \frac{6{,}63 \cdot 10^{-34}}{0{,}5 \cdot 10^{-11}}\ \mathrm{kg}\frac{\mathrm{m}}{\mathrm{s}} = 1{,}33 \cdot 10^{-22}\ \mathrm{kg}\frac{\mathrm{m}}{\mathrm{s}}.$$

Dies ergibt eine Unschärfe der Geschwindigkeit von

$$\Delta v = \frac{\Delta p_x}{m} = \frac{1{,}33 \cdot 10^{-22}}{9{,}11 \cdot 10^{-31}}\frac{\mathrm{m}}{\mathrm{s}} = 1{,}43 \cdot 10^{8}\ \frac{\mathrm{m}}{\mathrm{s}}.$$

Dies ist etwa die halbe Lichtgeschwindigkeit. Eine sinnvolle Aussage über die Geschwindigkeit wäre sicher nicht mehr möglich. Da die Bahn eines Teilchens durch die Angabe seines Orts **und** seiner Geschwindigkeit festgelegt ist, kann man folglich auch nicht von der Bahn des Elektrons sprechen.

Abiturprüfung an den allgemeinbildenden Gymnasien (Baden-Württemberg) 2009
Prüfungsfach: Physik – Aufgabe III

Ein Glastrog hat eine rechteckige Grundfläche. In der Mitte einer Seitenfläche ist ein optisches Gitter mit 400 vertikalen Spalten pro Millimeter befestigt. Die dem Gitter gegenüberliegende Fläche (Rückwand) und die beiden anderen Seitenflächen sind mit weißem Papier beklebt, das als Beobachtungsschirm dient. Abbildung 1 zeigt die Anordnung von oben. Die Dicke der Glasscheiben kann vernachlässigt werden. Von Reflexionen innerhalb des Glastroges ist abzusehen.

Der Glastrog ist zunächst luftgefüllt. Senkrecht auf das Gitter fällt Licht einer Quecksilberdampflampe, deren Spektrum violettes, blaues, grünes und gelbes sowie UV-Licht enthält.

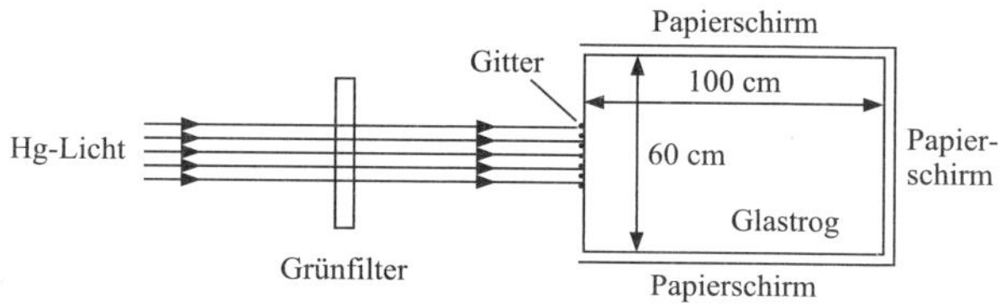

Abb. 1

a) Im Strahlengang befindet sich zunächst ein geeignetes Grünfilter, sodass auf dem Papier nur grüne Linien sichtbar sind. Die beiden Maxima 1. Ordnung dieser Farbe sind auf dem Papierschirm an der Rückwand 44,8 cm voneinander entfernt.

- Erklären Sie anhand einer Skizze, warum unter bestimmten Beugungswinkeln grüne Linien auf den Papierschirmen zu sehen sind.
- Berechnen Sie die Wellenlänge des grünen Spektrallichts.
- Wie viele grüne Linien sind auf den Papierschirmen insgesamt sichtbar? (7 VP)

b) Das Grünfilter wird nun entfernt. Das Maximum 2. Ordnung des Spektrallichts der Wellenlänge 546 nm fällt mit dem Maximum 3. Ordnung des UV-Lichts zusammen. Das sonst unsichtbare UV-Licht erscheint auf dem gebleichten weißen Papier violett.

- Berechnen Sie die Wellenlänge des UV-Lichts.
- Welche weiteren Maxima des Lichts der Wellenlänge 546 nm und des UV-Lichts fallen bei dieser Anordnung ebenfalls zusammen? Begründen Sie Ihre Antwort.

Die Wellenlängen der Spektrallinien liegen im Bereich von 364 nm bis 579 nm.

- Berechnen Sie die Breite eines der Spektren 1. Ordnung auf dem Papierschirm.
- Beschreiben Sie das gesamte auf der Rückwand beobachtbare Schirmbild. (8 VP)

c) Der Glastrog ist nun mit Wasser gefüllt. Licht, das im Vakuum die Wellenlänge 546 nm hat, wird jetzt so gebeugt, dass die Maxima 1. Ordnung auf der Rückwand 32,5 cm voneinander entfernt sind.

- Wie groß ist die Ausbreitungsgeschwindigkeit dieses Lichts in Wasser?

Das Gitter wird vom wassergefüllten Glastrog entfernt. Das Quecksilberlicht trifft nun gegenüber dem Lot unter einem Einfallswinkel α auf den Glastrog (siehe Abbildung 2).

- Erklären Sie, warum auch ohne Gitter ein Spektrum zu Stande kommt.
- Geben Sie die Unterschiede zwischen diesem Spektrum und dem in Teilaufgabe b auf der Rückwand beobachtbaren Schirmbild an.

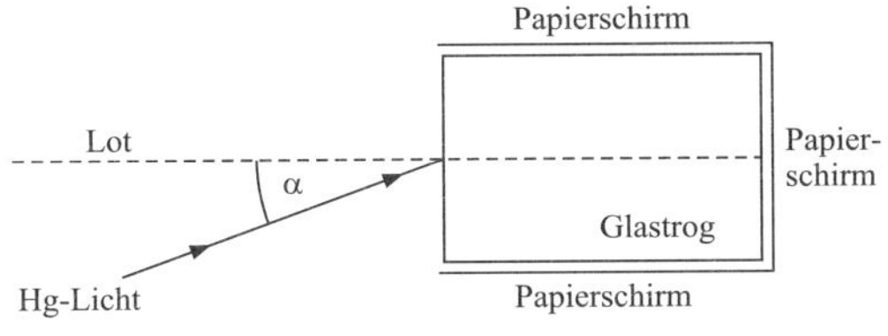

Abb. 2

(7 VP)

d) In einem neuen Versuch wird das Quecksilberlicht mit den Spektrallinien der Wellenlängen 364 nm, 405 nm, 436 nm, 546 nm und 579 nm durch ein Gitter spektral zerlegt. In das Spektrum wird eine negativ geladene Zinkplatte gebracht, auf die jeweils nur eine Spektrallinie fällt. Die Ablöseenergie für Elektronen aus der Zinkplatte beträgt $5{,}12 \cdot 10^{-19}$ J.

- Begründen Sie, warum die negativ geladene Zinkplatte nur vom UV-Licht, nicht aber vom sichtbaren Licht der Quecksilberdampflampe entladen wird.
- Berechnen Sie die maximale Geschwindigkeit der abgelösten Elektronen, wenn das UV-Licht auf die Zinkplatte trifft.
- Beschreiben Sie anhand einer Skizze einen Versuch zur Bestimmung der maximalen kinetischen Energie der abgelösten Elektronen.
- Wie verändert sich die maximale kinetische Energie der abgelösten Elektronen, wenn die Intensität des UV-Lichts erhöht wird? Begründen Sie Ihre Antwort.

(8 VP)

Lichtgeschwindigkeit im Vakuum: $c = 3{,}00 \cdot 10^{8}\ \mathrm{ms}^{-1}$
Planck'sches Wirkungsquantum: $h = 6{,}63 \cdot 10^{-34}$ Js
Elementarladung: $e = 1{,}60 \cdot 10^{-19}$ C
Elektronenmasse: $m_e = 9{,}11 \cdot 10^{-31}$ kg

Tipps und Hinweise zur Lösung von Aufgabe III

Tipps zu Teilaufgabe a

- Was passiert in den Spalten des Gitters? Begründen Sie, warum man die Formel $\sin\alpha = \frac{\delta}{g}$ für den Gangunterschied benachbarter Strahlen verwenden darf.
  Wichtig sind die Schlüsselworte Beugung und konstruktive Interferenz.
- Da bei einem Gitter die Winkel meistens recht groß sind, ist die Näherung $\sin\alpha = \tan\alpha$, die beim Doppelspalt verwendet wird, nicht anwendbar. Man muss explizit mit der Tangens-Formel arbeiten.
  Achtung: Es ist der gegenseitige Abstand der beiden Maxima 1. Ordnung angegeben.
- Die Anzahl der sichtbaren Linien wird aufgrund der Bauweise des Glastrogs nicht durch die Breite eines Schirms eingeschränkt. Alle entstehenden Maxima sind sichtbar.

Tipps zu Teilaufgabe b

- Rechnen Sie nicht zuviel. Denken Sie daran, dass die Sinusfunktion für Winkel zwischen 0° und 90° monoton steigt.
- Hier darf man nicht vergessen, was man in Teilaufgabe a schon berechnet hat.
- Eine Hilfestellung dürfte an dieser Stelle nicht nötig sein.
- Die Spektren 1. Ordnung sind vollständig sichtbar. Gibt es auch Linien 2. Ordnung, die auf der Rückwand noch beobachtet werden können? Geben Sie auch die Reihenfolge der Farben an.

Tipps zu Teilaufgabe c

- Wie hängen Wellenlänge, Frequenz und Ausbreitungsgeschwindigkeit voneinander ab? Welche Größen sind in Luft und Wasser gleich bzw. verschieden?
- Trifft Licht auf eine Grenzfläche zwischen einem optisch dichteren und einem optisch dünneren Medium, so wird der Lichtstrahl gebrochen. Wichtig ist, dass das Phänomen der Dispersion erklärt wird.
- Wie viele Spektren entstehen jeweils? Wie liegen diese? Was wird am stärksten, was am schwächsten abgelenkt?

Tipps zu Teilaufgabe d

- Elektronen können nur dann aus der Zinkplatte herausgelöst werden, wenn die Energie der Photonen größer als die Ablöseenergie W_A ist.
- Beachten Sie, dass die Elektronen nur einen Teil der Photonenenergie besitzen.
- Hier gibt es mehr als eine Lösungsmöglichkeit. Fertigen Sie eine sauber beschriftete Skizze des Versuchsaufbaus an und beschreiben Sie das Vorgehen.
- Licht gibt seine Energie in Form von Photonen ab. Welcher Zusammenhang besteht zwischen den Größen Intensität und Frequenz des Lichts einerseits und den Eigenschaften der Photonen andererseits?

Lösung

a) **Entstehung der grünen Linien**

Treffen die Lichtwellen auf ein Gitter, so werden sie an den Spalten gebeugt. Auf dem Schirm interferieren die von den Spalten ausgehenden Elementarwellen miteinander. Je nach Lage des Auftreffpunktes auf dem Schirm unterscheidet sich der Gangunterschied δ benachbarter Wellen. Es gilt (vgl. Abbildung 3 links)

$$\sin\alpha = \frac{\delta}{g}.$$

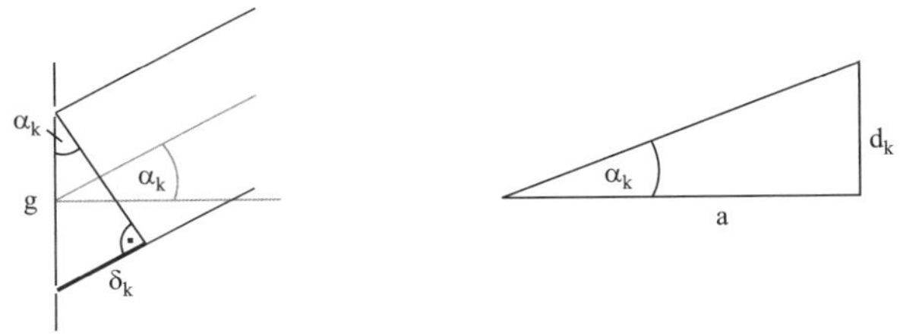

Abb. 3

Ist dieser Gangunterschied $\delta_k = k \cdot \lambda$; $k = 0, 1, 2, \ldots$, so entstehen Intensitätsmaxima (konstruktive Interferenz). Dazwischen löschen sich die Wellen aus.
Auf dem Schirm beobachtet man die hellen Spektrallinien für Winkel δ_k mit

$$\sin\alpha_k = \frac{k \cdot \lambda}{g}; \quad k = 0, 1, 2, \ldots$$

Welche Wellenlänge hat das grüne Licht?

Das Gitter hat 400 Striche pro mm. Dies ergibt folgende Gitterkonstante g:

$$g = \frac{1}{400}\ \text{mm} = 2{,}50 \cdot 10^{-6}\ \text{m}.$$

Der gegenseitige Abstand der Maxima 1. Ordnung beträgt 44,8 cm, der Abstand von der Mitte ist somit $d_1 = 0{,}224$ m (vgl. Abbildung 3 rechts). Aus

$$\tan\alpha_1 = \frac{d_1}{a} = \frac{0{,}224}{1{,}00} = 0{,}224$$

folgt $\alpha_1 = 12{,}6°$. Die Wellenlänge der grünen Linie beträgt

$$\lambda = g \cdot \sin\alpha_1 = 2{,}50 \cdot 10^{-6}\ \text{m} \cdot \sin 12{,}6° = 5{,}46 \cdot 10^{-7}\ \text{m} = 546\ \text{nm}.$$

Anzahl der sichtbaren grünen Linien

Aufgrund der seitlichen Schirme sind sämtliche entstehende Linien sichtbar. Es gilt

$$\sin\alpha_k = \frac{k \cdot \lambda}{g} < 1.$$

Umstellen ergibt

$$k < \frac{g}{\lambda} = \frac{2{,}50 \cdot 10^{-6}}{546 \cdot 10^{-9}} = 4{,}58.$$

Folglich sind Maxima bis zur 4. Ordnung sichtbar. Berücksichtigt man noch das Maximum 0. Ordnung, so sind insgesamt **9 Maxima** sichtbar.

b) **Bestimmung der Wellenlänge des UV-Lichts**

Fallen das Maximum 2. Ordnung des (grünen) Lichts mit 546 nm und das Maximum 3. Ordnung des UV-Lichts unbekannter Wellenlänge zusammen, so sind die Beugungswinkel gleich. Es ist nicht nötig, den Winkel selbst auszurechnen.

$$\sin\alpha_{2,\text{ grün}} = \sin\alpha_{3,\text{ UV}}$$

$$\frac{2\cdot\lambda_{\text{grün}}}{g} = \frac{3\cdot\lambda_{\text{UV}}}{g}$$

$$\lambda_{\text{UV}} = \frac{2}{3}\lambda_{\text{grün}} = \frac{2}{3}\cdot 546\text{ nm} = 364\text{ nm.}$$

Welche weiteren Maxima überlappen sich?

Wegen $\frac{2}{3}=\frac{4}{6}$ gilt die Bedingung $2\cdot\lambda_{\text{gr}} = 3\cdot\lambda_{\text{UV}}$ gilt auch für die 4. Ordnung des grünen Lichtes und die 6. Ordnung des UV-Lichtes. Mehr Überlappungen sind nicht möglich, da grünes Licht nur bis zur 4. Ordnung entsteht.

Breite des Spektrums 1. Ordnung

Das Spektrum 1. Ordnung wird innen von der UV-Linie mit 364 nm und außen von der gelben Linie mit 579 nm begrenzt.

$$\sin\alpha_{1,\text{ gelb}} = \frac{579\cdot 10^{-9}}{2{,}50\cdot 10^{-6}} = 0{,}2316.$$

Der Winkel beträgt $\alpha_{1,\text{ gelb}} = 13{,}4°$ und die gelbe Linie liegt bei

$$d_{1,\text{ gelb}} = a\cdot\tan\alpha_{1,\text{ gelb}} = 1{,}00\text{ m}\cdot\tan 13{,}4° = 23{,}8\text{ cm.}$$

Analog erhält man für die UV-Linie

$$\sin\alpha_{1,\text{ UV}} = \frac{364\cdot 10^{-9}}{2{,}50\cdot 10^{-6}} = 0{,}1456.$$

Der Winkel beträgt $\alpha_{1,\text{ UV}} = 8{,}37°$ und die UV- Linie liegt bei

$$d_{1,\text{ UV}} = a\cdot\tan\alpha_{1,\text{ UV}} = 1{,}00\text{ m}\cdot\tan 8{,}37° = 14{,}7\text{ cm.}$$

Die Breite eines Spektrums 1. Ordnung beträgt

$$d_{1,\text{ gelb}} - d_{1,\text{ UV}} = 23{,}8\text{ cm} - 14{,}7\text{ cm} = 9{,}1\text{ cm.}$$

Schirmbild auf der Rückwand

Die Rückwand hat eine Breite von 60 cm. Die Spektren 1. Ordnung sind vollständig sichtbar, da d_1 für alle Linien kleiner als 30 cm ist.
Gibt es auch Linien 2. Ordnung, die auf der Rückwand noch beobachtet werden können?
Der kleinstmögliche Ablenkwinkel gehört zum UV-Licht, sodass folgt:

$$\sin\alpha_{2,\text{ UV}} = \frac{2\cdot\lambda_{\text{UV}}}{g} = \frac{2\cdot 364\cdot 10^{-9}}{2{,}50\cdot 10^{-6}} = 0{,}291 \quad\Rightarrow\quad \alpha_{2,\text{ UV}} = 16{,}9°.$$

Die Lage auf der Rückwand wäre bei

$$d_{2,\text{ UV}} = 1{,}00\text{ m}\cdot\tan(16{,}9°) = 0{,}304\text{ m} > 0{,}300\text{ m.}$$

Somit kann das Spektrum 2. Ordnung nicht mehr auf der Rückwand beobachtet werden.

Man sieht also in der Mitte das Maximum 0. Ordnung (Mischfarbe des Quecksilberlichts), links und rechts davon sind die Spektren 1. Ordnung sichtbar und zwar von innen nach außen in der Reihenfolge UV, violett, blau, grün, gelb.

c) **Ausbreitungsgeschwindigkeit des Lichts in Wasser**
Der gegenseitige Abstand der Maxima 1. Ordnung beträgt 32,5 cm. Die Maxima 1. Ordnung haben von der Mitte den Abstand $d_{1,\text{ Wasser}} = 0{,}1625$ m.
Aus

$$\tan \alpha_{1,\text{ Wasser}} = \frac{0{,}1625}{1{,}00} = 0{,}1625$$

folgt

$$\alpha_{1,\text{ Wasser}} = 9{,}23°.$$

Die Wellenlänge in Wasser nimmt den Wert

$$\lambda_{\text{Wasser}} = g \cdot \sin \alpha_{1\text{ Wasser}} = 2{,}50 \cdot 10^{-6}\text{ m} \cdot \sin 9{,}23° = 401\text{ nm}$$

an. Wegen

$$\frac{c_{\text{Wasser}}}{c} = \frac{\lambda_{\text{Wasser}} \cdot f}{\lambda_{\text{Vakuum}} \cdot f}$$

folgt für die Lichtgeschwindigkeit in Wasser

$$c_{\text{Wasser}} = \frac{\lambda_{\text{Wasser}}}{\lambda_{\text{Vakuum}}} \cdot c = \frac{401 \cdot 10^{-9}}{546 \cdot 10^{-9}} \cdot 3{,}00 \cdot 10^{8}\,\frac{\text{m}}{\text{s}} = 2{,}20 \cdot 10^{8}\,\frac{\text{m}}{\text{s}}.$$

Entstehung eines Spektrums ohne Gitter
Trifft Licht schräg auf die Grenzfläche zwischen Luft und Wasser, so wird es ähnlich wie bei einem Prisma **gebrochen**. Da sich Licht unterschiedlicher Frequenzen mit verschiedenen Lichtgeschwindigkeiten in einem Stoff ausbreitet, werden verschiedene Farben verschieden stark abgelenkt. Dieses Phänomen wird als **Dispersion** bezeichnet.

Unterschied zwischen den Gitterspektren und dem Spektrum in Wasser
Bei einem Gitter liegen die Spektren symmetrisch zum Hauptmaximum 0. Ordnung. Violett wird wegen der kurzen Wellenlänge am wenigsten, rot am stärksten abgelenkt.
Bei der Brechung entsteht nur ein Spektrum, das hier oberhalb der Symmetrieachse liegt. Violett wird stärker als rot abgelenkt.

Da das Licht zur Symmetrieachse hin gebrochen wird, ändert sich an der Reihenfolge der Farben oberhalb der Achse gegenüber dem Schirmbild bei der Gitterbeugung nichts. Es folgen von der Schirmmitte nach oben gezählt UV, violett, blau, grün, gelb.

d) **Entladung der Zinkplatte durch UV-Licht**
Fällt Licht auf die Zinkplatte, so können Elektronen aus dem Metall herausgelöst werden, wenn die Photonenenergie $W = h \cdot f$ größer als die Ablöseenergie $W_A = 5{,}12 \cdot 10^{-19}$ J ist.
Photonen von UV-Licht der Wellenlänge 364 nm haben die Energie

$$W_{UV} = h \cdot f = h \cdot \frac{c}{\lambda} = 6{,}63 \cdot 10^{-34} \cdot \frac{3{,}00 \cdot 10^{8}}{364 \cdot 10^{-9}}\text{ J} = 5{,}46 \cdot 10^{-19}\text{ J}.$$

Dies übersteigt die nötige Ablöseenergie, sodass Elektronen freigesetzt werden können.
Photonen des violetten Lichts der Wellenlänge 405 nm haben die Energie

$$W_{\text{viol}} = 6{,}63 \cdot 10^{-34} \cdot \frac{3{,}00 \cdot 10^{8}}{405 \cdot 10^{-9}}\text{ J} = 4{,}91 \cdot 10^{-19}\text{ J} < W_A.$$

Da die anderen Spektrallinien noch energieärmer sind als das violette Licht, kann nur UV die Elektronen aus der Zinkplatte lösen.

Maximale Geschwindigkeit der Elektronen
Die energiereichsten Elektronen besitzen die Energie

$$W_{kin,\,max} = W_{UV} - W_A = 5{,}46 \cdot 10^{-19}\ \text{J} - 5{,}12 \cdot 10^{-19}\ \text{J} = 0{,}34 \cdot 10^{-19}\ \text{J}.$$

Aus der Formel $W_{kin} = \frac{1}{2} m \cdot v^2$ für die kinetische Energie folgt

$$v_{max} = \sqrt{\frac{2 \cdot W_{kin,\,max}}{m_e}} = \sqrt{\frac{2 \cdot 0{,}34 \cdot 10^{-19}}{9{,}11 \cdot 10^{-31}}}\ \frac{\text{m}}{\text{s}} = 2{,}73 \cdot 10^5\ \frac{\text{m}}{\text{s}}.$$

Versuchsbeschreibung, Variante 1

Statt der Zinkplatte verwendet man eine Vakuumfotozelle, bei der die Kathode K mit einer Metallschicht versehen ist. Das Licht fällt auf die Kathode und löst aus ihr Elektronen heraus. Diese verlassen die Fotokathode und fliegen zur ringförmigen Anode A. Kathode und Anode sind mit einem hochohmigen Spannungsmesser verbunden (Abbildung 4). Die Elektronen laden die ringförmige Anode A so lange auf, bis sich eine Spannung U_{max} einstellt. Dann reicht auch die Energie der schnellsten Elektronen nicht mehr aus, um zur Anode zu gelangen, sie haben daher die Energie $W_{e,\,max} = e \cdot U_{max}$.

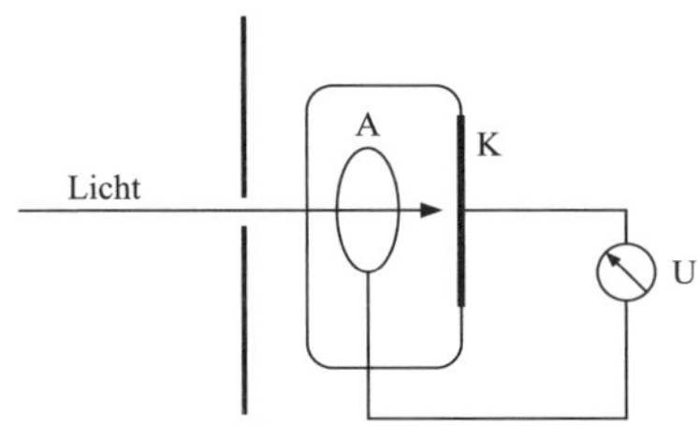

Abb. 4

Versuchsbeschreibung, Variante 2
Statt der Zinkplatte verwendet man eine Vakuumfotozelle, bei der die Kathode K mit einer Metallschicht versehen ist. Das Licht fällt auf die Kathode und löst aus ihr Elektronen heraus. Diese verlassen die Fotokathode, fliegen zur ringförmigen Anode A und fließen dann wieder nach K zurück, sodass ein geschlossener Stromkreis entsteht. Man kann eine Stromstärke I_F messen.
Die Spannungsquelle wird nun so gepolt, dass der Minuspol am Ring A liegt (Abbildung 5). Dann müssen die Elektronen gegen ein elektrisches Feld anlaufen. Die Spannung U wird langsam bis zu einem Wert U_{max} erhöht, bei dem der Fotostrom gerade null wird. Dann haben die schnellsten Elektronen die Energie $W_{e,\,max} = e \cdot U_{max}$.

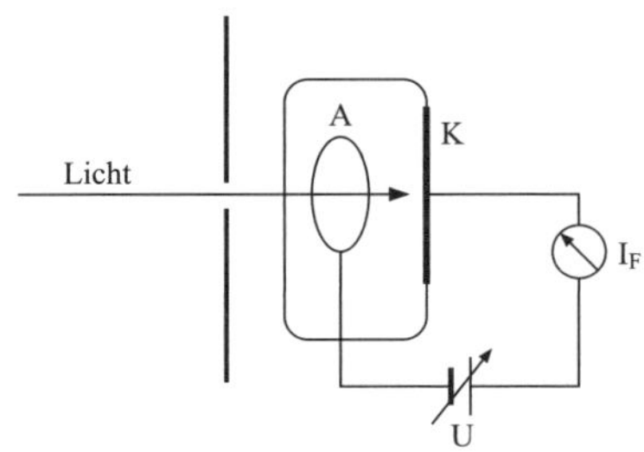

Abb. 5

Erhöhung der Intensität
Eine höhere Intensität bedeutet, dass in der gleichen Zeit mehr Photonen auf eine bestimmte Fläche der Fotokathode auftreffen. Die Energie der Photonen hängt jedoch nicht von der Intensität, sondern nur von der Frequenz des Lichts ab. Folglich ändert sich die maximale Energie der Elektronen nicht. Nur die Anzahl der freigesetzten Elektronen wird erhöht.

Abiturprüfung an den allgemeinbildenden Gymnasien (Baden-Württemberg) 2010
Prüfungsfach: Physik – Aufgabe I

a) Ein Federpendel besteht aus einem Wagen, der gemäß Abbildung 1 zwischen zwei Schraubenfedern ($D_1 = D_2 = 2{,}5\ \text{Nm}^{-1}$) eingespannt ist und reibungsfrei auf Schienen rollen kann.
Ein am Wagen befestigter Schreibstift zeichnet die Schwingung auf einem Papierband auf, das mit der Geschwindigkeit $0{,}010\ \text{ms}^{-1}$ unter den Schienen hindurch bewegt wird.

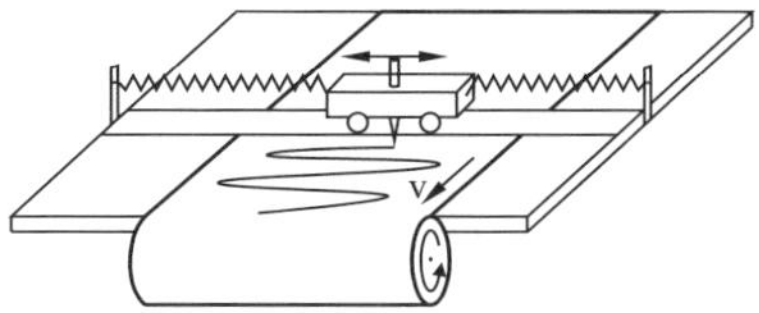

Abb. 1

Abbildung 2 zeigt einen Ausschnitt dieser Aufzeichnung.

- Bestimmen Sie die Frequenz dieser Schwingung.
- Geben Sie eine Funktion für die Auslenkung in Abhängigkeit von der Zeit an.
- Berechnen Sie die Masse des Wagens.
- Berechnen Sie die maximale kinetische Energie des Wagens.

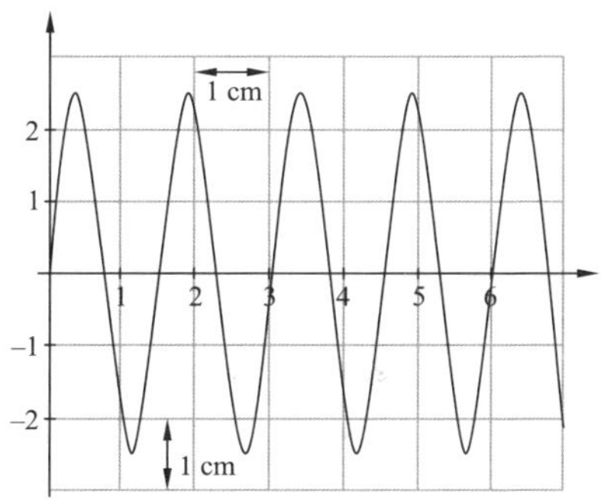

Abb. 2

(8 VP)

b) Auf einem 8,0 m langen, linearen Wellenträger breitet sich eine Welle aus.
Der Wellenerreger befindet sich am linken Ende des Wellenträgers und beginnt zum Zeitpunkt $t_0 = 0$ s mit der Frequenz 1,0 Hz zu schwingen.
Abbildung 3 zeigt das Momentanbild der Welle zum Zeitpunkt $t_1 = 2{,}5$ s.

- Wie lässt sich das in Abbildung 3 dargestellte Schwingungsbild erklären?
- Bestimmen Sie, mit welcher Geschwindigkeit sich die Welle auf dem Wellenträger ausbreitet.
- Wie würde das Schwingungsbild zum Zeitpunkt $t_2 = 3{,}0$ s aussehen, wenn das rechte Ende des Wellenträgers lose wäre?

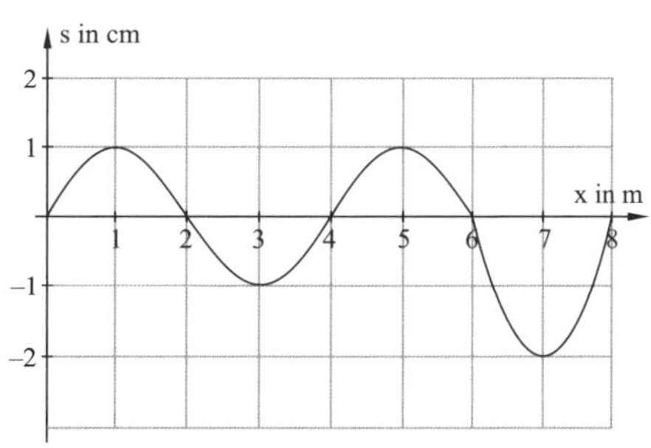

Abb. 3

Nun sei das rechte Ende des Wellenträgers fest. A ist der Punkt an der Position $x_1 = 7,0$ m.

- Zeichnen Sie das Zeit-Auslenkung-Diagramm für den Punkt A im Zeitraum $0\,s \leq t \leq 4,0\,s$. (9 VP)

c) Über einer ausgedehnten Wasseroberfläche befinden sich in den Punkten A und B zwei Wellenerreger. Sie haben einen Abstand von 8,0 cm und schwingen gleichphasig mit der Amplitude 0,50 cm. Dabei entstehen Wellen der Wellenlänge 4,0 cm, die sich ungedämpft ausbreiten. M sei der Mittelpunkt der Strecke AB. P sei ein Punkt, der 10 cm von M entfernt auf der Mittelsenkrechten der Strecke AB liegt.

- Was beobachtet man auf der Verbindungsstrecke AB?
- Was beobachtet man bei P? Begründen Sie Ihre Aussage.
- Wie weit muss man einen der beiden Erreger auf der Geraden durch A und B von M wegschieben, damit in P die Wasseroberfläche erstmals dauerhaft in Ruhe bleibt? (7 VP)

d) In einer evakuierten Versuchsapparatur werden Elektronen aus der Ruhe heraus zunächst mit 300 V beschleunigt, treffen senkrecht auf einen Doppelspalt und werden dann auf einem geeigneten Schirm registriert, der sich 25 cm hinter der Doppelspaltebene befindet. Auf dem Schirm beobachtet man ein Interferenzmuster, bei dem die beiden Intensitätsminima erster Ordnung einen Abstand von 40 μm haben.

- Erläutern Sie den Begriff „De-Broglie-Wellenlänge“.
- Bestimmen Sie den Spaltmittenabstand des verwendeten Doppelspalts.
- Erläutern Sie, wie sich das Interferenzmuster verändert, wenn die Beschleunigungsspannung erhöht wird. (6 VP)

Planck'sches Wirkungsquantum: $h = 6,63 \cdot 10^{-34}$ Js
Elementarladung: $e = 1,60 \cdot 10^{-19}$ C
Elektronenmasse: $m_e = 9,11 \cdot 10^{-31}$ kg

Tipps und Hinweise zur Lösung von Aufgabe I

Tipps zu Teilaufgabe a

- Das Umrechnen des Schreiberausdrucks von Strecke auf Zeit erfolgt mithilfe der angegebenen Geschwindigkeit. Die Frequenz ist der Kehrwert der Periodendauer.

- Aufgrund der Anfangsbedingung gilt $s(t) = \hat{s} \cdot \sin(\omega t)$.
  Beim Ablesen der Amplitude ist eine Ungenauigkeit von 0,1 cm möglich.
  Die Kreisfrequenz ω können Sie aus der Periodendauer ermitteln: $\omega = 2\pi \cdot f = \frac{2\pi}{T}$

- Die Masse des Wagens kann mit der Schwingungsdauerformel $T = 2\pi \cdot \sqrt{\frac{m}{D}}$ berechnet werden. Wie groß ist D?

- Hier gibt es zwei verschiedene Lösungsansätze.
  1. Man berechnet die maximale kinetische Energie des Wagens und muss dafür die maximale Geschwindigkeit ausrechnen.
  2. Die maximale kinetische Energie ist so groß wie die maximale Spannenergie. Die benötigten Größen stehen (fast) schon in der Aufgabenstellung.

Tipps zu Teilaufgabe b

- Die Welle wurde am rechten Ende offensichtlich reflektiert. Liegt ein loses oder ein festes Ende vor?

- Die Ausbreitungsgeschwindigkeit können Sie auf zwei Arten berechnen, weil die Aufgabe zu viele Angaben enthält.
  1. Aus dem Zusammenhang $\lambda \cdot f = c$.
  2. Die Welle hat in 2,5 s die Strecke 8,0 m zurückgelegt.

- Am besten zeichnen Sie die Welle zuerst ohne Berücksichtigung des Hindernisses für den Zeitpunkt $t_2 = 3{,}0$ s und spiegeln den Teil hinter dem Hindernis in einem zweiten Schritt.
  Zeichnen Sie die Welle von rechts nach links. Hier braucht man aus der ersten Teilfrage die Information, wie die ungestörte Welle ausgesehen hat.

- Es ist nur das Schaubild verlangt. Trotzdem müssen Sie überlegen, wie die Schwingung in den einzelnen Zeitabschnitten zustande kommt. Überlegen Sie sich einen günstigen Maßstab zum Zeichnen.

Tipps zu Teilaufgabe c

- Schreiben Sie hier lieber zu viel als zu wenig auf, sonst besteht die Gefahr, Punkte zu verlieren.

- Wichtig: P liegt auf der Mittelsenkrechten!

- Nachdem man die Situation gezeichnet hat, ist klar, dass es sich um eine „Pythagoras-Aufgabe“ handelt. Ein Punkt bleibt dauerhaft in Ruhe, wenn destruktive Interferenz vorliegt.
  Die Wurzelgleichung kann klassisch oder mit dem GTR gelöst werden.

Tipps zu Teilaufgabe d

- Wichtig: Wahrscheinlichkeitswellen, Impuls, de-Broglie-Formel

- Es liegen garantiert kleine Winkel vor, Sie können mit der Näherungsformel rechnen.

- Änderung des Musters: Die Antwort ergibt sich aus den Formeln der vorhergehenden Frage.

Lösung

a) **Bestimmung der Frequenz**
Das Papierband läuft mit der Geschwindigkeit $v = 0{,}010\ m \cdot s^{-1} = 1{,}0\ cm \cdot s^{-1}$. Deshalb entspricht die Strecke 1 cm auf der Zeitachse des Schreibers der Zeit 1 s.
Zwei Schwingungen dauern 3,0 s, die Frequenz beträgt

$$f = \frac{n}{t} = \frac{2}{3}\ Hz = 0{,}67\ Hz.$$

Erstellen der Zeit-Auslenkung-Funktion
Die Schwingung beginnt aus der Ruhelage nach oben, die Auslenkung wird deshalb durch eine Sinusfunktion beschrieben. Die Amplitude kann aus der Abbildung abgelesen werden:

$$\hat{s} = 2{,}5\ cm = 0{,}025\ m.$$

Die Kreisfrequenz ist

$$\omega = 2\pi \cdot f = \frac{4\pi}{3}\ s^{-1} = 4{,}19\ s^{-1}.$$

Ineinander eingesetzt folgt für die Auslenkung in Abhängigkeit von der Zeit:

$$s(t) = \hat{s} \cdot \sin(\omega \cdot t) = 0{,}025\ m \cdot \sin(4{,}19\ s^{-1} \cdot t).$$

Berechnung der Masse des Wagens
Aus der bekannten Formel

$$T = 2\pi \cdot \sqrt{\frac{m}{D}}$$

für die Schwingungsdauer kann man durch Umformen die Masse bestimmen. Dabei ist zu beachten, dass der Wagen an *zwei* Federn befestigt ist. Mit $D = D_1 + D_2 = 5{,}0\ Nm^{-1}$ und $T = \frac{1}{f} = 1{,}5\ s$ folgt:

$$m = \frac{T^2 \cdot D}{4\pi^2} = \frac{1{,}5^2 \cdot 5{,}0}{4\pi^2}\ kg = 0{,}285\ kg.$$

Berechnung der maximalen kinetischen Energie des Wagens
Die Berechnung kann auf zwei verschiedene Arten erfolgen.

1. Die maximale Geschwindigkeit beträgt

   $$\hat{v} = \hat{s} \cdot \omega = 0{,}025 \cdot 4{,}19\ ms^{-1} = 0{,}105\ ms^{-1}.$$

   Für die kinetische Energie gilt

   $$W_{kin,\,max} = \frac{1}{2} m \cdot \hat{v}^2 = \frac{1}{2} \cdot 0{,}285 \cdot 0{,}105^2\ J = 1{,}56\ mJ.$$

2. Der Energieerhaltungssatz lautet

   $$W_{kin,\,max} = W_{sp,\,max} \quad \text{bzw.} \quad \frac{1}{2} m \cdot \hat{v}^2 = \frac{1}{2} D \cdot \hat{s}^2.$$

   Die Größen auf der rechten Seite sind schon bekannt. Einsetzen ergibt

   $$W_{kin,\,max} = \frac{1}{2} \cdot 5{,}0 \cdot 0{,}025^2\ J = 1{,}56\ mJ.$$

b) **Erklärung des dargestellten Schwingungsbildes**
Die von links einlaufende Welle der **Wellenlänge $\lambda = 4{,}0$ m** wurde offensichtlich bereits am rechten Ende reflektiert und ist bereits 2,0 m nach links zurückgelaufen. Sie hat also **insgesamt 10,0 m** zurückgelegt. Im Bereich von 6,0 m bis 8,0 m ist ein Wellental der doppelten Anfangsamplitude zu erkennen. Dieses ist durch Überlagerung eines nach rechts laufenden Tales mit einem nach links laufenden Tal entstanden, das somit durch **Reflexion** eines Berges **am festen Ende** erzeugt worden sein muss. Daraus folgt, dass die nach rechts laufende Welle am rechten Ende einen Berg hat, die Schwingung des Erregers also mit einer Bewegung nach oben begonnen hat.

- Der letztgenannte Befund ist wichtig für die Momentaufnahme nach 3,0 s und für das Zeit-Auslenkung-Diagramm an der Stelle A, vgl. die folgende Fragestellungen.
- Das feste Ende ist auch daran zu erkennen, dass die Auslenkung am rechten Ende null beträgt.
- Im Bereich von 0 m bis 6,0 m sieht man die fortschreitende Welle, rechts davon sieht man eine stehende Welle, die aus der Überlagerung gegenläufiger Welle entstanden ist.

Berechnung der Ausbreitungsgeschwindigkeit
Da die Welle in $t_1 = 2{,}5$ s den Weg $x = 10{,}0$ m zurückgelegt hat, beträgt die Ausbreitungsgeschwindigkeit

$$c = \frac{x}{t} = \frac{10{,}0}{2{,}5}\,\frac{\text{m}}{\text{s}} = 4{,}0\,\frac{\text{m}}{\text{s}}.$$

Alternativ kann man die Ausbreitungsgeschwindigkeit aus dem Zusammenhang zwischen der Frequenz und der Wellenlänge berechnen:

$$c = \lambda \cdot f = 4{,}0 \cdot 1{,}0\,\frac{\text{m}}{\text{s}} = 4{,}0\,\frac{\text{m}}{\text{s}}.$$

Momentaufnahme nach 3,0 Sekunden bei einem losen Ende
In 3,0 s legt die Welle die Strecke $x_2 = c \cdot t_2 = 4{,}0 \cdot 3{,}0$ m $= 12{,}0$ m zurück. Da sich das lose Ende bei 8,0 m befindet, wird die Welle bis zur Stelle $x = 4{,}0$ m reflektiert. Es findet hierbei kein Phasensprung statt.

Sinnvollerweise zeichnet man zuerst von rechts nach links die ungestörte nach rechts laufende Welle. Sie beginnt rechts mit einem Berg. Beim losen Ende wird nur nach links gespiegelt, die Spiegelung an der x-Achse entfällt.

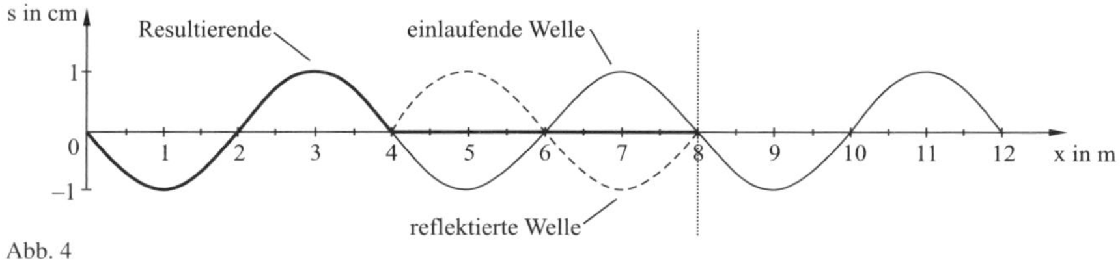

Abb. 4

Zeit-Auslenkung-Diagramm für die Stelle A mit $x_3 = 7{,}0$ m

Die folgende Erklärung ist nicht verlangt: Der Seilpunkt A beginnt dann zu schwingen, wenn die Welle $x_3 = 7{,}0$ m zurückgelegt hat. Dies dauert:

$$t = \frac{x_3}{c} = \frac{7{,}0\text{ m}}{4{,}0\,\frac{\text{m}}{\text{s}}} = 1{,}75\text{ s}.$$

Anschließend schwingt der Punkt A mit der Periodendauer T = 1,0 s und der Amplitude $\hat{s} = 1{,}0$ cm der einlaufenden Welle. In der nächsten halben Sekunde hat die Welle 2,0 m zurückgelegt und kommt nach der Reflexion wieder an der Stelle A an. Dies findet zum Zeitpunkt 2,25 s statt. Ab diesem Zeitpunkt erfolgt die Überlagerung zur stehenden Welle mit doppelter Amplitude.
Das Diagramm lässt sich gut zeichnen, wenn für die Periodendauer T = 1,0 s in der Zeichnung eine Strecke von 2 cm gewählt wird.

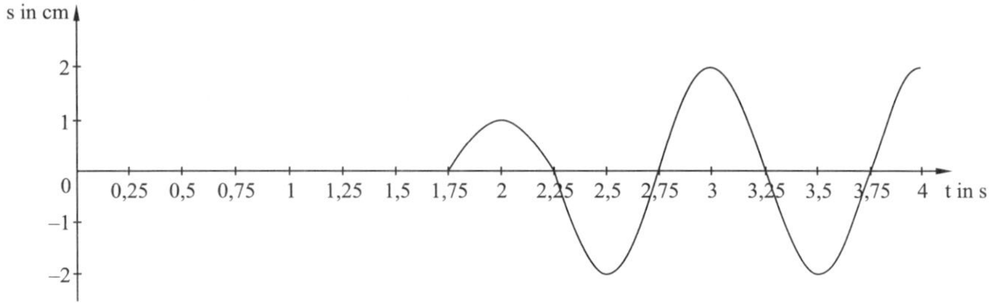

Abb. 5

c) **Was beobachtet man auf der Verbindungstrecke AB?**
Auf der Verbindungsstrecke laufen sich Wellen gleicher Wellenlänge entgegen. Es entsteht eine **stehende Welle** mit der **Amplitude 1,0 cm**. Genau in der **Mitte M** treffen sich die beiden Wellen phasengleich, sodass dort ein **Bewegungsbauch** entstehen muss. Der Abstand der Bewegungsbäuche beträgt:

$$\frac{\lambda}{2} = 2{,}0 \text{ cm.}$$

Das gleiche gilt für den Abstand der Bewegungsknoten, die genau dazwischen liegen.

Was beobachtet man bei P?
In P überlagern sich die von A und B ausgehenden Wellen ohne Gangunterschied. Deshalb schwingt der Punkt P mit der doppelten Amplitude wie A oder B, also mit $\hat{s} = 1{,}0$ cm.

Verschiebung eines der beiden Erreger
Verschiebt man beispielsweise B nach unten in die Lage B', während A in der alten Lage verbleibt, so verlängert sich der Weg von B' nach P. Wenn der Gangunterschied beider Wege auf

$$\frac{\lambda}{2} = 2{,}0 \text{ cm}$$

angewachsen ist, tritt destruktive Interferenz auf und die Wasseroberfläche bei P bleibt in Ruhe.

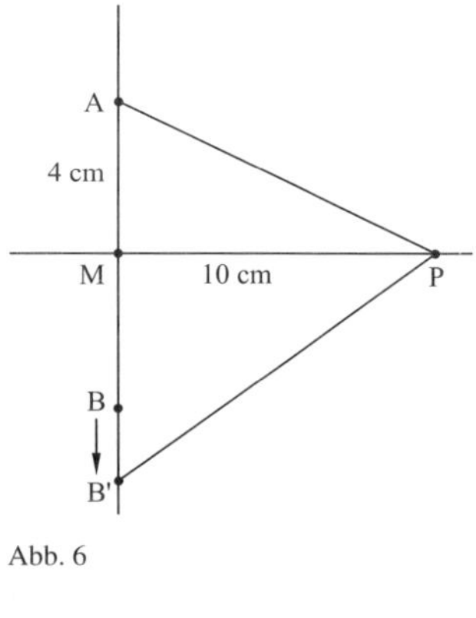

Abb. 6

Es ist sinnvoll, die Rechnung in der Einheit cm durchzuführen, damit spart man sich viele unübersichtliche Kommazahlen und die Gefahr für Fehler verringert sich entsprechend.

Nach dem Satz von Pythagoras gilt

$$\overline{AP} = \sqrt{4{,}0^2 + 10{,}0^2}\ \text{cm} = \sqrt{116}\ \text{cm} = 10{,}77\ \text{cm} \quad \text{und}$$

$$\overline{B'P} = \sqrt{(4{,}0 + x)^2 + 10{,}0^2}\ \text{cm}.$$

Da der Gangunterschied $\Delta = 2{,}0$ cm betragen muss, gilt:

$$\Delta = \overline{B'P} - \overline{AP} \quad \text{bzw.}$$

$$2{,}0\ \text{cm} = \sqrt{(4{,}0 + x)^2 + 10{,}0^2}\ \text{cm} - 10{,}77\ \text{cm}.$$

Entweder löst man diese Gleichung mit dem GTR bzw. CAS durch den Solve-Befehl bzw. Schnittpunktbestimmung im Grafik-Modus, oder man formt auf klassischem Wege um. Bei Wurzelgleichungen muss zuerst die Wurzel isoliert werden, also auf einer Seite stehen. Mit $x > 0$ erhält man:

$$\begin{aligned}\sqrt{(4{,}0 + x)^2 + 10{,}0^2} &= 12{,}77\\ (4{,}0 + x)^2 + 100 &= 163{,}08\\ (4{,}0 + x)^2 &= 63{,}08\\ 4{,}0 + x &= 7{,}94\\ x &= 3{,}94\end{aligned}$$

Einer der Wellenerreger muss um 3,94 cm von der Mitte weg bewegt werden.

d) **Bedeutung der de-Broglie-Wellenlänge**

Jedem Teilchen kann man eine Wahrscheinlichkeitswelle mit der de-Broglie-Wellenlänge

$$\lambda = \frac{h}{p}$$

zuordnen. Dabei ist p der Teilchenimpuls $p = m \cdot v$. Aus dem Betragsquadrat der Wahrscheinlichkeitswelle kann man die Aufenthaltswahrscheinlichkeit eines Teilchens berechnen. Diese Wellen können miteinander interferieren und man kann mit Elektronen Doppelspaltexperimente durchführen, bei denen man ähnlich wie bei Licht Maxima und Minima feststellen kann.

Bestimmung des Spaltmittenabstandes

Beim Doppelspaltversuch mit Elektronen gelten die gleichen Formeln wie beim Doppelspaltversuch mit Licht. Für den Winkel zum ersten Intensitätsmaximum gilt

$$\sin\alpha_1 = \frac{\lambda}{g}. \qquad (*)$$

Es muss also zunächst die de-Broglie-Wellenlänge λ berechnet werden. Hierzu braucht man wegen $\lambda = h \cdot p^{-1}$ den Impuls $p = m \cdot v$, weshalb man die Geschwindigkeit bestimmen muss. Wegen der Energieerhaltung

$$e \cdot U = \frac{1}{2} m \cdot v^2$$

gilt

$$v = \sqrt{\frac{2e \cdot U}{m}} = \sqrt{\frac{2 \cdot 1{,}60 \cdot 10^{-19} \cdot 300}{9{,}11 \cdot 10^{-31}}}\ \frac{m}{s} = 1{,}03 \cdot 10^7\ \frac{m}{s}.$$

Der Impuls beträgt

$$p = m \cdot v = 9{,}11 \cdot 10^{-31} \cdot 1{,}03 \cdot 10^{7} \frac{kg \cdot m}{s} = 9{,}35 \cdot 10^{-24} \frac{kg \cdot m}{s},$$

sodass man nun die de-Broglie-Wellenlänge ausrechnen kann:

$$\lambda = \frac{h}{p} = \frac{6{,}63 \cdot 10^{-34}}{9{,}35 \cdot 10^{-24}} \text{ m} = 7{,}09 \cdot 10^{-11} \text{ m}.$$

Das Maximum erster Ordnung erscheint im Abstand x_1 von der Mitte, wobei

$$\tan \alpha_1 = \frac{x_1}{a}.$$

Dieser Winkel ist sicher so klein, dass man die Näherung $\sin \alpha_1 \approx \tan \alpha_1$ verwenden kann. Daraus folgt mit Gleichung (*) für den Abstand des 1. Maximums:

$$\frac{\lambda}{g} = \frac{x_1}{a} \quad \Rightarrow \quad g = \frac{a \cdot \lambda}{x_1}. \qquad (**)$$

Der Abstand des 1. Maximums von der Mitte ist aber genau so groß wie der gegebene gegenseitige Abstand der Minima erster Ordnung. Daher sind alle Zahlenwerte auf der rechten Seite von (**) bekannt. Der Spaltmittenabstand beträgt

$$g = \frac{0{,}25 \cdot 7{,}09 \cdot 10^{-11}}{40 \cdot 10^{-6}} \text{ m} = 4{,}4 \cdot 10^{-7} \text{ m}.$$

Änderung des Interferenzmusters

Erhöht man die Beschleunigungsspannung U, so wächst die Geschwindigkeit v und damit der Impuls p. Die Wellenlänge λ wird kleiner und die Maxima und Minima der Interferenzfigur rücken näher zusammen.

Abiturprüfung an den allgemeinbildenden Gymnasien (Baden-Württemberg) 2010
Prüfungsfach: Physik – Aufgabe II

a) Laserlicht fällt senkrecht auf einen Doppelspalt mit einem Spaltabstand von 554 µm. Parallel zur Doppelspaltebene befindet sich in 3,5 m Entfernung ein Schirm, auf dem ein Streifenmuster sichtbar wird. Dessen Intensitätsverteilung zeigt das abgebildete Diagramm (siehe Abb. 1).

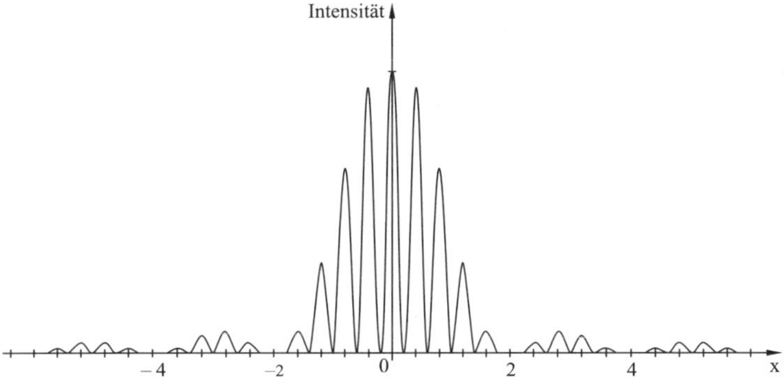

Abb. 1

- Erläutern Sie, weshalb es allgemein beim Durchgang von Laserlicht durch einen Doppelspalt zu einem Interferenzmuster kommt.
- Bestimmen Sie die Wellenlänge des verwendeten Lichts.
- Bestimmen Sie die Breite der Einzelspalte des Doppelspalts. (7 VP)

b) Ihnen stehen nun folgende Beugungsobjekte zur Verfügung:
ein Doppelspalt (Spaltmittenabstand $2{,}0 \cdot 10^{-5}$ m);
ein Vierfachspalt (Spaltmittenabstand $2{,}0 \cdot 10^{-5}$ m);
ein Gitter (50 Striche pro mm).

Die Beugungsobjekte werden senkrecht zur Strahlrichtung in den Strahlengang eines Lasers gestellt. Im Abstand 3,50 m hinter dem jeweiligen Beugungsobjekt registriert man eine Intensitätsverteilung auf einem Schirm, der ebenfalls senkrecht zur Strahlrichtung des Lasers steht.
Der Einfluss der Breite der Einzelspalte ist hierbei zu vernachlässigen.

- Beschreiben Sie Gemeinsamkeiten und Unterschiede der Intensitätsverteilungen unter Bezug auf Abstand, Schärfe und Intensität der Maxima.
- Welches der drei Beugungsobjekte würden Sie zur möglichst genauen Bestimmung der Wellenlänge des Lasers wählen? Begründen Sie Ihre Entscheidung.
- Berechnen Sie für die Wellenlänge $\lambda = 633$ nm beim Vierfachspalt die Lage der Minima, die zwischen den Maxima 0. und 1. Ordnung liegen. (8 VP)

c) In den Strahlengang einer Lichtquelle, die Licht im Wellenlängenbereich zwischen 400 nm und 780 nm aussendet, wird senkrecht das Gitter mit 50 Strichen pro mm gebracht. Im Abstand 3,50 m hinter dem Gitter befindet sich parallel zum Gitter ein Schirm.

- Wie breit ist das Spektrum 1. Ordnung auf dem Schirm?
- Ab welcher Ordnung k überlappen sich die Spektren auf dem Schirm mit den Spektren der nächst höheren Ordnung?
- Ab welcher Wellenlänge des Lichts dieser k-ten Ordnung tritt die Überlappung auf? (6 VP)

d) Das Licht einer Quecksilberdampflampe trifft senkrecht auf ein Gitter mit der Gitterkonstanten $1{,}0 \cdot 10^{-6}$ m. Das Spektrum der Lampe enthält Licht der Wellenlängen 546 nm, 436 nm und 405 nm. Das gebeugte Licht fällt auf eine Fotozelle, die sich an einem drehbaren Arm in konstanter Entfernung auf einem Halbkreis um das Gitter bewegen kann. Das Kathodenmaterial der Fotozelle hat eine Ablöseenergie von 2,5 eV.

- Unter welchen Winkeln des Arms gegen die ursprüngliche Lichtrichtung entsteht an der Fotozelle eine Spannung und wie hoch ist diese jeweils?
- Erklären Sie, wie eine solche Fotospannung entsteht.
- Zeichnen Sie ein Diagramm der Fotospannung in Abhängigkeit vom Winkel des Arms gegen die ursprüngliche Lichtrichtung. (9 VP)

Lichtgeschwindigkeit im Vakuum: $c = 3{,}00 \cdot 10^{8}\ \text{ms}^{-1}$
Planck'sches Wirkungsquantum: $h = 6{,}63 \cdot 10^{-34}$ Js
Elementarladung: $e = 1{,}60 \cdot 10^{-19}$ C
Umrechnung: $1\ \text{eV} = 1{,}60 \cdot 10^{-19}$ J

Tipps und Hinweise zur Lösung von Aufgabe II

Tipps zu Teilaufgabe a

- Erläuterung: Zu dieser Standardaufgabe gibt es keine Hinweise.
- Benötigte Formeln: $\sin\alpha_k = \frac{k \cdot \lambda}{g}$; $\tan\alpha_k = \frac{d_k}{a}$.

  Wegen der kleinen Winkel darf die Näherung $\sin\alpha \approx \tan\alpha$ verwendet werden.
- Die Einzelspaltbreite kann man aus der Lage der fehlenden Doppelspaltmaxima gewinnen.

Tipps zu Teilaufgabe b

- Schreiben Sie alles auf, was Sie zu dieser Frage wissen. Wichtig: Wo liegen die Minima bei den verschiedenen Beugungsobjekten? Welche Konsequenzen ergeben sich daraus?
- Wahl des geeigneten Beugungsobjekts: Die Antwort folgt aus der letzten Teilfrage.
- Vierfachspalt: Minima entstehen, wenn die Summe der Zeiger null ergibt.
  Die Kleinwinkelnäherung ist hier erlaubt.

Tipps zu Teilaufgabe c

- Wie man aus dem b-Teil weiß, sind die Winkel klein. Man kann mit der Näherung rechnen.
- Man kann verschiedene Ansätze wählen. Am einfachsten wird es sein, die Maxima für beide Randwellenlängen in den ersten drei Ordnungen konkret zu berechnen.
- Wellenlänge: Hier hilft eine Skizze der Lage der Spektren weiter.

Tipps zu Teilaufgabe d

- Die erste und zweite Teilfrage können als Ganzes beantwortet werden. Die Fragen beinhalten zwei Aspekte. Wo trifft das Licht überhaupt die Fotozelle? Licht welcher Wellenlänge verursacht den Fotoeffekt?
  Zwischen der Frequenz f, der maximalen Elektronenenergie W_{el} und der Ablöseenergie W_A besteht der Zusammenhang $h \cdot f = W_{el} + W_A$.
  Die eV müssen in J und die Wellenlängen in Frequenzen umgerechnet werden.
- Diagramm: Denken Sie auch an das Maximum 0. Ordnung.

Lösung

a) **Entstehung des Interferenzmuster**
Treffen die Lichtwellen auf einen Doppelspalt, so werden sie an den Spalten gebeugt. Auf dem Schirm interferieren die von den Spalten ausgehenden Elementarwellen miteinander. Je nach Lage des Auftreffpunktes auf dem Schirm unterscheidet sich der Gangunterschied δ der beiden Wellen. Bezeichnet g den Spaltmittenabstand, so gilt (Abbildung 2):

$$\sin\alpha = \frac{\delta}{g}$$

Ist dieser Gangunterschied $\delta_k = k \cdot \lambda$; $k = 0, 1, 2, \ldots$, entstehen Intensitätsmaxima (konstruktive Interferenz).
Ist dieser Gangunterschied $\delta_k = k \cdot \lambda$; $k = 0{,}5; 1{,}5; \ldots$, entstehen Intensitätsminima (destruktive Interferenz).
Auf dem Schirm entsteht ein Interferenzmuster. Die Übergänge zwischen hell und dunkel sind fließend.

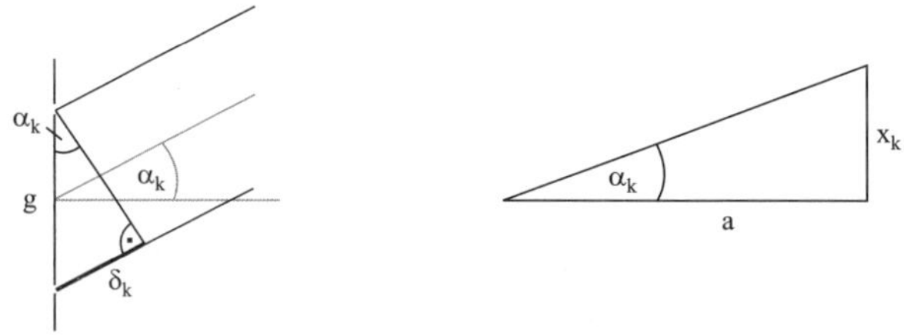

Abb. 2

Bestimmung der Wellenlänge
Auf dem Schirm beobachtet man die Maxima für Winkel α_k mit

$$\sin\alpha_k = \frac{k \cdot \lambda}{g}; \quad k = 0, 1, 2, \ldots$$

Die zugehörigen Abstände zum Hauptmaximum werden mit (vgl. Abbildung 2 rechts)

$$\tan\alpha_k = \frac{x_k}{a}$$

berechnet. Dabei ist $a = 3{,}5$ m die Entfernung zum Schirm. Die auftretenden Winkel sind sicher klein, deshalb kann die Näherung $\sin\alpha \approx \tan\alpha$ verwendet werden. Gleichsetzen der beiden rechten Seiten ergibt

$$\frac{k \cdot \lambda}{g} = \frac{x_k}{a} \quad \text{bzw.} \quad \lambda = \frac{x_k \cdot g}{a \cdot k}.$$

Alle Maxima haben den gleichen gegenseitigen Abstand, das erste Maximum liegt gemäß Abbildung 1 bei $x_1 = 0{,}4 \text{ cm} = 0{,}004$ m. Einsetzen ergibt

$$\lambda = \frac{0{,}004 \cdot 554 \cdot 10^{-6}}{3{,}5 \cdot 1} \text{ m} = 633 \text{ nm}.$$

Breite der Einzelspalte
Jedes fünfte Doppelspaltmaximum fehlt, weil sich hier die Minima der Einzelspalte befinden. Die Formel für die Einzelspaltminima bei der Spaltbreite b lautet:

$$\sin\beta_k = \frac{k \cdot \lambda}{b}, \quad k = 1, 2, 3, \ldots$$

Mit der oben angegebenen Näherung führt dies auf

$$\lambda = \frac{x_k \cdot b}{a \cdot k} \quad \Leftrightarrow \quad b = \frac{\lambda \cdot a \cdot k}{x_k} \qquad (*)$$

Das erste Einzelspaltminimum liegt bei $x_1 = 2\text{ cm} = 0{,}02\text{ m}$ (Abbildung 1). Dies ergibt

$$b = \frac{\lambda \cdot a}{x_1} = \frac{633 \cdot 10^{-9} \cdot 3{,}5}{0{,}02}\text{ m} = 1{,}1 \cdot 10^{-4}\text{ m}.$$

Alternativer Lösungsweg: Für die Doppelspaltmaxima und die Einzelspaltminima gelten im Prinzip die gleichen Formeln. Die Einzelspaltminima liegen fünfmal so weit auseinander wie die Doppelspaltmaxima. Folglich muss – wegen des Kehrwerts in der Formel (*) – die Einzelspaltbreite ein Fünftel des Doppelspaltabstandes betragen.

b) **Beschreibung der Intensitätsverteilungen**
Doppelspalt und Vierfachspalt haben beide den Spaltmittenabstand $2{,}0 \cdot 10^{-5}$ m. Das Gitter hat 50 Striche pro mm. Dies entspricht aber genau dem Spaltmittenabstand:

$$g_{\text{Gitter}} = \frac{1}{50\,\frac{1}{\text{mm}}} = 2{,}0 \cdot 10^{-5}\text{ m} = g_{\text{Spalt}}.$$

In allen drei Fällen werden die Wellen an den Spaltöffnungen gebeugt. Durch Interferenz entsteht ein Muster aus hellen und dunklen Stellen auf dem Schirm. Die Formel

$$\sin\alpha_k = \frac{k \cdot \lambda}{g}; \quad k = 0, 1, 2, \ldots$$

gilt in allen drei Fällen für die Lage der Maxima, deshalb stimmt ihre Lage überein.

Beim Doppelspalt befindet sich zwischen zwei Maxima ein Minimum, beim Vierfachspalt liegen drei Minima zwischen den Maxima; zwischen diesen Minima liegen zwei intensitätsschwache Nebenmaxima.
Beim Gitter mit n beleuchteten Spalten liegen $n - 1$ Intensitätsminima zwischen den Maxima, die Nebenmaxima sind so schwach, dass sie nicht wahrgenommen werden können.

Je höher die Anzahl der Spalte, umso schärfer wird das Interferenzmuster, da das Licht in den Maxima konzentriert wird. Außerdem wird es bei konstanter Einzelspaltbreite intensiver, da mehr Spalte beleuchtet werden.

Wahl des Beugungsobjekts
Wegen der höheren Intensität und Schärfe ist das Gitter dem Doppel- und dem Vierfachspalt überlegen.

Lage der Minima beim Vierfachspalt

Beim Maximum 1. Ordnung ist der Gangunterschied benachbarter Wellen genau λ. Die Minima zwischen den Maxima 0. und 1. Ordnung entstehen, wenn der Gangunterschied benachbarter Wellen $\frac{\lambda}{4}$, $\frac{\lambda}{2}$ oder $\frac{3\lambda}{4}$ (entsprechend einem Phasenwinkel von 90°, 180° bzw. 270°) beträgt. In diesen Fällen ergibt die Summe der vier Zeiger gerade null (Abbildung 3).

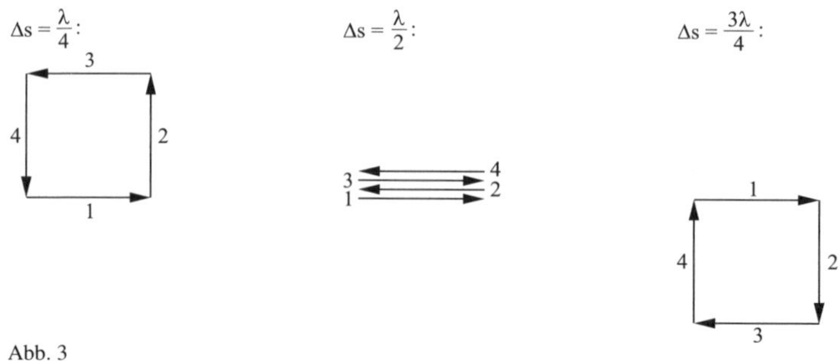

Abb. 3

Für das Maximum 1. Ordnung gilt:

$$\sin\alpha_1 = \frac{\lambda}{g} = \frac{633 \cdot 10^{-9}}{2{,}0 \cdot 10^{-5}} = 0{,}0317 \quad \Rightarrow \quad \alpha_1 = 1{,}81°.$$

Das Maximum liegt auf dem Schirm an der Stelle

$$x_1 = a \cdot \tan\alpha_1 = 3{,}50 \text{ m} \cdot \tan 1{,}81° = 0{,}111 \text{ m} = 11{,}1 \text{ cm}.$$

α_1 ist sicher ein kleiner Winkel, bei dem man mit der Kleinwinkelnäherung rechnen kann. Die drei Minima liegen deshalb in gleichen Abständen zwischen dem Maximum 0. und dem Maximum 1. Ordnung, nämlich bei 2,77 cm, 5,54 cm und bei 8,31 cm.

c) **Breite des Maximums 1. Ordnung**

Aus dem b-Teil ist bekannt, dass mit der Näherung $\frac{\lambda}{g} = \frac{x_1}{a}$ gerechnet werden kann.

Löst man nach x_1 auf und setzt die beiden Randwellenlängen ein,

$$x_1 = \frac{a \cdot \lambda}{g} \quad \rightarrow \quad \begin{cases} x_{1,\text{rot}} = \dfrac{3{,}50 \cdot 780 \cdot 10^{-9}}{2{,}0 \cdot 10^{-5}} \text{ m} = 0{,}137 \text{ m}, \\[2ex] x_{1,\text{viol}} = \dfrac{3{,}50 \cdot 400 \cdot 10^{-9}}{2{,}0 \cdot 10^{-5}} \text{ m} = 0{,}070 \text{ m}, \end{cases}$$

so kann man die Breite des Spektrums 1. Ordnung berechnen:

$$\Delta = 13{,}7 \text{ cm} - 7{,}0 \text{ cm} = 6{,}7 \text{ cm}.$$

Welche Spektren überlappen sich? (Lösungsvariante 1)

Die Spektren überlappen sich dann, wenn das langwellige Ende der k-ten Ordnung weiter außen als das kurzwellige Ende der (k + 1)-ten Ordnung liegt (Abbildung 4).

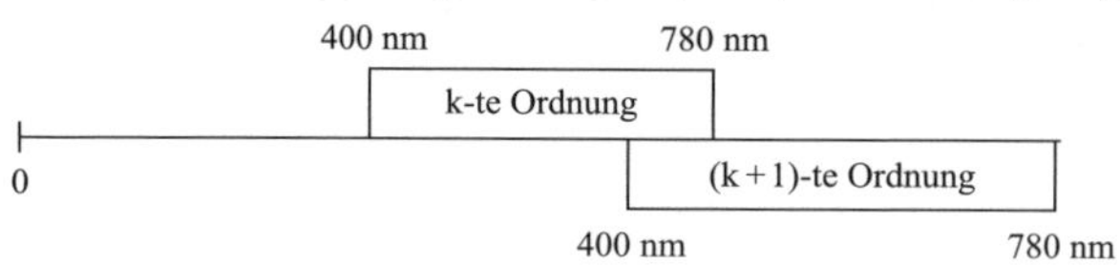

Abb. 4

Für das kurzwellige Licht gilt:

$$\sin\alpha_k = \frac{k \cdot 400 \cdot 10^{-9}}{2{,}0 \cdot 10^{-5}} = k \cdot 0{,}02.$$

Die drei kleinsten Winkel (k = 1, 2, 3) sind 1,15°, 2,29° und 3,44°.

Für das langwellige Licht gilt:

$$\sin\alpha_k = \frac{k \cdot 780 \cdot 10^{-9}}{2{,}0 \cdot 10^{-5}} = k \cdot 0{,}039.$$

Die drei kleinsten Winkel sind 2,24°, 4,47° und 6,72°.

Folgerung: Während die Spektren der 1. und 2. Ordnung wegen

$$\alpha_{2,\min} = 2{,}29° > 2{,}24° = \alpha_{1,\max}$$

gerade noch getrennt liegen, überlappen sich die Spektren der 2. und 3. Ordnung:

$$\alpha_{3,\min} = 3{,}44° < 4{,}47° = \alpha_{2,\max}$$

Wellenlänge (Lösungsvariante 1)
Welche Wellenlänge ergibt in der 2. Ordnung den Minimalwinkel 3,44° der 3. Ordnung?
Löst man $\sin 3{,}44° = \frac{2\lambda}{2{,}0 \cdot 10^{-5}\,\text{m}}$ nach λ auf, so findet man die gesuchte Wellenlänge:

$$\lambda = \frac{1}{2} \cdot 2.0 \cdot 10^{-5}\,\text{m} \cdot \sin 3{,}44° = 600\,\text{nm}.$$

Welche Spektren überlappen sich? (Lösungsvariante 2)
Die Näherungsformel $x_k = \frac{k \cdot a \cdot \lambda}{g}$ liefert für die Lage der Spektren

1. Ordnung: von 7,0 cm bis 13,7 cm
2. Ordnung: von 14,0 cm bis 27,3 cm
3. Ordnung: von 21,0 cm bis 41,0 cm

Auch hier sieht man, dass die Spektren der 1. und 2. Ordnung gerade noch getrennt liegen, die Spektren der 2. und 3. Ordnung sich jedoch überlappen.

Wellenlänge (Lösungsvariante 2)
Welche Wellenlänge hat ihr Maximum 2. Ordnung bei 21,0 cm?
Löst man $0{,}210\,\text{m} = \frac{2 \cdot 3{,}50 \cdot \lambda}{2{,}0 \cdot 10^{-5}}$ nach λ auf, so findet man die gesuchte Wellenlänge:

$$\lambda = \frac{2{,}0 \cdot 10^{-5} \cdot 0{,}210}{2 \cdot 3{,}50}\,\text{m} = 600\,\text{nm}.$$

d) **Wo entsteht an der Fotozelle eine Spannung?**
Das Gitter hat die Gitterkonstante $g = 1{,}0 \cdot 10^{-6}\,\text{m}$. Licht der Wellenlängen 546 nm, 436 nm und 405 nm fällt auf dieses Gitter und wird gebeugt. Zuerst wird untersucht, für welche Winkel Licht auf die Fotozelle fällt. In einem zweiten Schritt wird dann untersucht, ob der Fotoeffekt auftritt und wie groß die Fotospannung ist.
Da die Fotozelle auf einem Halbkreis bewegt wird, spielt die Tangensformel keine Rolle mehr. Setzt man die gegebenen Werte in die Formel $\sin\alpha_k = \frac{k \cdot \lambda}{g}$ ein, so erhält man folgende Tabelle:

Wellenlänge in nm	546	436	405
Beugungswinkel 1. Ordnung	33,1°	25,8°	23,9°
Beugungswinkel 2. Ordnung		60,7°	54,1°

Höhere Beugungswinkel treten nicht auf. Die Fotospannungen werden erst ausgerechnet, wenn die zweite Teilfrage beantwortet ist.

Erklärung der Fotospannung
Fällt Licht auf die Kathode, so können Elektronen aus ihr herausgelöst werden. Jedes Photon trägt die Energie $W_{ph} = h \cdot f$. Ein Teil der Photonenenergie wird benötigt, um die Elektronen aus der Kathode zu lösen (Austrittsarbeit W_A), ein anderer Teil wird als kinetische Energie auf die Elektronen übertragen. Die schnellsten Elektronen haben die Energie

$$W_{el} = h \cdot f - W_A.$$

Die Elektronen fliegen zur Anode und es entsteht zwischen Kathode und Anode ein elektrisches Feld. Es baut sich eine Gegenspannung auf, gegen die die energiereichsten Elektronen gerade noch anlaufen können.
Zwischen der Frequenz f und der Wellenlänge λ besteht der Zusammenhang $\lambda \cdot f = c$. Mit den genannten Formeln lässt sich die Tabelle der vorigen Seite wie folgt erweitern:

Wellenlänge in nm	546	436	405
Beugungswinkel 1. Ordnung	33,1°	25,8°	23,9°
Beugungswinkel 2. Ordnung		60,7°	54,1°
Frequenz in 10^{14} Hz	5,49	6,88	7,41
Photonenenergie $W = h \cdot f$ in 10^{-19} J	3,64	4,56	4,91
Photonenenergie $W = h \cdot f$ in eV	2,28	2,85	3,07
Elektronenenergie W_{el} in eV	negativ	0,35	0,57

Diagramm der Fotospannungen in Abhängigkeit vom Winkel
Es gilt

$$U = \frac{W_{el}}{e},$$

deshalb sind die Maßzahlen der gemessenen Spannungen so groß wie die Maßzahlen der Energien in eV. Damit lässt sich die Tabelle in folgender Weise auswerten:

- Unter den Winkeln 23,9° und 54,1° bzw. 25,8° und 60,7° entstehen Fotospannungen der Höhe 0,57 V bzw. 0,35 V.
- Das langwellige Licht hat zu wenig Energie, um Elektronen abzulösen.
- Nicht vergessen darf man das Maximum 0. Ordnung, wo das Licht mit 436 nm und mit 405 nm Fotoeffekt auslöst. Dort wird die größere Spannung, also 0,57 V, gemessen.

Somit ergibt sich folgendes Diagramm:

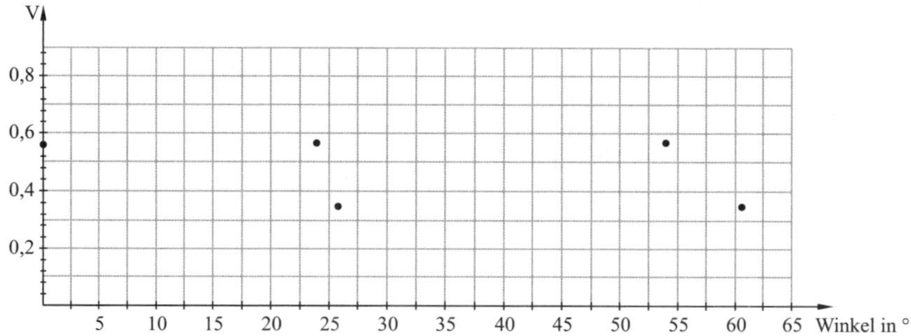

Abb. 5

Abiturprüfung an den allgemeinbildenden Gymnasien (Baden-Württemberg) 2010
Prüfungsfach: Physik – Aufgabe III

a) In der Abbildung 1 (I), (II), (III) und (IV) werden unterschiedliche Teilchen mit einer Geschwindigkeit $\vec{v}_0$ in zeitlich konstante und homogene elektrische bzw. magnetische Felder geschossen. Der Einfluss der Gravitation ist vernachlässigbar.

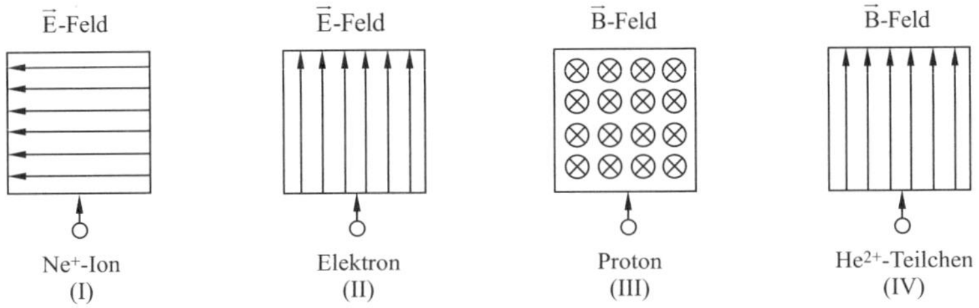

Abb. 1

- Beschreiben Sie die jeweilige Bahn im Feld und begründen Sie diese mithilfe der auf die Teilchen wirkenden Kräfte. (8 VP)

b) Zur Bestimmung der Elektronenmasse wird in einer Röhre ein Elektronenstrahl erzeugt. Bei der Erzeugung des Strahles durchlaufen die Elektronen eine Spannung von 240 V. Der Strahl verläuft dann senkrecht zu den Feldlinien eines homogenen Magnetfeldes. Die magnetische Flussdichte beträgt 1,50 mT. Die Elektronen beschreiben eine Kreisbahn mit dem Radius 3,50 cm.

- Berechnen Sie die Energie eines Elektrons im Strahl und begründen Sie, dass sich diese im Magnetfeld nicht ändert.
- Berechnen Sie mithilfe der Versuchsdaten und der Elementarladung die Elektronenmasse.
- Wie ändern sich der Radius und die Umlaufdauer, wenn die Beschleunigungsspannung halbiert wird? Begründen Sie Ihre Überlegungen. (8 VP)

c) Mit einer Hallsonde wird bei verschiedenen Helmholtz-Spulenpaaren die magnetische Flussdichte in Abhängigkeit von der Stromstärke I_{err} und dem Spulenradius r gemessen (siehe Abb. 2).

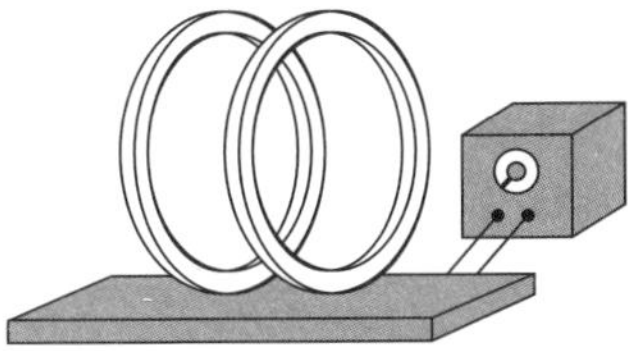

Abb. 2

Es ergibt sich die folgende Messtabelle:

	Messreihe 1				Messreihe 2			
Windungszahl n	120	120	120	120	120	120	120	120
I_{err} in A	1,0	2,0	3,0	4,5	3,0	3,0	3,0	3,0
r in cm	15	15	15	15	7,5	10	15	20
B in mT	0,72	1,4	2,1	3,2	4,3	3,2	2,1	1,6

- Welche Abhängigkeit ergibt sich jeweils aus den beiden Messreihen? Begründen Sie Ihre Antworten.

Eine weitere Messreihe ergab, dass die magnetische Flussdichte proportional zur Windungszahl n ist, falls die Stromstärke I_{err} und der Spulenradius r konstant bleiben.

- Stellen Sie eine möglichst genaue Gleichung auf, mit der man die magnetische Flussdichte eines Helmholtz-Spulenpaares berechnen kann, wenn I_{err}, r und n gegeben sind. (8 VP)

d) Hat ein Quantenobjekt (Photon, Elektron, ...) von der Quelle zum Zielpunkt mehrere Wege zur Verfügung, kommt es normalerweise zur Interferenz. Bietet ein Experiment die Möglichkeit, eine Weginformation über das Quantenobjekt zu erhalten, so entfällt die zugehörige Interferenz.

- Beschreiben Sie ein Experiment, das diesen Sachverhalt belegt. (6 VF)

Elementarladung: $e = 1{,}60 \cdot 10^{-19}$ C

Tipps und Hinweise zur Lösung von Aufgabe III

Tipps zu Teilaufgabe a

Wenn man sorgfältig arbeitet, kann man nicht allzu viel falsch machen. Typische Fehlerquellen sind die Richtung der elektrischen Feldlinien sowie die Verwendung der falschen Hand bei der UVW-Regel. Die Teilaufgabe bringt acht Punkte. Hier muss Text stehen. Viele Physiker sind schreibfaul!

Tipps zu Teilaufgabe b

Die Berechnung der Elektronenenergie ist eine Standardaufgabe. Die Lorentzkraft steht senkrecht auf der Bewegungsrichtung. Das hat eine wichtige Konsequenz.

Die Lorentzkraft wirkt als Zentripetalkraft. Die kinetische Energie erhält das Elektron beim Durchlaufen der Beschleunigungsspannung. Geschicktes Kombinieren beider Formeln liefert das Ergebnis.

Wenn man die Formel zur Berechnung der Elektronenmasse nach r auflöst, sieht man gleich die Lösung. Berechnet man die Umlaufsdauer und verwendet $F_Z = F_L$, so hat man das Ergebnis gleich dastehen. Man kann die Geschwindigkeit aber auch aus der Energieerhaltung berechnen und die Konsequenzen suchen, die sich aus der Änderung des Radius ergeben.

Tipps zu Teilaufgabe c

Die Abhängigkeiten sind offensichtlich. Verwenden Sie trotzdem alle Daten und berechnen alle Quotienten bzw. Produkte. Diese Aufgabe kann auch mittels Regression auf dem GTR gelöst werden.

Ist eine Größe z proportional zu zwei anderen Größen x und y, so ist z proportional zum Produkt xy. Zur Bestimmung der Proportionalitätskonstante muss man den Mittelwert aus acht Messwerten bilden.

Tipp zu Teilaufgabe d

Interferenzen treten auf, wenn nicht entscheidbar ist, welchen Weg ein Teilchen zurückgelegt hat. Die (Nicht-) Information über den Weg erhält man durch Polarisationsfilter, deren Stellung variiert werden kann. Beschreiben Sie also ein entsprechendes Doppelspalt- oder Interferometerexperiment.

Lösung

a) **Beschreibung der Bahnen mit Begründung**

Bild (I)
Senkrecht zur ursprünglichen Bewegungsrichtung wirkt eine konstante elektrische Kraft, die eine gleichmäßig beschleunigte Bewegung hervorruft. In der ursprünglichen Richtung liegt eine gleichförmige Bewegung vor. Diese Überlagerung ergibt eine Parabelbahn. Das Ne^+-Ion wird nach links in Richtung der elektrischen Feldlinien (von + nach –) abgelenkt.

Die Bewegung im Feld (I) kann mit dem waagerechten Wurf verglichen werden.

Bild (II)
Elektronen sind negativ geladene Teilchen. Die elektrischen Feldlinien zeigen von unten nach oben (von + nach –). Die Elektronen erfahren eine abbremsende Kraft.
Das Elektron wird gleichmäßig abgebremst und verlässt das Feld mit verringerter Geschwindigkeit bzw. es kehrt um, falls die Geschwindigkeit innerhalb des Feldes auf null verringert wird. In diesem Fall ist der Geschwindigkeitsbetrag beim Austritt so groß wie beim Eintritt ins Feld. Das Elektron wird nicht abgelenkt.

Die Bewegung im Feld (II) kann mit dem senkrechten Wurf nach oben verglichen werden.

Bild (III)
Protonen sind positiv geladene Teilchen. Bewegen sich geladene Teilchen senkrecht zu den Feldlinien eines Magnetfeldes, so wirkt senkrecht zur Bewegungsrichtung und senkrecht zu den Feldlinien die Lorentzkraft, die das Teilchen auf eine Kreisbahn zwingt.
Die Ablenkung im Magnetfeld kann mit der UVW-Regel für die rechte Hand bestimmt werden. Beim Eintritt ins Magnetfeld gilt:

U(rsache): Bewegung nach oben; also Daumen nach oben.
V(ermittlung): Das Magnetfeld zeigt in die Zeichenebene. Der Zeigefinger zeigt also in die Zeichenebene.
W(irkung): Die Richtung der Kraft wird durch den nach links zeigenden Mittelfinger angezeigt.

Das Proton bewegt sich auf einem Kreisbogen gegen den Uhrzeigersinn. Je nach Geschwindigkeit und Stärke des Feldes tritt das Proton am oberen, linken oder unteren Rand aus dem Feld aus.

Bild (IV)
Die He^+-Teilchen bewegen sich parallel zu den magnetischen Feldlinien. Da die Lorentzkraft nur auf die Geschwindigkeitskomponente senkrecht zur Feldrichtung wirkt, erfährt das Teilchen keine Kraft und bewegt sich ungestört, also gleichförmig von unten nach oben.

b) **Energie des Elektrons**
Das Elektron bekommt im elektrischen Feld die Energie

$$W = e \cdot U = 1{,}60 \cdot 10^{-19} \cdot 240 \text{ J} = 3{,}84 \cdot 10^{-17} \text{ J}.$$

Im Magnetfeld ändert sich die Energie des Elektrons nicht, da die Lorentzkraft senkrecht auf der Bewegungsrichtung steht und keine Arbeit verrichtet wird. Der Betrag der Geschwindigkeit wird nicht verändert, dagegen ändert sich die Bewegungsrichtung auf der Kreisbahn ständig.

Berechnung der Elementarladung
Aufgrund des elektrischen Feldes werden die Elektronen auf die Geschwindigkeit v beschleunigt. Es gilt

$$e \cdot U = \frac{1}{2} m \cdot v^2. \qquad (1)$$

Im Magnetfeld wirkt die Lorentzkraft als Zentripetalkraft:

$$F_Z = F_L \quad \Leftrightarrow \quad \frac{m \cdot v^2}{r} = B \cdot e \cdot v.$$

Vereinfachen ergibt

$$\frac{m \cdot v}{r} = B \cdot e. \qquad (2)$$

Diese Formel kann man nach v auflösen und quadrieren:

$$v^2 = \frac{B^2 \cdot e^2 \cdot r^2}{m^2}. \qquad (3)$$

Setzt man (3) in (1) ein, so fällt die Geschwindigkeit v heraus:

$$e \cdot U = \frac{1}{2} m \cdot \frac{B^2 \cdot e^2 \cdot r^2}{m^2}.$$

Nun kann man nach der gesuchten Elektronenmasse m auflösen:

$$m = \frac{B^2 \cdot e \cdot r^2}{2U} = \frac{0{,}00150^2 \cdot (1{,}60 \cdot 10^{-19}) \cdot 0{,}0350^2}{2 \cdot 240} \text{ kg} = 9{,}19 \cdot 10^{-31} \text{ kg}.$$

Änderung von Radius und Umlaufsdauer bei halber Beschleunigungsspannung
Die letzte Gleichung kann statt nach m auch nach r^2 aufgelöst werden:

$$r^2 = \frac{2m \cdot U}{B^2 \cdot e}.$$

Zieht man auf beiden Seiten die Wurzel, so gilt

$$r = \sqrt{\frac{2m}{B^2 \cdot e}} \cdot \sqrt{U}.$$

Der Radius r ist proportional zur Wurzel aus der Spannung. Er sinkt beim Halbieren der Beschleunigungsspannung U deshalb auf

$$r' = \frac{1}{\sqrt{2}} r.$$

Die Umlaufsdauer T beträgt:

$$T = \frac{2\pi \cdot r}{v}$$

Gleichung (2) kann man auch umformen auf $\frac{r}{v} = \frac{m}{B \cdot e}$ und damit:

$$T = \frac{2\pi \cdot r}{v} = \frac{2\pi \cdot m}{B \cdot e}$$

In dieser Gleichung spielt die Spannung keine Rolle, folglich ändert sich die Umlaufszeit nicht.

Die Konstanz der Umlaufszeit T lässt sich auch folgendermaßen begründen: Löst man Gleichung (1) nach v auf,

$$e \cdot U = \frac{1}{2} m \cdot v^2 \quad \Rightarrow \quad v = \sqrt{\frac{2e \cdot U}{m}},$$

so erkennt man, dass eine Halbierung der Beschleunigungsspannung U die Geschwindigkeit v genauso wie den Radius r um den Faktor $\frac{1}{\sqrt{2}}$ verringert. Folglich bleiben der Quotient $\frac{r}{v}$ und damit $T = 2\pi \cdot \frac{r}{v}$ unverändert.

c) **Auswertung der Messreihen 1 und 2**

Messreihe 1

Schon ein erster Blick auf die Messreihe 1 führt zu der Vermutung, dass Stromstärke und Magnetfeld zueinander proportional sind, da eine Verdoppelung (Verdreifachung) von I_{err} im Rahmen der Messgenauigkeit eine Verdoppelung (Verdreifachung) von B zur Folge hat (n und r sind hier konstant).

Zwei Größen sind zueinander proportional, wenn ihre Quotienten konstant sind.

I_{err} in A	1,0	2,0	3,0	4,5
B in mT	0,72	1,4	2,1	3,2
$\frac{B}{I_{err}}$ in $\frac{mT}{A}$	0,72	0,70	0,70	0,71

Die Quotienten sind fast gleich, also sind I_{err} und B zueinander proportional:

$$B \sim I_{err}.$$

Messreihe 2

Hier kommt man schnell zur Vermutung, dass B proportional zum Kehrwert $\frac{1}{r}$ des Radius r ist, da bei Verdoppelung des Radius die magnetische Flussdichte ungefähr halbiert wird. (Jetzt sind n und I_{err} konstant.)

Das Produkt aus Flussdichte B und Radius r muss konstant sein.

r in cm	7,5	10	15	20
B in mT	4,3	3,2	2,1	1,6
$B \cdot r$ in $mT \cdot cm$	32	32	32	32

Die Produkte sind im Rahmen der Messgenauigkeit gleich, deshalb gilt:

$$B \sim \frac{1}{r}.$$

Auswertung der weiteren Messreihe

Ist eine Größe proportional zu drei anderen Größen (wobei jedes Mal die beiden anderen Größen konstant bleiben), so ist sie proportional zum Produkt dieser drei Größen. Aus den ermittelten einzelnen Proportionalitäten folgt:

$$B \sim \frac{n \cdot I_{err}}{r}.$$

Jede Proportionalität kann man in Form einer Gleichung darstellen:

$$B = k \cdot \frac{n \cdot I_{err}}{r}.$$

Die Proportionalitätskonstante ist:

$$k = \frac{B \cdot r}{n \cdot I_{err}}.$$

Sie kann als Mittelwert aus allen acht Messungen bestimmt werden.

n	120	120	120	120	120	120	120	120
I_{err} in A	1,0	2,0	3,0	4,5	3,0	3,0	3,0	3,0
r in m	0,15	0,15	0,15	0,15	0,075	0,10	0,15	0,20
B in T	0,00072	0,0014	0,0021	0,0032	0,0043	0,0032	0,0021	0,0016
k in $\frac{Tm}{A}$	$9{,}0 \cdot 10^{-7}$	$8{,}75 \cdot 10^{-7}$	$8{,}75 \cdot 10^{-7}$	$8{,}89 \cdot 10^{-7}$	$8{,}96 \cdot 10^{-7}$	$8{,}89 \cdot 10^{-7}$	$8{,}75 \cdot 10^{-7}$	$8{,}89 \cdot 10^{-7}$

Der Mittelwert beträgt $k = 8{,}86 \cdot 10^{-7}\,\frac{Tm}{A}$, die gesuchte Gleichung lautet:

$$B = 8{,}86 \cdot 10^{-7}\,\frac{Tm}{A} \cdot \frac{n \cdot I_{err}}{r}$$

Alternative: Mit einem GTR bzw. CAS kann man die Messreihen ebenfalls auswerten.

Messreihe 1

Lineare Regression: $y = a \cdot x + b$.

In der x-Liste werden die Maßzahlen von I, in der y-Liste die Maßzahlen von B eingegeben. Ergebnis:

$$a = 0{,}709 \text{ und } b = -0{,}0065.$$

Die Messwerte liegen (fast) auf einer Ursprungsgeraden mit der Steigung 0,71.

Messreihe 2

Lineare Regression: $y = a \cdot x + b$.

In der x-Liste werden die Maßzahlen von $\frac{1}{r}$, in der y-Liste die Maßzahlen von B eingegeben. Ergebnis:

$$a = 32{,}54 \text{ und } b = -0{,}047.$$

Die Messwerte liegen (fast) auf einer Ursprungsgeraden mit der Steigung 32,5.

d) **Beschreibung eines Experiments**

Bei einem Experiment mit genügend abgeschwächten Licht treffen einzelne Photonen auf einen Doppelspalt. Um die Photonen unterscheiden zu können, ist hinter jedem Einzelspalt ein Polarisationsfilter angebracht, dessen Polarisationsrichtung gedreht werden kann.

Zuerst werden die beiden Polarisationsfilter parallel gestellt. Dadurch lässt sich nicht unterscheiden, auf welchem Weg das Photon den Doppelspalt „passiert hat“. Mit 50 %-iger Wahrscheinlichkeit „wird jeder Weg genommen“. Führt man das Experiment mit einer hinreichenden Anzahl an Photonen aus, so entsteht das vom Doppelspalt bekannte Interferenzmuster.

Anders sieht es aus, wenn die Polarisatoren um 90° gegeneinander verdreht sind. Jetzt lässt sich eindeutig zuordnen, durch welchen Spalt das Photon „geflogen ist“. Die zugehörigen Wellenfunktionen sind nicht mehr interferenzfähig und man sieht auf dem Schirm die Summe der Intensitätsverteilungen, die von den beiden Einzelspalten herrühren.

Statt des Doppelspaltversuches können auch Experimente mit dem Michelson-Interferometer oder mit dem Mach-Zehnder-Interferometer angegeben werden. Wichtig ist, dass die möglichen Wege, die den Photonen zur Verfügung stehen, das eine Mal markiert werden, das andere Mal aber nicht.

a) Eine flache, quadratische Spule mit 100 Windungen hat eine Seitenlänge von 5,0 cm. Sie befindet sich 1,0 cm oberhalb eines Bereichs mit quadratischem Querschnitt, der mit einem homogenen Magnetfeld der Flussdichte 0,80 T erfüllt ist.
Die Spule wird aus der Ruhe heraus losgelassen (siehe Abb. 1). Der Luftwiderstand wird vernachlässigt.
An den Spulenenden P und Q ist zunächst ein hochohmiges Voltmeter angeschlossen.

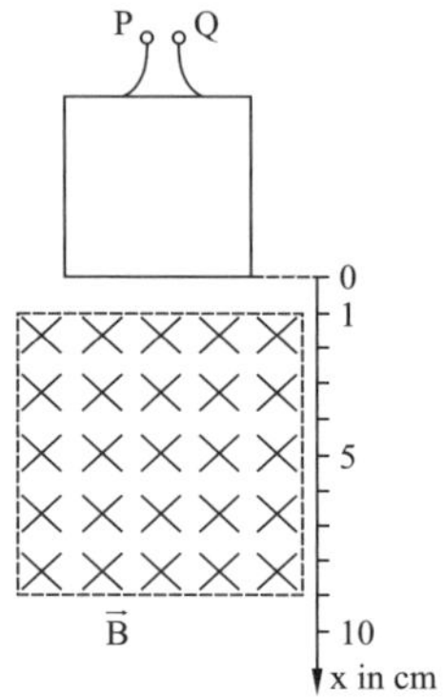

Abb. 1

- Erklären Sie, warum einige Zeit nach dem Loslassen der Spule eine Spannung induziert wird.
- Welches der beiden Spulenenden liegt beim Eintauchen auf höherem elektrischen Potenzial? Begründen Sie Ihre Antwort.
- Berechnen Sie die in der Spule induzierte Spannung nach einer Fallzeit von 0,1 s.

Die Spule ist nun bei P und Q über einen Widerstand verbunden. Beim Fallen aus der ursprünglichen Startposition nimmt die Spule Energie aus dem Gravitationsfeld auf.

- Beschreiben Sie qualitativ die Verteilung der Energie während des Eintauchvorgangs. (8 VP)

b) Eine reale Spule ist über einen Schalter S an ein Gleichspannungsnetzgerät angeschlossen. Die 1,0 m lange Spule hat eine Querschnittsfläche von 125 cm^2, 20 000 Windungen und einen Widerstand von 1 200 Ω. Die reale Spule kann elektrisch so behandelt werden wie eine ideale Spule mit Induktivität L und einem in Reihe geschalteten Widerstand R (siehe Abb. 2).

Mit einem Messwerterfassungssystem (MES) wird das Diagramm aus Abbildung 3 (siehe nächste Seite) aufgenommen. Der Schalter wurde zum Zeitpunkt $t_0 = 0$ s geschlossen.

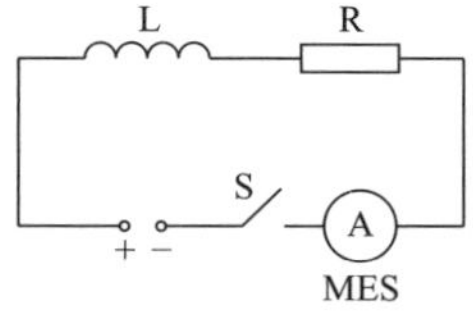

Abb. 2

- Erläutern Sie den Verlauf der Stromstärke in Abbildung 3.
- Wie groß ist die angelegte Spannung U_0?
- Berechnen Sie die Induktivität dieser Spule aus den angegebenen Spulendaten.
- Bestimmen Sie zusätzlich die Induktivität der Spule aus dem Diagramm in Abbildung 3.
- Wie groß ist die prozentuale Abweichung des experimentell bestimmten Wertes vom berechneten Wert? (8 VP)

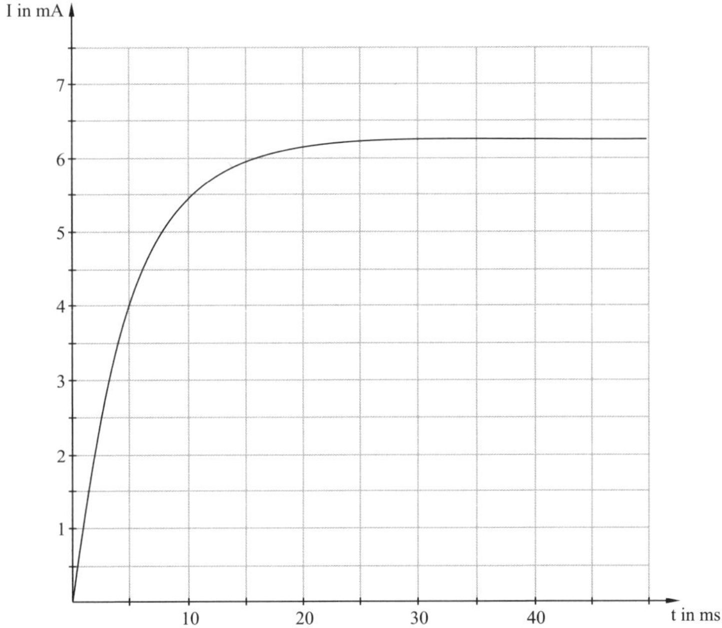

Abb. 3

c) Mit einem Schwingkreis werden ungedämpfte elektromagnetische Schwingungen erzeugt.

- Beschreiben und begründen Sie die Schwingungsvorgänge während einer Periode.

Für die Ladung Q auf dem Kondensator gilt die Differenzialgleichung:

$$\ddot{Q} = -\frac{1}{L \cdot C} \cdot Q(t)$$

- Leiten Sie daraus eine Gleichung für die Schwingungsdauer her.
- Nennen Sie zwei Möglichkeiten, wie man die Schwingungsdauer verdoppeln könnte. (6 VP)

d) Aus einem Zeitungsartikel ist der folgende Text entnommen.

Busse tanken berührungslos Strom
Dank der neuen Technik erhalten Elektrobusse bei jedem Halt Energie. In den Boden an der Haltestelle ist eine Spule eingelassen, die bei Eintreffen des Busses ein elektromagnetisches Feld aufbaut. Der Bus führt an seinem Unterboden eine zweite Spule mit sich, die elektromagnetische Wellen in elektrische Kraft umwandelt. Auf diese Weise wird Energie über eine Distanz von wenigen Zentimetern übertragen. So kann ohne Zutun des Fahrers binnen drei Minuten Haltezeit Strom für weitere 18 Kilometer getankt werden. Auf 75 % des Gewichts der Batterien kann so verzichtet werden.

- Beschreiben Sie den Aufbau eines „Modellversuchs“, der alle wesentlichen Komponenten der in dem Artikel beschriebenen Energieversorgung enthält.
- Erläutern Sie den Vorgang der in dem Zeitungsartikel dargestellten Energieübertragung mithilfe der entsprechenden Grundaussagen der Maxwelltheorie.
- Geben Sie zwei in dem Text vorhandene fachsprachliche Ungenauigkeiten in korrigierter Form an. (8 VP)

Elementarladung: $e = 1{,}60 \cdot 10^{-19}$ C
Magnetische Feldkonstante: $\mu_0 = 1{,}26 \cdot 10^{-6}$ TmA^{-1}

Tipps und Hinweise zur Lösung von Aufgabe IV

Tipps zu Teilaufgabe a

Es gibt zwei Möglichkeiten, diese Teilaufgabe zu lösen:
1. Elektronen erfahren im Magnetfeld eine Lorentzkraft. Drei-Finger-Regel und Kräftegleichgewicht führen zum Ziel.
2. Eine Spannung wird induziert, wenn der magnetische Fluss sich ändert.

Das höhere Potenzial liegt beim Pluspol.

Aufgrund des einfachen Versuchsaufbaus bietet es sich an, mit der Formel $U_{ind} = n \cdot B \cdot d \cdot v$ zu rechnen. Natürlich können Sie auch mit der Änderung des magnetischen Flusses arbeiten. Wo befinden sich untere und obere Kante der Spule, wie schnell ist die Spule nach 0,1 s?

Eine Teilenergie wird leicht vergessen. Es fließt ein Strom durch die Spule!

Tipps zu Teilaufgabe b

Selbstinduktion ist das entscheidende Stichwort.

Die anliegende Spannung folgt aus dem Verhalten für große Zeiten.

Hier muss man die Formel $L = \mu_0 \cdot \mu_r \cdot \frac{n^2}{\ell} \cdot A$ kennen.

Die experimentelle Bestimmung der Induktivität erfolgt am einfachsten aus dem Anstieg der Kurve für $t = 0$ s.

Quotientenbildung aus dem experimentellen und dem theoretischen Wert führt schnell ans Ziel.

Tipps zu Teilaufgabe c

Beschreiben und begründen bedeutet, dass Sie einige Zeilen zu Papier bringen.

Stellen Sie einen vernünftigen Lösungsansatz auf (mehrere Möglichkeiten) und leiten Sie zweimal ab. Aus der Kreisfrequenz kann man die Schwingungsdauer berechnen.

Analysieren Sie die soeben berechnete Formel.

Tipps zu Teilaufgabe d

Die Versuchsbeschreibung folgt aus dem Aufgabentext.

Lassen Sie sich von dem Ausdruck „Maxwelltheorie“ nicht verunsichern.

Welche physikalischen Fachbegriffe sind im Text durch Begriffe der Alltagssprache ersetzt?

Lösung

a) **Warum entsteht eine Induktionsspannung?**
Bewegt sich die Spule nach unten, so erfahren die Elektronen in den Drähten der Spule eine Kraft, die senkrecht zur Bewegungsrichtung und senkrecht zum magnetischen Feld steht. Zuerst tritt nur die untere Kante der Spule ins Magnetfeld ein.
Mit der UVW-Regel für die linke Hand lässt sich die Richtung der Kraft auf die Elektronen ermitteln.

U(rsache): Bewegung nach unten; also Daumen nach unten.
V(ermittlung): Das Magnetfeld zeigt in die Zeichenebene, also Zeigefinger in Richtung der Zeichenebene.
W(irkung): Der Mittelfinger zeigt nach links. Die Elektronen erfahren also eine Kraft nach links.

Es wird nur in den unteren Leiterstücken eine Spannung induziert, der linke und der rechte Rand der Spule tragen nicht zur induzierten Spannung bei, da hier keine Kraft längs des Drahtes wirkt.

Alternativ können Sie argumentieren, dass sich der magnetische Fluss der frei fallenden Spule beim Eintritt in das magnetische Feld ändert. Nach dem Induktionsgesetz folgt daraus eine Induktionsspannung zwischen den Enden der Spule.

Welcher Punkt liegt auf dem höheren Potenzial?
Die Elektronen werden nach links abgelenkt. Deshalb ist der Punkt P negativ geladen, der Punkt Q, an dem Elektronenmangel herrscht, ist dagegen positiv geladen. Q hat also das höhere Potenzial.

Induzierte Spannung nach 0,1 s
Beim freien Fall aus der Ruhe gilt

$$x(t) = \frac{1}{2} g \cdot t^2.$$

Folglich befindet sich die untere Kante der Spule nach 0,1 s bei

$$x(0{,}1\,\text{s}) = \frac{1}{2} \cdot 9{,}81 \cdot 0{,}1^2\ \text{m} = 4{,}905 \cdot 10^{-2}\ \text{m} = 4{,}91\,\text{cm}.$$

Die obere Kante befindet sich bei $x = -0{,}09$ cm und somit noch außerhalb des Magnetfeldes, sodass nur unten eine Spannung induziert wird. Die induzierte Spannung wird mit der Formel $U_{ind} = n \cdot B \cdot d \cdot v$ berechnet. Zum Zeitpunkt 0,1 s hat die Spule die Geschwindigkeit

$$v(0{,}1\,\text{s}) = 9{,}81 \cdot 0{,}1\,\frac{\text{m}}{\text{s}} = 0{,}981\,\frac{\text{m}}{\text{s}}.$$

Die induzierte Spannung beträgt

$$U_{ind} = n \cdot B \cdot d \cdot v = 100 \cdot 0{,}80 \cdot 0{,}050 \cdot 0{,}981\ \text{V} = 3{,}92\ \text{V}.$$

Energieverteilung beim Eintauchvorgang
In der Ausgangsposition hat die Spule Lageenergie. Diese wird zuerst teilweise in kinetische Energie umgewandelt. Nach dem Eintauchen ins Magnetfeld wird eine Spannung induziert, die aufgrund der leitenden Verbindung zwischen P und Q einen Stromfluss zur Folge hat. Fließt in einer Spule ein Strom, so wird im Magnetfeld Energie gespeichert. Ein Teil der Energie wird im ohmschen Widerstand in Wärme umgesetzt.

b) **Erläuterung des Stromverlaufs**

Nach dem Schließen des Schalters beginnt die Stromstärke in der Spule anzusteigen. Dadurch entsteht ein ansteigendes Magnetfeld, es wird nach dem Lenz'schen Gesetz eine Gegenspannung U_{ind} induziert, die ihrer Ursache, nämlich dem Anstieg der Stromstärke, entgegenwirkt. Im Stromkreis wirken also die beiden Spannungsquellen U_0 und U_{ind}.

$$U_R(t) = U_0 + U_{ind}(t) = U_0 - L \cdot \dot{I}(t) = R \cdot I(t).$$

Der Verlauf der Stromstärke ergibt sich aus

$$I(t) = \frac{U_0 - L \cdot \dot{I}(t)}{R}.$$

Für $t=0$ s ist die Stromstärke noch 0 A, folglich haben dann die angelegte Spannung U_0 und die Gegenspannung U_{ind} den gleichen Betrag. Der Anstieg der Stromstärke nimmt ab, somit verringert sich auch die Gegenspannung. Nach einer gewissen Zeit ändert sich die Stromstärke nicht mehr und sie erreicht ihren Maximalwert:

$$I_{max} = \frac{U_0}{R}.$$

Berechnung der angelegten Spannung

Für die Maximalstromstärke liest man aus dem Diagramm $I_{max} = 6{,}25$ mA ab. Der Widerstand beträgt 1 200 Ω. Die angelegte Spannung ist

$$U_0 = R \cdot I_{max} = 1\,200 \cdot 0{,}00625 \text{ V} = 7{,}5 \text{ V}.$$

Berechnung der Induktivität

Mittels der Formel für die Induktivität einer lang gestreckten Spule erhält man:

$$L = \mu_0 \cdot \mu_r \cdot \frac{n^2}{\ell} A = 1{,}26 \cdot 10^{-6} \cdot 1 \cdot \frac{20\,000^2}{1{,}0} \cdot 0{,}0125 \text{ H} = 6{,}3 \text{ H}.$$

Da in der Aufgabe keine Angaben über einen Eisenkern gemacht werden, ist davon auszugehen, dass sich die Apparatur in Luft befindet. Daher kann mit $\mu_r = 1$ gerechnet werden.

Experimentelle Bestimmung der Induktivität

Am einfachsten berechnet man die Induktivität aus den Daten zum Zeitpunkt $t=0$ s. Weil am Anfang noch kein Strom fließt, gilt:

$$U_0 = L \cdot \dot{I}(0).$$

$\dot{I}(0)$ ist der anfängliche Anstieg der Stromstärke. Er kann aus der Tangentensteigung im Ursprung ermittelt werden:

$$\dot{I}(0) = \frac{\Delta I}{\Delta t} = \frac{7 \text{ mA}}{6 \text{ ms}} = 1{,}17 \frac{\text{A}}{\text{s}}$$

Die Induktivität ist:

$$L = \frac{U_0}{\dot{I}(0)} = \frac{7{,}5}{1{,}17} \text{ H} = 6{,}43 \text{ H}$$

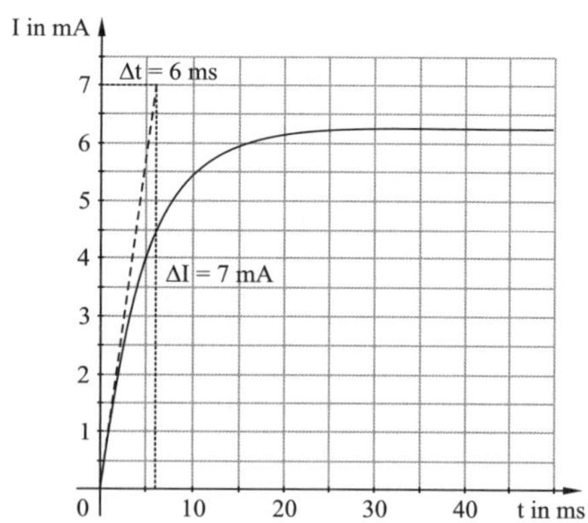

Abb. 4

Hier sind wegen der Ungenauigkeit beim Einzeichnen der Tangente größere Streuungen der Ergebnisse zu erwarten.

Prozentuale Abweichung
Durch Quotientenbildung findet man

$$\frac{6,43}{6,3} = 1,02 = 102\ \%.$$

Der experimentell bestimmte Wert ist um 2 % zu groß.

c) **Beschreibung und Begründung des Schwingungsvorgangs**
Es lassen sich folgende charakteristische Phasen unterscheiden:

- Der Kondensator sei zum Zeitpunkt t = 0 s maximal aufgeladen. Die gesamte Energie ist im elektrischen Feld des Kondensators gespeichert ($W = \frac{1}{2} C \cdot \hat{U}^2$).
- Der Kondensator wird entladen, ein Teil der Energie geht auf die Spule über. Zum Zeitpunkt $t = \frac{T}{4}$ ist der Kondensator vollständig entladen und die Spule wird mit maximaler Stromstärke durchflossen. Die gesamte Energie steckt im magnetischen Feld der Spule ($W = \frac{1}{2} L \cdot \hat{I}^2$).
- Der Kondensator lädt sich mit umgekehrter Polarität auf. Zum Zeitpunkt $t = \frac{T}{2}$ steckt wieder die gesamte Energie im elektrischen Feld des Kondensators.
- Nun wiederholt sich der oben beschriebene Vorgang, bis zum Zeitpunkt T der Kondensator wieder wie ursprünglich aufgeladen ist.

Herleitung der Schwingungsdauer
Die Differenzialgleichung für die Ladung auf dem Kondensator lautet

$$\ddot{Q}(t) = -\frac{1}{L \cdot C} \cdot Q(t).$$

Der Lösungsansatz für eine Schwingung mit $Q(0) = \hat{Q}$ lautet

$$Q(t) = \hat{Q} \cdot \cos(\omega \cdot t).$$

Zweimaliges Ableiten führt auf

$$\dot{Q}(t) = -\omega \cdot \hat{Q} \cdot \sin(\omega \cdot t) \text{ und } \ddot{Q}(t) = -\omega^2 \cdot \hat{Q} \cdot \cos(\omega \cdot t).$$

Setzt man Q(t) und $\ddot{Q}(t)$ in die Differenzialgleichung ein, so kann man die Kreisfrequenz ω bestimmen:

$$-\omega^2 \cdot \hat{Q} \cdot \cos(\omega \cdot t) = -\frac{1}{L \cdot C} \cdot \hat{Q} \cdot \cos(\omega \cdot t).$$

Diese Gleichung ist für alle Zeitpunkte erfüllt, wenn

$$\omega^2 = \frac{1}{L \cdot C}.$$

Wegen $\omega = 2\pi \cdot f$ und $T = \frac{1}{f}$ erhält man für die Schwingungsdauer:

$$T = \frac{1}{f} = \frac{2\pi}{\omega} = 2\pi \cdot \sqrt{L \cdot C}.$$

Verdoppelung der Schwingungsdauer
Die Schwingungsdauer wird verdoppelt, wenn beispielsweise ein Faktor unter der Wurzel (C oder L) vervierfacht wird.

d) **Beispiel eines Modellversuchs**
Die Energieübertragung funktioniert durch Induktion ähnlich wie bei einem Transformator. Man braucht einen Primärstromkreis, dessen Primärspule mit Wechselstrom gespeist wird. Gegenüber dieser Spule befindet sich die Spule des Sekundärstromkreises, in der eine Spannung induziert wird. Je besser sich die beiden Spulen gegenüber stehen, umso besser wird die Sekundärkreisspule von Magnetfeld der Primärkreisspule durchsetzt. Eisenkerne verstärken die Wirkung. Um die Energie im Sekundärstromkreis speichern zu können, muss die Wechselspannung durch eine oder mehrere Gleichrichterdioden in Gleichspannung umgewandelt werden. Nun kann die Energie in einem Kondensator oder einem Akku gespeichert werden.

Erläuterung des Vorgangs
Das magnetische Wechselfeld der Primärspule durchsetzt auch die Sekundärspule. Nach Maxwell ist ein veränderliches Magnetfeld von einem elektrischen Feld umgeben, sodass in der Sekundärspule eine Spannung induziert wird. Diese ruft den Ladestrom für den Kondensator bzw. den Akku hervor.

Fachsprachliche Ungenauigkeiten

- „Busse tanken berührungslos **Strom**".
  Strom kann man nicht tanken. Dies ginge allenfalls mit Ladungen. Richtig müsste es heißen: „Busse nehmen berührungslos elektrische **Energie** auf".
- „Der Bus führt an seinem Unterboden eine zweite Spule mit sich, die elektromagnetische **Wellen** in elektrische **Kraft** umwandelt."
  Wellen können nicht in Kraft umgewandelt werden, vielmehr werden verschiedene Energieformen ineinander umgewandelt. Korrekt: „Der Bus führt an seinem Unterboden eine zweite Spule mit sich, die dem magnetischen Wechselfeld der Haltestellenspule elektrische **Energie** entnimmt."

Hier haben wir die gleiche sprachliche Ungenauigkeit wie bei Kernkraft und Kernenergie.

Abiturprüfung an den allgemeinbildenden Gymnasien (Baden-Württemberg) 2011
Prüfungsfach: Physik – Aufgabe I

a) An einer Schraubenfeder hängt ein Körper der Masse 200 g. Der Körper wird so weit angehoben, bis die Schraubenfeder gerade entspannt ist. Jetzt befindet sich das untere Ende des Körpers 60 cm über einer Tischplatte (siehe Abb. 1). Aus dieser Lage wird der Körper zum Zeitpunkt 0 s losgelassen und führt dann eine ungedämpfte, harmonische Schwingung mit der Periodendauer 0,80 s durch.

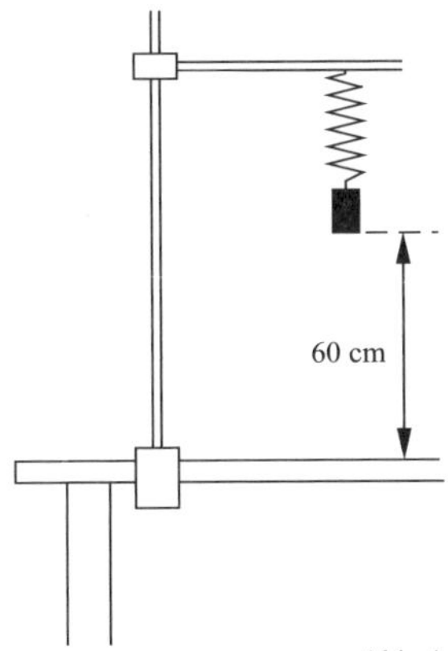

Abb. 1

- Zeigen Sie, dass die Federkonstante einen Wert von $12{,}3\ \text{Nm}^{-1}$ hat.
- Bestimmen Sie den Abstand des Körpers von der Tischplatte, wenn er sich in der Gleichgewichtslage befindet.
- Zeichnen Sie ein Zeit-Auslenkung-Diagramm für $0\ \text{s} \le t \le 2{,}0\ \text{s}$.
- Geben Sie die Länge des Wegs an, den der Körper innerhalb der ersten Sekunde zurücklegt.
- Geben Sie den Zeitpunkt an, zu dem der Betrag der Geschwindigkeit des Körpers erstmalig maximal ist.
- Geben Sie diesen maximalen Geschwindigkeitsbetrag an. (9 VP)

b) Am linken Ende eines 10 m langen linearen Wellenträgers erzeugt ein Erreger durch harmonische Schwingungen eine Welle. Das rechte Ende des Wellenträgers ist lose. Der Erreger schwingt mit der Frequenz 0,25 Hz und der Amplitude 5,0 cm. Zum Zeitpunkt 0 s beginnt der Erreger aus der Gleichgewichtslage heraus nach oben zu schwingen. Nach 10 s erreicht die Welle das rechte Ende. Die Dämpfung der Welle wird vernachlässigt.

- Bestimmen Sie die Ausbreitungsgeschwindigkeit und die Wellenlänge der Welle.
- Zeichnen Sie das Momentanbild des Wellenträgers zum Zeitpunkt 13 s.
- Markieren Sie in diesem Momentanbild alle Teile des Wellenträgers, die zu diesem Zeitpunkt in Ruhe sind.

Abbildung 2 zeigt die Bewegung eines Teilchens des Wellenträgers für den Zeitraum $0\ \text{s} \le t \le 15\ \text{s}$.

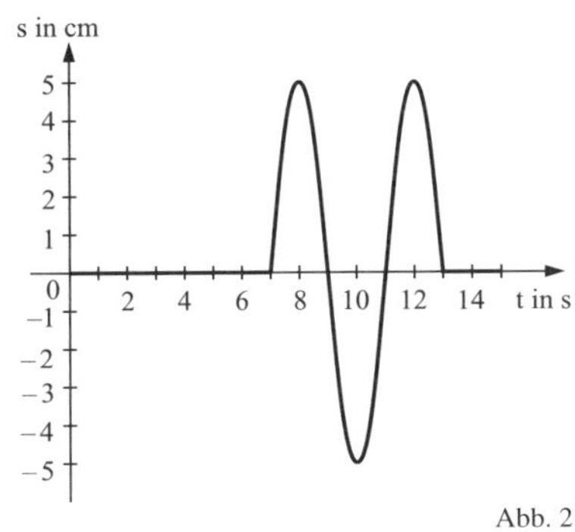

Abb. 2

- Erklären Sie, wie die unterschiedlichen Abschnitte des Schaubildes zustande kommen, und bestimmen Sie den Ort dieses Teilchens. (8 VP)

c) In einem Experiment wird der Zusammenhang zwischen der Verlängerung s eines elastischen Bandes und der Zugkraft F untersucht. Man erhält folgende Messergebnisse.

F in N	0,0	1,0	2,0	3,0	4,0	5,0	6,0	7,0	8,0	9,0	10	11	12	13
s in cm	0,0	0,0	0,0	0,2	0,5	1,0	1,8	2,6	3,4	4,2	5,0	5,5	5,7	5,8

- Stellen Sie die Messergebnisse in einem geeigneten Diagramm dar.

Am unteren Ende des vertikal aufgehängten Bandes wird ein Körper befestigt, der in der Gleichgewichtslage eine Verlängerung von 2,2 cm bewirkt. Das System schwingt nun mit der Amplitude 1,0 cm. Von der Masse des Bandes und von der Dämpfung wird abgesehen.

- Erläutern Sie mithilfe des Diagramms, dass das System unter diesen Bedingungen harmonisch schwingt.

Dieser Körper wird nun um 2,0 cm aus der Gleichgewichtslage nach oben angehoben und dann losgelassen. Man stellt fest, dass sich die Periodendauer verkleinert hat.

- Begründen Sie diesen Sachverhalt. (6 VP)

d) Joseph Thomson erklärte zu Beginn seiner Nobelpreisrede 1906:

„Ich möchte hier einige Untersuchungen beschreiben, die zum Schluss führen, dass die Träger der negativen Elektrizität Teilchen sind, die ich Elektronen genannt habe."

Clinton Davisson sprach in seiner Nobelpreisrede 1937 ebenfalls über Elektronen:

„In den letzten Jahren haben wir erkannt, dass Elektronen in manchen Situationen sinnvollerweise, ja vielleicht sogar notwendigerweise, als Wellen und nicht als Teilchen betrachtet werden sollten, und Begriffe wie Beugung, Brechung, Reflexion und Dispersion anzuwenden sind."

- Nennen Sie die beiden Modellvorstellungen, die man den Zitaten von J. Thomson bzw. C. Davisson über Elektronen entnehmen kann.
- Geben Sie zu beiden Modellvorstellungen jeweils ein Experiment an und begründen Sie, warum das von Ihnen gewählte Experiment die jeweilige Modellvorstellung stützt.

Richard Feynman (Nobelpreis für Physik 1965) äußerte zur Frage, ob Elektronen Teilchen oder Wellen sind:

„Elektronen sind keines von beiden."

- Erläutern Sie das Zitat von R. Feynman und beschreiben Sie, wie man Elektronen aus heutiger Sicht betrachtet. (7 VP)

Erdbeschleunigung: $g = 9{,}81\ ms^{-2}$

Tipps und Hinweise zur Lösung von Aufgabe I

Tipps zu Teilaufgabe a

- Die Formel für die Schwingungsdauer lautet $T = 2\pi \cdot \sqrt{\frac{m}{D}}$.
- In der Gleichgewichtslage heben sich Gewichtskraft und Federkraft auf.
- Es ist sinnvoll, der Gleichgewichtslage die Auslenkung null zuzuordnen. Überlegen Sie sich einen vernünftigen Maßstab, um leicht zeichnen zu können.
- Wie oft bewegt sich der Körper zwischen den beiden Umkehrpunkten?
- Wo erreicht der Körper erreicht die maximale Geschwindigkeit?
- Die maximale Geschwindigkeit kann auf zwei Arten berechnet werden:
  Die t-v-Funktion bekommt man durch Ableiten der t-s-Funktion. Daraus folgt: $\hat{v} = \hat{s} \cdot \omega$.
  Die Spannenergie wird in kinetische Energie umgewandelt: $\frac{1}{2} m \cdot \hat{v}^2 = \frac{1}{2} D \cdot \hat{s}^2$.

Tipps zu Teilaufgabe b

- Zwischen Wellenlänge und Frequenz besteht der Zusammenhang $\lambda \cdot f = c$.
- Am einfachsten zeichnen Sie zuerst die Welle ohne Berücksichtigung des Hindernisses. Dabei zeichnet man von rechts nach links. Der Erreger beginnt mit einer Bewegung aus der Gleichgewichtslage nach oben, folglich kommt zuerst ein Berg an. Zuerst werden die Nullstellen eingezeichnet. Am losen Ende wird ohne Phasensprung reflektiert.
- Bei einer fortschreitenden Welle sind die Punkte mit maximaler Auslenkung in Ruhe.
  Bei einer stehenden Welle sind alle Punkte in Ruhe, wenn die stehende Welle zu diesem Zeitpunkt gerade die maximale Auslenkung hat.
- Es sind drei Zeitabschnitte zu unterscheiden. Warum ist im dritten Zeitabschnitt das Teilchen nicht in Bewegung?

Tipps zu Teilaufgabe c

- Achten Sie auf die vollständige Beschriftung des Diagramms.
- Unter welcher Bedingung liegt eine harmonische Schwingung vor?
- Die Periodendauer wird dann verkürzt, wenn die Bedingung für die harmonische Schwingung nicht mehr vorliegt und der Kraftunterschied größer ist als im Fall der harmonischen Schwingung.

Tipps zu Teilaufgabe d

- Hier ist nur die *Nennung* der beiden Modellvorstellungen verlangt!
- Nennen Sie je ein typisches Experiment für die beiden Modellvorstellungen. Wichtige Stichworte sind Teilchen, Bahn, Welle, Beugung und Interferenz.
- Wichtig sind die Begriffe Wahrscheinlichkeitswelle, Wellenfunktion, Wellenlänge $\lambda = \frac{h}{p}$.

Lösung

a) **Berechnung der Federkonstanten**

Aus der bekannten Formel $T = 2\pi \cdot \sqrt{\frac{m}{D}}$ für die Schwingungsdauer kann man durch Umformen die Federkonstante berechnen:

$$D = \frac{4\pi^2}{T^2} \cdot m = \frac{4\pi^2}{0,80^2} \cdot 0,200 \frac{N}{m} = 12,3 \frac{N}{m}.$$

Abstand des Körpers von der Tischplatte

Der Körper befindet sich genau dann in der Gleichgewichtslage, wenn sich die nach unten wirkende Gewichtskraft und die nach oben ziehende Rückstellkraft der Feder gerade aufheben:

$$G = F_{Feder}$$

Wegen $F_{Feder} = D \cdot s$ beträgt die Auslenkung aus der anfänglichen Lage

$$s = \frac{F_{Feder}}{D} = \frac{G}{D} = \frac{m \cdot g}{D} = \frac{0,200 \cdot 9,81}{12,3} \text{ m} = 0,16 \text{ m}.$$

Weil sich der Körper zuerst 60 cm oberhalb der Tischplatte befand, ergibt sich eine neue Höhe von 60 cm – 16 cm = 44 cm.

Zeit-Auslenkung-Diagramm

Die Aufgabe wird so interpretiert, dass die Gleichgewichtslage einer Auslenkung von 0 cm entspricht.

Der Körper befindet sich anfangs 16 cm oberhalb der Gleichgewichtslage, beschleunigt bis zu dieser und kommt im unteren Umkehrpunkt, der sich 16 cm unterhalb der Gleichgewichtslage befindet, zur Ruhe. Weil die Periodendauer T = 0,80 s beträgt, ist ein geeigneter Maßstab für die Zeitachse 0,80 s ≙ 4 cm, für die Auslenkung ist der Maßstab 1 : 10 sinnvoll.

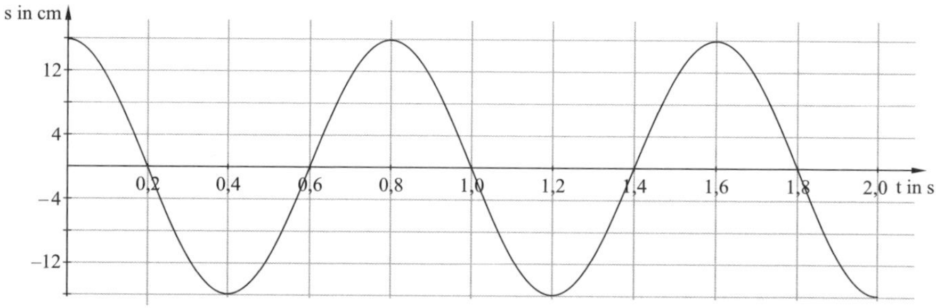

Abb. 3

Weg in der ersten Sekunde

Wie man dem Diagramm entnehmen kann, legt der Körper in der ersten Sekunde 80 cm zurück, da die Strecke der Amplitude $\hat{s} = 16$ cm insgesamt fünfmal zurückgelegt wird.

Zeitpunkt mit erstmaliger maximaler Geschwindigkeit

Der Körper erreicht die maximale Geschwindigkeit, wenn er die Gleichgewichtslage durchläuft. Dies ist zum ersten Mal nach 0,2 s der Fall.

Maximale Geschwindigkeit
Für die maximale Geschwindigkeit gilt:

$$\hat{v} = \hat{s} \cdot \omega = \hat{s} \cdot \frac{2\pi}{T} = 0{,}16 \cdot \frac{2\pi}{0{,}80} \frac{m}{s} = 1{,}26 \frac{m}{s}.$$

Alternative: Die maximale Geschwindigkeit kann man mit dem Energieerhaltungssatz berechnen, da die maximale Bewegungsenergie so groß wie die maximale Spannenergie ist:

$$\frac{1}{2} m \cdot \hat{v}^2 = \frac{1}{2} D \cdot \hat{s}^2.$$

Auflösen liefert:

$$\hat{v} = \hat{s} \cdot \sqrt{\frac{D}{m}} = 0{,}16 \cdot \sqrt{\frac{12{,}3}{0{,}200}} \frac{m}{s} = 1{,}26 \frac{m}{s}.$$

Wegen $T = 2\pi \cdot \sqrt{\frac{m}{D}} \Leftrightarrow \sqrt{\frac{D}{m}} = \frac{2\pi}{T}$ führen beide Lösungswege zum exakt gleichen Ergebnis.

b) **Ausbreitungsgeschwindigkeit und Wellenlänge der Welle**
Die Welle erreicht nach 10 s das 10 m entfernte rechte Ende, was einer Geschwindigkeit von $1{,}0 \frac{m}{s}$ entspricht.

Wegen $\lambda \cdot f = c$ beträgt die Wellenlänge

$$\lambda = \frac{c}{f} = \frac{1{,}0}{0{,}25} m = 4{,}0 m.$$

Momentanbild des Wellenträgers für t = 13 s
In 13 s legt die Welle die Strecke $s = c \cdot t = 1{,}0 \cdot 13$ m $= 13$ m zurück.
Nach 10 m trifft die Welle auf das lose rechte Ende und wird dort ohne Phasensprung reflektiert (also keine Spiegelung an der x-Achse). Die Welle läuft 3,0 m zurück und überlagert sich mit der von links kommenden Welle. Im Bereich $7{,}0\text{ m} < x < 10\text{ m}$ bildet sich eine stehende Welle aus, wobei am losen Ende ein Bewegungsbauch liegt.

Am einfachsten zeichnet man zuerst die Welle ohne Berücksichtigung des Hindernisses (siehe Abb. 4 auf der nächsten Seite):
Von der Stelle 13 m ausgehend zeichnet man nun die Welle mit $\lambda = 4{,}0$ m von rechts nach links. Bei 13 m liegt eine Nullstelle. Die weiteren Nullstellen liegen 2,0 m voneinander entfernt. Da die Schwingung aus der Ruhelage nach oben beginnt, liegt bei 12 m ein Maximum vor. Anschließend spiegelt man alles, was rechts von der Stelle $x = 10$ m gezeichnet wurde, nach links. Die einfallende Welle und die reflektierte Welle müssen im Bereich $7{,}0\text{ m} < x < 10\text{ m}$ addiert werden. In y-Richtung ist der Maßstab 1 : 2 sinnvoll, damit die Auslenkungen nicht zu groß werden.

Teile des Wellenträgers, die in Ruhe sind
Im Bereich der nach rechts laufenden Welle sind die Punkte mit maximaler Auslenkung in Ruhe, also $x = 0$ m, 2 m, 4 m und 6 m. Im Bereich der stehenden Welle sind alle Punkte in Ruhe, da zu diesem Zeitpunkt die stehende Welle gerade die maximale Auslenkung hat.

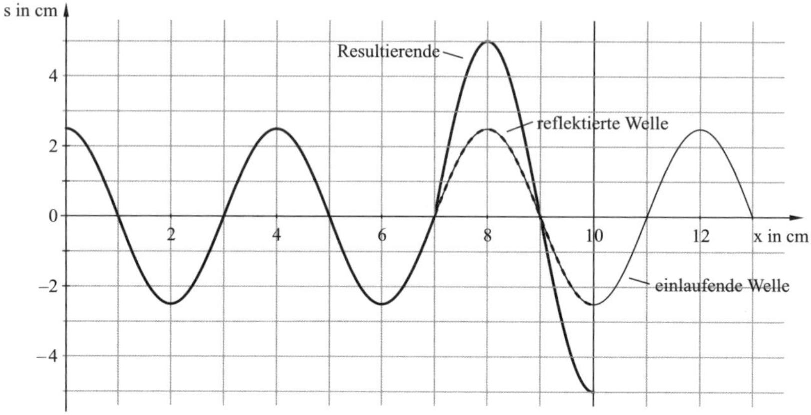

Abb. 4

Interpretation des Zeit-Auslenkung-Diagramms für ein Teilchen an einem unbekannten Ort

Das Teilchen ist 7 s lang in Ruhe und beginnt nach 7 s nach oben zu schwingen. Da sich die Welle mit $c = 1{,}0\ \frac{m}{s}$ ausbreitet, muss sich das Teilchen an der Stelle $x = 7$ m befinden.

Nun wird es von der Welle erfasst und beginnt nach oben zu schwingen. In den folgenden 6 s läuft die Welle nach rechts bis $x = 10$ m und läuft bis $x = 7$ m zurück, was zur oben beschriebenen stehenden Welle führt (Abb. 4), die nach 13 s bei diesem Teilchen ankommt. In der Folgezeit bewegt sich das Teilchen nicht mehr: Da die stehende Welle am losen Ende einen Schwingungsbauch hat und sich die Bewegungsknoten und -bäuche im Abstand von jeweils $\frac{\lambda}{4} = 1$ m abwechseln, liegt an der Stelle $x = 7$ m ein Knoten vor.

c) **Diagramm der Messergebnisse**

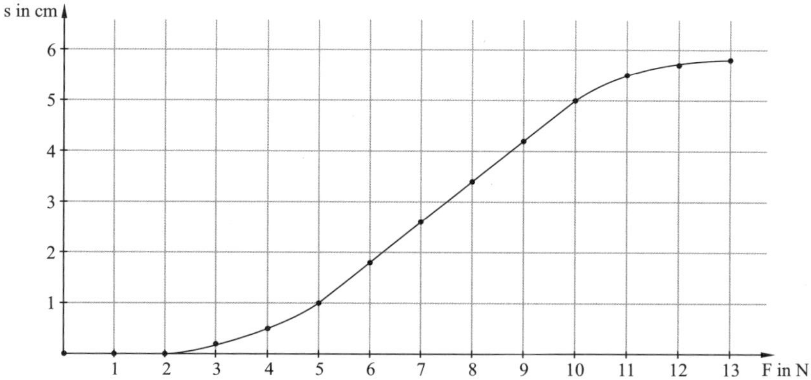

Abb. 5

Erklärung der harmonischen Schwingung

Voraussetzung für eine harmonische Schwingung ist das Vorliegen eines linearen Kraftgesetzes. Dabei wird die Auslenkung s auf die Gleichgewichtslage bezogen. Das Gummiband wird mit einem Körper belastet, dessen Gleichgewichtslage bei einer Verlängerung von 2,2 cm liegt. Schwingt er mit der Amplitude 1,0 cm, so bewegt sich der Körper im Bereich $1{,}2\ \text{cm} \leq s \leq 3{,}2\ \text{cm}$. In diesem Bereich ist die Steigung im F-s-Diagramm konstant und gleich dem Kehrwert der Federkonstanten D. Diese beträgt

$$D = \frac{\Delta F}{\Delta s} = \frac{1{,}0}{0{,}8} \frac{N}{cm} = 125 \frac{N}{m}.$$

Erklärung der verkürzten Periodendauer

Wird der Körper um 2,0 cm aus der Gleichgewichtslage nach oben angehoben, so beträgt die minimale Verlängerung $s = 0{,}2$ cm. Dazu gehört $F = 3{,}0$ N. Jetzt wird der lineare Bereich verlassen: Zwischen 0,2 cm und 1,0 cm beträgt der Kraftunterschied $\Delta F = 2{,}0$ N und

$$D = \frac{\Delta F}{\Delta s} = \frac{2{,}0}{0{,}8} \frac{N}{cm} = 250 \frac{N}{m},$$

die „mittlere Federkonstante", ist hier doppelt so groß. Die Rückstellkraft ist also größer als sie wäre, falls das oben vorliegende Kraftgesetz gelten würde, und der Körper wird in diesem Bereich bei der Abwärtsbewegung stärker beschleunigt und bei der Aufwärtsbewegung stärker abgebremst. Durch die stärkere Federkraft hat der Körper in der Gleichgewichtslage eine größere Maximalgeschwindigkeit.
In der unteren Halbschwingung gilt für die Schwingung entweder weiterhin das lineare Kraftgesetz, dann ändert sich nichts in dieser Halbperiode; oder das Teilchen schwingt aus dem linearen Bereich heraus, was die Periodendauer wiederum verkürzen würde.

d) **Modellvorstellungen von J. Thomson und C. Davisson**

Thomsons Aussage bezieht sich auf das **Teilchenmodell** der Elektronen. Er erklärt, dass die elektrische Ladung von Teilchen transportiert wird, die er als Elektronen bezeichnet.
Davissons Aussage bezieht sich auf das **Wellenmodell** der Elektronen. Er führt aus, dass das Verhalten von Elektronen in manchen Situationen nicht mit Teilchen erklärt werden kann, da es Erkenntnisse (d. h. experimentelle Befunde) gibt, die nur durch Wellen beschrieben werden können.

Experimente zu den Modellvorstellungen

Teilchenmodell: Werden Elektronen in einer Braun'schen Röhre durch elektrische Felder beschleunigt bzw. abgelenkt, so spielt der Wellenaspekt keine Rolle und die Elektronen können wie kleine fliegende Teilchen, analog zum waagerechten Wurf, betrachtet werden.
Wellenmodell: Werden Elektronen beschleunigt und treffen sie auf eine genügend feine Struktur (Elektronenbeugungsröhre mit Graphitfolie; Doppelspalt), versagt das Teilchenbild, da Beugung und Interferenz auftreten.

Heutige Sicht

Feynman behauptet, dass man Elektronen weder als Teilchen noch als Wellen im klassischen Sinne betrachten kann. Aus heutiger Sicht muss man einem Elektron eine Wellenfunktion zuordnen, mit der man die Wahrscheinlichkeit berechnen kann, wo es anzutreffen ist. Die Wellenfunktion ordnet dem Elektron in Abhängigkeit von seinem Impuls p (Teilcheneigenschaft) eine Wellenlänge λ (Welleneigenschaft) zu. Es gilt:

$$\lambda = \frac{h}{p} = \frac{h}{m \cdot v}.$$

In Abhängigkeit von den Objekten, mit denen das Elektron wechselwirkt, tritt entweder der Teilchenaspekt oder der Wellenaspekt in den Vordergrund.

Abiturprüfung an den allgemeinbildenden Gymnasien (Baden-Württemberg) 2011
Prüfungsfach: Physik – Aufgabe II

a) Um die unbekannte Wellenlänge des Lichts eines Laserpointers zu bestimmen, wird ein Doppelspalt mit dem Spaltmittenabstand 0,24 mm verwendet. Das Licht fällt hierbei senkrecht auf den Doppelspalt. Auf einem Schirm, welcher sich in einem Abstand von 4,75 m parallel zum Doppelspalt befindet, kann ein Muster aus hellen und dunklen Streifen beobachtet werden. Der Schirm ist symmetrisch zur optischen Achse angeordnet (siehe Abb. 1).

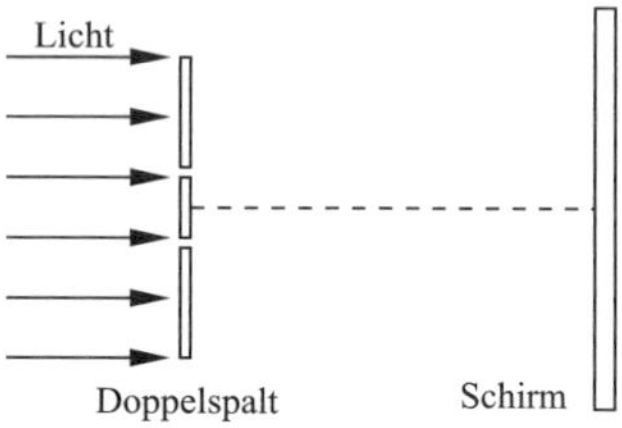

Abb. 1

- Erläutern Sie, wie es zu diesem Streifenmuster kommt.
- Leiten Sie mithilfe einer Skizze eine Beziehung für die Winkel her, unter denen die hellen Streifen zu sehen sind.

Das Maximum 4. Ordnung ist vom Maximum 0. Ordnung 50 mm entfernt. Der Schirm hat eine Breite von 16,0 cm.

- Berechnen Sie die Wellenlänge des verwendeten Lichts.
- Prüfen Sie durch Rechnung, ob die Abstände zwischen benachbarten Maxima auf dem Schirm näherungsweise gleich sind.
- Beschreiben Sie einen abgeänderten Versuchsaufbau, der eine genauere Bestimmung der Wellenlänge ermöglicht. Begründen Sie Ihren Änderungsvorschlag. (8 VP)

b) Der Doppelspalt aus Teilaufgabe a wird durch einen Dreifachspalt mit gleichem Spaltmittenabstand ersetzt. Man beleuchtet den Dreifachspalt mit senkrecht auftreffendem Licht des Laserpointers der Wellenlänge 632 nm. Auf dem Schirm sind nun zwischen zwei Hauptmaxima jeweils ein Nebenmaximum und zwei Minima zu sehen.

- Erklären Sie das Zustandekommen der beiden Minima. Gehen Sie hierbei auch auf den Gangunterschied benachbarter Wellen ein.
- Bestimmen Sie den Abstand der beiden Minima zwischen dem 0. und dem 1. Hauptmaximum.
- Beschreiben Sie, wie sich die Intensitätsverteilung auf dem Schirm verändert, wenn anstatt des Dreifachspaltes ein Vierfachspalt mit gleichem Spaltmittenabstand und gleicher Spaltbreite verwendet wird. (8 VP)

c) Der bisher verwendete Laserpointer gibt Licht mit einer Leistung von 0,5 mW ab. Das Licht des Laserpointers hat eine Wellenlänge von 632 nm.

- Berechnen Sie die mittlere Anzahl der Photonen, die pro Sekunde von Laser ausgesandt werden.

Im Versuch aus Teilaufgabe a wird nun die Intensität des Lasers soweit verringert, dass sich in der Versuchsanordnung immer nur ein Photon befindet. Man ersetzt den Schirm durch einen elektronischen Detektor, der die Auftreffposition einzelner Photonen registriert und speichert. Als Bild angezeigt werden jeweils alle bis dahin registrierten Treffer. Das Experiment läuft über einen längeren Zeitraum.

- Beschreiben Sie, wie sich das Detektorbild im Verlauf des Experimentes entwickelt.

Das Experiment wird unter gleichen Bedingungen ein zweites Mal durchgeführt.

- Vergleichen Sie die zeitliche Entwicklung des neu entstehenden Detektorbildes mit der zeitlichen Entwicklung des bei der 1. Versuchsdurchführung aufgezeichneten Detektorbildes.
- Erklären Sie die Versuchsergebnisse. (7 VP)

d) Eine zentrale physikalische Konstante der Quantenphysik ist das Planck'sche Wirkungsquantum h.

- Beschreiben Sie anhand eines Experiments, wie man h bestimmen kann. Fertigen Sie dazu eine Skizze des Versuchsaufbaus an.

In einem Versuch wurde an einer Fotozelle die Fotospannung U in Abhängigkeit von der Wellenlänge λ des verwendeten Lichtes gemessen.

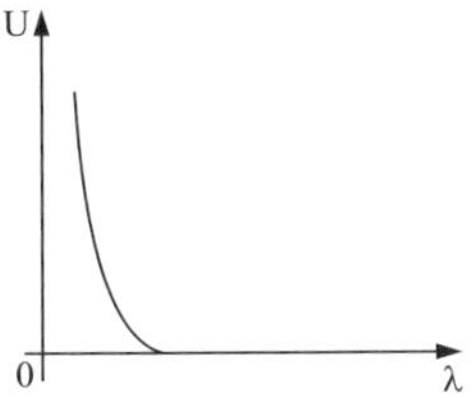

Abb. 2a

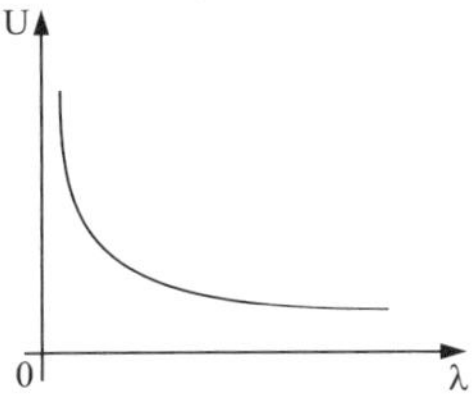

Abb. 2b

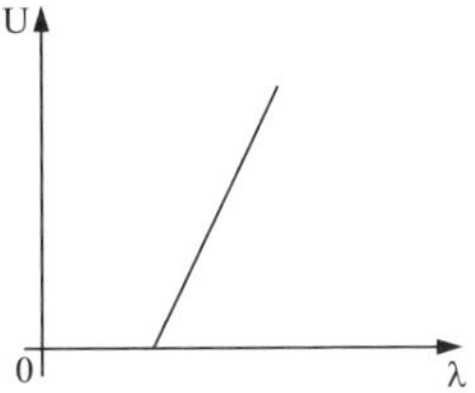

Abb. 2c

- Begründen Sie für jede der drei Kurven, ob sie den Zusammenhang zwischen der Fotospannung U und der Wellenlänge λ richtig wiedergeben könnte. (7 VP)

Lichtgeschwindigkeit im Vakuum: $c = 3{,}00 \cdot 10^{8}\ \text{ms}^{-1}$
Planck'sches Wirkungsquantum: $h = 6{,}63 \cdot 10^{-34}\ \text{Js}$

Tipps und Hinweise zur Lösung von Aufgabe II

Tipps zu Teilaufgabe a

- Die Entstehung des Interferenzmusters zu erläutern, ist eine Standardaufgabe.
- Helle Streifen gibt es für konstruktive Interferenz.
- Zur Berechnung der Wellenlänge müssen Abstände in Winkel umgerechnet werden.
- Diese Teilaufgabe ist unsinnig! Wegen der offensichtlich kleinen Winkel kann die Näherung $\sin x = \tan x$ verwendet werden. Daraus folgt sofort, dass die gegenseitigen Abstände gleich sind. Eine exakte Rechnung führt wegen Rundungsfehlern eher zu schlechten Ergebnissen.
- Ersetzt man den Doppelspalt durch ein optisches Gitter, so werden die Ergebnisse genauer. Was sind die Vorteile des Gitters?

Tipps zu Teilaufgabe b

- Hier hilft ein Zeigerdiagramm.
- Nutzen Sie zur Lagebestimmung der Minima aus, dass die Beugungswinkel sehr klein sind.
- Gehen Sie auf die Zahl, Lage und Intensität der Minima und Maxima beim Vierfachspalt ein. Der Spalt*abstand* wirkt sich auf den Abstand der Hauptmaxima aus, die Spalt*breite* auf die Breite des Interferenzmusters.

Tipps zu Teilaufgabe c

- Wie lautet der Zusammenhang zwischen Leistung und Energie?
  Welche Energie hat ein einzelnes Photon?
- Photonen sind Quantenobjekte, die mit sich selbst interferieren. Welche Bedeutung hat dies für das Detektorbild?
- Bei der Wiederholung des Experiments ändert sich nichts an den Rahmenbedingungen.
- Das entscheidende Stichwort lautet Wahrscheinlichkeitsverteilung.

Tipps zu Teilaufgabe d

- Hier können Sie jedes Experiment angeben, bei dem h eine Rolle spielt. Da die zweite Teilaufgabe den Fotoeffekt betrifft, ist es sinnvoll, hier ein Experiment zum Fotoeffekt zu beschreiben.
- Hier muss man aufpassen. Meistens wird die Spannung in Abhängigkeit von der Frequenz aufgetragen. Hier sind es λ-U-Diagramme.

Lösung

a) **Entstehung des Interferenzmusters**
Treffen die Lichtwellen auf einen Doppelspalt, werden sie an den beiden Spalten gebeugt. Die von den Spalten ausgehenden Elementarwellen interferieren miteinander auf dem Schirm. Je nach Lage des Auftreffpunktes auf dem Schirm unterscheidet sich der Gangunterschied δ der beiden Wellen. Bezeichnet g den Spaltmittenabstand, so gilt (Abb. 3):

$$\sin\alpha = \frac{\delta}{g}.$$

Ist dieser Gangunterschied $\delta_k = k \cdot \lambda$; $k = 0; 1; 2; \ldots$, entstehen Intensitätsmaxima (konstruktive Interferenz).
Ist der Gangunterschied $\delta_k = k \cdot \lambda$; $k = 0{,}5; 1{,}5; \ldots$, entstehen Intensitätsminima (destruktive Interferenz).
Auf dem Schirm entsteht ein Interferenzmuster. Die Übergänge zwischen hell und dunkel sind fließend.

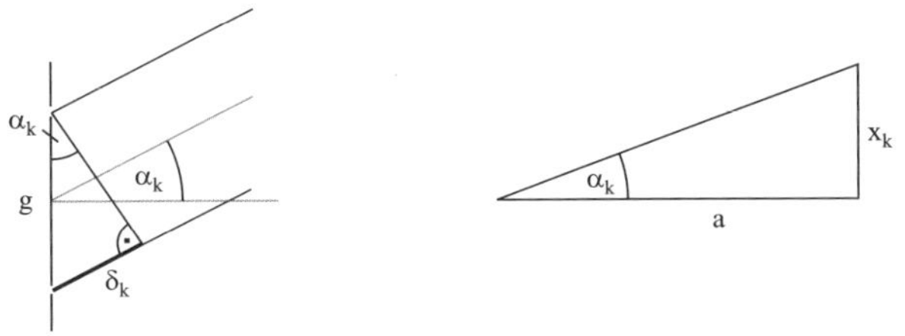

Abb. 3

Herleitung der Formeln
Die Maxima entstehen für Winkel α_k mit

$$\sin\alpha_k = \frac{k \cdot \lambda}{g}; \quad k = 0; 1; 2; \ldots \quad (1)$$

Je nach Größe des Schirms kann man nur einen Teil der Maxima beobachten. Andererseits kann es sein, dass die Beugung an den Einzelspalten nur eine schmale Interferenzfigur liefert.

Bestimmung der Wellenlänge
Die Abstände zum Hauptmaximum auf dem Schirm werden mit

$$\tan\alpha_k = \frac{x_k}{a} \qquad (2)$$

berechnet. Dabei ist $a = 4{,}75$ m die Entfernung zum Schirm, das Maximum 4. Ordnung befindet sich bei $x_4 = 0{,}050$ m. Die auftretenden Winkel sind wegen $x_k \ll a$ sicher so klein, dass die Näherung $\sin\alpha = \tan\alpha$ verwendet werden kann. Gleichsetzen der beiden rechten Seiten von (1) und (2) ergibt

$$\frac{k \cdot \lambda}{g} = \frac{x_k}{a} \quad \text{bzw.} \quad \lambda = \frac{x_k \cdot g}{a \cdot k}.$$

Setzt man die gegebenen Werte ein, so ergibt sich für die Wellenlänge

$$\lambda = \frac{x_4 \cdot g}{a \cdot 4} = \frac{0{,}050 \cdot 0{,}00024}{4{,}75 \cdot 4}\ \text{m} = 632\ \text{nm}.$$

Alternativ kann man auch ohne die Näherung für kleine Winkel rechnen:

$$\tan\alpha_4 = \frac{x_4}{a} = \frac{0,050}{4,75} = 0,0105 \;\Rightarrow\; \alpha_4 = 0,603°$$

Aus $\sin\alpha_4 = \frac{4\lambda}{g}$ folgt:

$$\lambda = \frac{g \cdot \sin\alpha_4}{4} = \frac{0,00024 \cdot \sin 0,603°}{4} = 632 \text{ nm}$$

Verwendet man die exakte Rechnung, rundet den Winkel aber auf 0,60°, so kommt für die Wellenlänge 628 nm heraus.

Nachweis, dass alle Maxima den gleichen gegenseitigen Abstand haben
Wegen der offensichtlich kleinen Winkel kann mit der bekannten Näherung gerechnet werden. Die Maxima befinden sich bei

$$x_k = k \cdot \frac{\lambda \cdot a}{g}.$$

Daraus folgt sofort, dass die gegenseitigen Abstände gleich sind.
Die „exakte" Rechnung führt über die Formeln (1) und (2) mit $\lambda = 632$ nm:

k	0	1	2	3	4	5	6
α_k in °	0	0,15088	0,30176	0,45264	0,60353	0,75442	0,90531
x_k in m	0	0,01251	0,02502	0,03753	0,05004	0,06255	0,07506
Δx_k in m	–	0,01251	0,01251	0,01251	0,01251	0,01251	0,01251

Die gegenseitigen Abstände stimmen in den ersten vier gültigen Stellen exakt überein.

Versuchsaufbau für genauere Ergebnisse
Ersetzt man den Doppelspalt durch eine Vorrichtung mit mehr als zwei Spalten, idealerweise also einem optischen Gitter, so werden die Ergebnisse genauer, denn: Je geringer der Spaltabstand, umso weiter rücken die Maxima auseinander; je größer die Anzahl der Spalte, umso intensiver und schärfer wird das Interferenzmuster.

b) **Erklärung des Zustandekommens der Minima**
Das Entstehen von Maxima und Minima am Dreifachspalt kann man am besten mit dem Zeigerdiagramm erklären. In der Mitte entsteht ein Hauptmaximum, weil alle drei Wellen ohne Gangunterschied ankommen. Alle drei Zeiger sind parallel und ihre Summe wird maximal. Weitere Hauptmaxima entstehen, wenn die drei Zeiger wieder parallel sind. Dann ist ihr Phasenunterschied ein ganzzahliges Vielfaches von 360°. Dies entspricht einem Phasenunterschied von 0°.

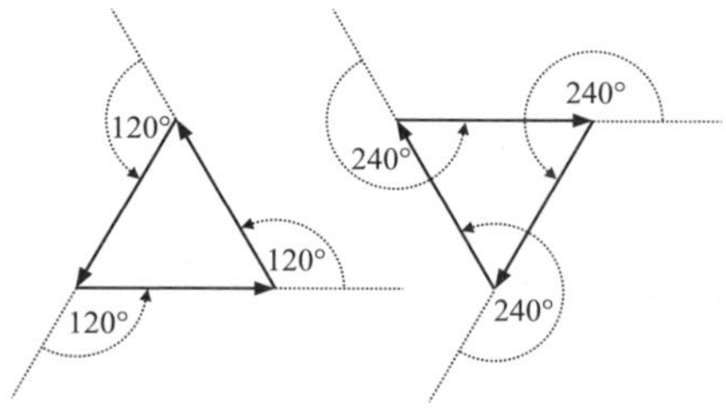

Abb. 4

Zwischen den Hauptmaxima gibt es Stellen, bei denen der Phasenunterschied 120° bzw. 240° beträgt (Abb. 4). Der resultierende Zeiger hat die Länge null, an diesen Stellen löschen sich die drei Wellen aus. Zwischen diesen Stellen löschen sich die drei Zeiger nicht genau aus, sodass die Nebenmaxima entstehen.

Abstand der beiden Minima zwischen dem 0. und 1. Hauptmaximum
Wegen der kleinen Winkel gilt für das k-te Hauptmaximum die Näherung $\frac{k \cdot \lambda}{g} = \frac{x_k}{a}$.
Das Hauptmaximum 1. Ordnung liegt bei

$$x_1 = \frac{\lambda \cdot a}{g} = \frac{632 \cdot 10^{-9} \cdot 4{,}75}{0{,}00024} \text{ m} = 0{,}0125 \text{ m}.$$

Die beiden Minima liegen exakt dazwischen, ihr Abstand beträgt ein Drittel des berechneten Wertes, also 4,2 mm.

Beschreibung der Intensitätsverteilung beim Vierfachspalt
Beim Doppelspalt befindet sich zwischen zwei Maxima ein Minimum. Bei einem Mehrfachspalt mit n beleuchteten Spalten liegen zwischen den Hauptmaxima $n-1$ Intensitätsminima. Somit liegen beim Vierfachspalt drei Minima zwischen den Hauptmaxima, dazwischen liegen zwei intensitätsschwache Nebenmaxima. Die Hauptmaxima sind nicht mehr so breit wie beim Dreifachspalt, sie sind aber heller, da jetzt insgesamt mehr Licht durch die Anordnung tritt.
Da der Vierfachspalt den gleichen Spaltabstand wie der Dreifachspalt aufweist, bleibt der Abstand der Hauptmaxima erhalten. Wegen der gleichbleibenden Breite der einzelnen Spalte ist die Breite des gesamten Interferenzmusters unverändert.

c) **Anzahl der Photonen**
Die gesamte Energie, die der Laser in 1 s abgibt, beträgt

$$W_{ges} = P \cdot t = 0{,}5 \text{ mW} \cdot 1 \text{ s} = 0{,}0005 \text{ J}.$$

Die Frequenz des Lichtes ist

$$f = \frac{c}{\lambda} = \frac{3{,}00 \cdot 10^8}{632 \cdot 10^{-9}} \text{ Hz} = 4{,}75 \cdot 10^{14} \text{ Hz}.$$

Somit hat ein einzelnes Photon die Energie

$$W_{ph} = h \cdot f = 6{,}63 \cdot 10^{-34} \cdot 4{,}75 \cdot 10^{14} \text{ J} = 3{,}15 \cdot 10^{-19} \text{ J},$$

sodass für die Anzahl der pro Sekunde ausgesandten Photonen folgt:

$$n = \frac{W_{ges}}{W_{ph}} = \frac{0{,}0005}{3{,}15 \cdot 10^{-19}} = 1{,}59 \cdot 10^{15}.$$

Entstehung des Detektorbildes
Die Photonen treffen scheinbar willkürlich auf den Detektor, zuerst ist keine Regelmäßigkeit zu erkennen. Im Laufe der Zeit entwickelt sich die Intensitätsverteilung eines Doppelspaltexperimentes.

Wiederholung des Experimentes
Wieder treffen die Photonen scheinbar willkürlich auf den Detektor, allerdings entsteht zunächst ein völlig anderes Bild auf dem Detektor. Je länger man misst, umso stärker entwickelt sich wieder die Intensitätsverteilung eines Doppelspaltexperimentes. Nach sehr langer Messdauer kann man die Detektorbilder zweier Messungen praktisch nicht mehr unterscheiden.

Deutung der Experimente
Photonen sind Quantenobjekte. Ihr Verhalten kann durch Wellen beschrieben werden. Mit diesen Wellen kann man die Wahrscheinlichkeit berechnen, mit der ein Photon an einem bestimmten Ort anzutreffen ist. Der genaue Auftreffpunkt eines bestimmten Photons lässt sich jedoch nicht vorhersagen.

Bei einer mehrmaligen Durchführung des Experiments werden deshalb unterschiedliche Detektorbilder aufgezeichnet, die mit der Länge der Versuchsdauer immer ähnlicher werden.

d) **Versuchsbeschreibung (Fotoeffekt)**

Eine Vakuumfotozelle, die innen mit einer Metallschicht versehen ist, wird mit Licht verschiedener Farben, also verschiedener Frequenzen bestrahlt. Das Licht fällt auf diese Metallschicht K und löst aus ihr Elektronen heraus. Diese fliegen zu einem Metallring A, der über eine regelbare Spannungsquelle und einen empfindlichen Strommesser mit der Metallschicht verbunden ist. Die Spannungsquelle ist so gepolt, dass der Minuspol am Ring liegt, sodass die Elektronen gegen ein elektrisches Feld anlaufen müssen. Die Spannung U wird langsam bis zu einem Wert U_{max} erhöht, bei dem der Fotostrom I_F gerade null wird. Dann haben die schnellsten Elektronen die Energie $W_{e,\,max} = e \cdot U_{max}$.

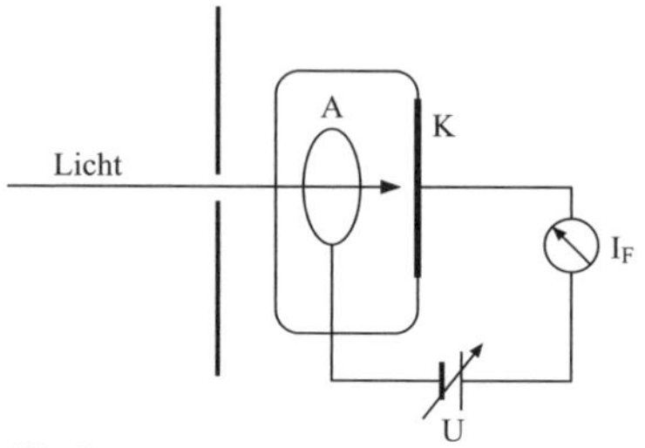

Abb. 5

Ein Teil der Photonenenergie wird benötigt, um die Elektronen aus der Kathode zu lösen (Austrittsarbeit W_A), der Rest steht den Elektronen als kinetische Energie zur Verfügung. Für die schnellsten Elektronen gilt

$$W_{e,\,max} = h \cdot f - W_A \quad \text{bzw.} \quad U_{max} = \frac{h}{e} \cdot f - \frac{W_A}{e}.$$

Für kleine Frequenzen ($h \cdot f < W_A$) findet kein Fotoeffekt statt, da die Photonen zu wenig Energie besitzen, um Elektronen aus dem Metall zu lösen.
Trägt man in einem Schaubild die gemessene Spannung U_{max} gegen die Frequenz f des Lichtes auf, so liegen die Punkte auf einer Geraden. Die Gerade kann als Ausgleichsgerade der Messpunkte bzw. durch eine lineare Regression bestimmt und aus deren Steigung die Planck'sche Konstante h ermittelt werden.

Alternative: Jedes Experiment, bei dem h eine Rolle spielt, kann hier genannt werden. Beispielsweise sind Versuche mit der Elektronenbeugung genauso möglich, die zentrale Formel dieser Versuche ist $\lambda = \frac{h}{p}$. Die Wellenlänge λ wird aus der Beugung der Elektronen bestimmt, der Impuls kann aus der Beschleunigungsspannung berechnet werden.

Auswahl des richtigen Schaubildes

Im Gegensatz zu den gewohnten Darstellungen wird hier die Fotospannung U gegen die Wellenlänge λ aufgetragen. Aus $\lambda \cdot f = c$ und $W = e \cdot U$ folgt:

$$W_{e,\,max} = h \cdot f - W_A = \frac{h \cdot c}{\lambda} - W_A \quad \Rightarrow \quad U = \frac{h \cdot c}{e} \cdot \frac{1}{\lambda} - \frac{W_A}{e}$$

Das λ-U-Diagramm ist eine Hyperbel und keine Gerade. Somit scheidet die Abb. 2c aus. Der Unterschied zwischen den Abbildungen 2a und 2b besteht darin, dass 2a eine Nullstelle aufweist, während man bei 2b keine solche erkennen kann. Das Schaubild muss aber eine Nullstelle aufweisen, weil der Fotoeffekt nur oberhalb einer Grenzfrequenz f_{gr} und damit unterhalb einer gewissen Wellenlänge $\lambda_{gr} = \frac{c}{f_{gr}}$ auftreten kann. Damit scheidet auch die Abb. 2b aus.
Abb. 2a zeigt den korrekten Zusammenhang.

Der vereinfachte Aufbau eines Teilchenbeschleunigers ist auf Blatt 3 in Abbildung 1 maßstäblich dargestellt. In den Bereichen I und III befindet sich ein homogenes Magnetfeld. Die magnetische Flussdichte ist in den beiden Bereichen gleich gerichtet und hat jeweils den Betrag 524 mT. Im Bereich II befindet sich ein homogenes elektrisches Feld, dessen elektrische Feldstärke den Wert $524\,kVm^{-1}$ hat. Die Richtung der elektrischen Feldstärke kann entweder in positive oder negative x-Richtung zeigen.
Zum Zeitpunkt 0 s werden Protonen am Punkt P(0 | 2) mit vernachlässigbarer Anfangsgeschwindigkeit in den Teilchenbeschleuniger eingebracht. Die Protonen verlassen den Beschleuniger im Punkt Q und werden dann mit einem Detektor nachgewiesen. Die gesamte Anordnung befindet sich im Vakuum.

a) Zunächst bewegen sich die Protonen durch den Bereich II vom Punkt P zum Punkt A(1 | 2) und durchlaufen anschließend das Magnetfeld im Bereich III (siehe Abb. 1).

- Geben Sie die Richtung der elektrischen Feldstärke an und berechnen Sie den Betrag der Kraft auf die Protonen im Bereich II.
- Zeigen Sie, dass die Protonen im Punkt A eine Geschwindigkeit von $1{,}00 \cdot 10^6\,ms^{-1}$ besitzen.
- Geben Sie die Richtung der magnetischen Flussdichte an.
- Bestätigen Sie rechnerisch den dargestellten Bahnradius.
- Vergleichen Sie die Wirkung der Kräfte auf die Protonen in den Bereichen II und III. (9 VP)

b) Damit die Protonen von P bis zum Detektor gelangen, muss die Richtung der elektrischen Feldstärke im Bereich II regelmäßig passend geändert werden. Die Abbildung 2 auf Blatt 3 zeigt das Zeit-Geschwindigkeit-Diagramm der Bewegung der Protonen von P bis zum Detektor.

- Geben Sie in Abbildung 2 auf Blatt 3 zu den einzelnen Abschnitten des Graphen jeweils an, in welchem der drei Bereiche I, II oder III sich die Protonen gerade aufhalten.
- Skizzieren Sie auf Blatt 3 in Abbildung 1 den weiteren Verlauf der Bahn der Protonen von P bis zum Detektor.
- Äußern Sie mithilfe von Abbildung 2 eine Vermutung über die jeweilige Verweildauer in den Bereichen I und III und bestätigen Sie diese rechnerisch.

Die Zeitspannen, in denen die Geschwindigkeit zunimmt, werden immer kürzer. Die Steigung des Graphen bleibt aber in diesen Abschnitten gleich.

- Erklären Sie diese beiden Aspekte.
- Schätzen Sie den insgesamt von den Protonen zurückgelegten Weg von P bis Q ab. (12 VP)

c) In einem neuen Experiment kann in dem in Abbildung 3 markierten rechteckigen Bereich entweder nur ein homogenes magnetisches Feld oder nur ein homogenes elektrisches Feld erzeugt werden. Elektronen treten im Punkt (0 | 10) mit der Geschwindigkeit $2{,}00 \cdot 10^7\ \text{ms}^{-1}$ in x-Richtung in den Feldbereich ein. In Abbildung 3 sind für drei Fälle jeweils das x-y-Diagramm der Bahnkurve und das zugehörige Zeit-Bahngeschwindigkeit-Diagramm für die Bewegung im Feldbereich abgebildet. Die Bewegung der Elektronen verläuft in allen drei Fällen in der x-y-Ebene.

- Geben Sie für jeden der drei Fälle an,
  - ob ein magnetisches Feld oder ein elektrisches Feld vorhanden ist,
  - welchen Betrag und welche Richtung die magnetische Flussdichte bzw. die elektrische Feldstärke haben kann.

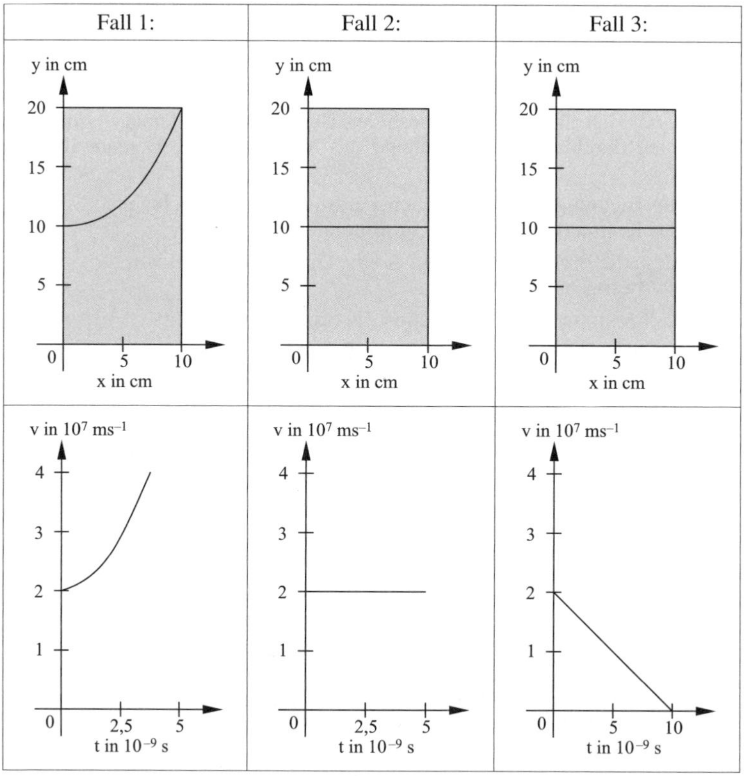

Abb. 3

(9 VP)

Lichtgeschwindigkeit im Vakuum: $c = 3{,}00 \cdot 10^8\ \text{ms}^{-1}$
Elementarladung: $e = 1{,}60 \cdot 10^{-19}\ \text{C}$
Elektronenmasse: $m_e = 9{,}11 \cdot 10^{-31}\ \text{kg}$
Protonenmasse: $m_p = 1{,}67 \cdot 10^{-27}\ \text{kg}$
Von relativistischen Effekten wird abgesehen.

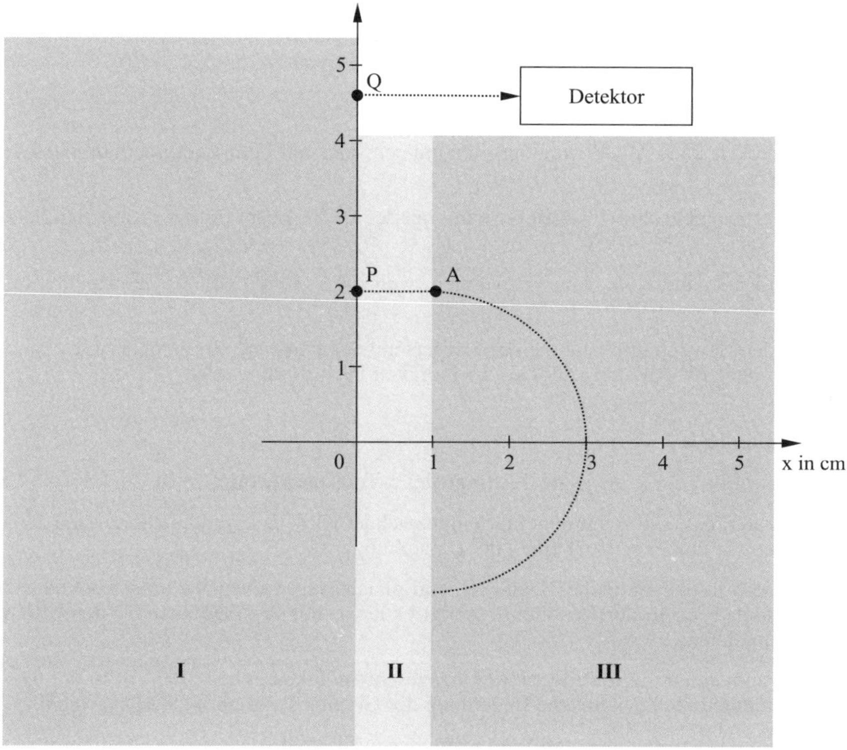

Abb. 1

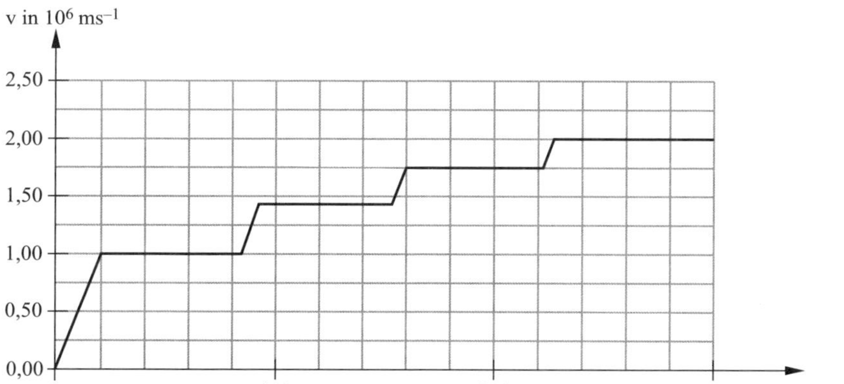

Abb. 2

Tipps und Hinweise zur Lösung von Aufgabe III

Tipps zu Teilaufgabe a

- Protonen sind positiv geladene Teilchen.
- Die Geschwindigkeit kann mit Bewegungsgleichungen oder mit dem Energieerhaltungssatz berechnet werden.
- Die Richtung der magnetischen Flussdichte kann mit der UVW-Regel für die rechte Hand bestimmt werden.
- Das Proton wird auf eine Kreisbahn gezwungen, weil die Lorentzkraft als Zentripetalkraft wirkt.
- Kräfte können den Bewegungszustand eines Körpers auf verschiedene Art verändern. Es kann der Betrag, aber auch die Richtung der Geschwindigkeit beeinflusst werden.

Tipps zu Teilaufgabe b

- Diese Teilfrage wurde gerade als letzte Teilfrage des a-Teils beantwortet.
- Skizzieren bedeutet, dass die Bahn ungefähr eingezeichnet wird, es kommt nicht auf den Millimeter an – aber wie immer schadet eine gute Darstellung nie!
- Die Verweildauern in den Bereichen I und III sind gleich lang. Geben Sie auch konkret die abgelesene Zeitdauer an. In der Rechnung genügt es nicht, nur die Zeitdauer für den ersten Halbkreis auszurechnen.
- Betrachten Sie zum einen die jeweiligen Anfangsgeschwindigkeiten beim Eintritt in den Bereich II, zum anderen die physikalische Bedeutung der Graphensteigung im t-v-Diagramm.
- Den zwischen P und Q zurückgelegten Weg kann man auf verschiedene Arten abschätzen.
  - Der Weg setzt sich aus verschiedenen Halbkreisbögen und Strecken zusammen. Die Werte kann man der Skizze entnehmen und kommt zu einem brauchbaren Ergebnis.
  - Die Fläche unter der Kurve im t-v-Diagramm ist ein Maß für den zurückgelegten Weg. Sie müssen nur die Karos abzählen und schauen, welcher Weg einem Karo entspricht.
  - Eleganter ist es, wenn man die Radien der Halbkreise wirklich ausrechnet. Dann bekommt man das exakte Ergebnis.

Tipps zu Teilaufgabe c

- Lesen Sie den Aufgabentext genau: Es liegt entweder nur ein elektrisches oder nur ein magnetisches Feld vor.
- Wenn Sie zuerst die t-v-Diagramme anschauen, müsste Ihnen klar sein, in welchen Fällen ein elektrisches bzw. ein magnetisches Feld vorliegt. Unterscheiden Sie auch zwischen elektrischem Längsfeld und Querfeld.

Lösung

a) **Richtung und Betrag des elektrischen Feldes**
Die positiven Protonen werden von P nach A beschleunigt. Deshalb befindet sich bei A der Minuspol des elektrischen Feldes und die Feldlinien zeigen von P nach A.
Auf die Protonen wirkt die Kraft

$$F = e \cdot E = 524\,000 \cdot 1{,}60 \cdot 10^{-19}\ N = 8{,}38 \cdot 10^{-14}\ N.$$

Geschwindigkeit der Protonen
Die Protonen bekommen im elektrischen Feld der Stärke $E = \frac{U}{d}$ die kinetische Energie

$$\frac{1}{2} m \cdot v^2 = e \cdot U \quad \text{bzw.}$$

$$\frac{1}{2} m \cdot v^2 = e \cdot E \cdot d.$$

Auflösen nach v ergibt

$$v = \sqrt{\frac{2e \cdot E \cdot d}{m}} = \sqrt{\frac{2 \cdot 1{,}60 \cdot 10^{-19} \cdot 524\,000 \cdot 0{,}01}{1{,}67 \cdot 10^{-27}}}\ \frac{m}{s} = 1{,}00 \cdot 10^6\ \frac{m}{s}.$$

Die Richtung der magnetischen Flussdichte
Die Richtung der magnetischen Flussdichte kann mit der UVW-Regel für die rechte Hand bestimmt werden. Im Punkt A gilt:

U(rsache): Bewegung nach rechts, also Daumen nach rechts.
W(irkung): Richtung der Kraft, also Mittelfinger nach unten.
V(ermittlung): Die Richtung der gesuchten magnetischen Flussdichte wird durch den Zeigefinger angezeigt. Er zeigt ebenso wie die magnetische Flussdichte **aus der Zeichenebene heraus**.

Radius der Kreisbahn
Im Magnetfeld wirkt die Lorentzkraft als Zentripetalkraft:

$$F_L = F_Z$$

$$\Leftrightarrow \quad B \cdot e \cdot v = \frac{m \cdot v^2}{r}. \qquad (*)$$

Umformen ergibt:

$$r = \frac{m \cdot v}{B \cdot e} = \frac{1{,}67 \cdot 10^{-27} \cdot 1{,}00 \cdot 10^6}{0{,}524 \cdot 1{,}60 \cdot 10^{-19}}\ m = 0{,}0199\ m.$$

Dies stimmt mit dem Wert aus der Zeichnung überein.

Wirkung der Kräfte
Im Bereich II wirkt die elektrische Kraft in Bewegungsrichtung. Der Betrag der Geschwindigkeit wird vergrößert, die Richtung bleibt unverändert.
Im Bereich III wirkt die magnetische Lorentzkraft senkrecht zur Bewegungsrichtung. Die Protonen werden auf eine Kreisbahn gelenkt, die sie mit konstantem Geschwindigkeitsbetrag durchlaufen.

b) **Wo befindet sich gerade ein Proton?**

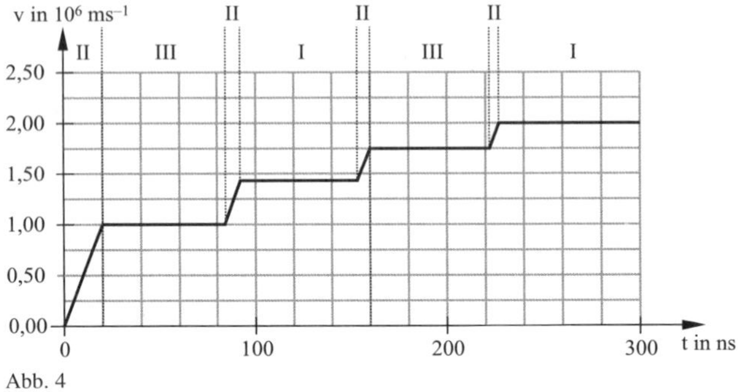

Abb. 4

Erklärung (laut Aufgabenstellung nicht verlangt): Zuerst wird das Proton im Bereich II auf der Strecke von P nach A gleichmäßig beschleunigt (Zeichnung: lineare Zunahme der Geschwindigkeit). Im Bereich III bleibt der Betrag der Geschwindigkeit konstant (Verweildauer ca. 63 ns). Anschließend wird das Proton im Bereich II wieder beschleunigt. Im Bereich I bleibt die Geschwindigkeit konstant (Verweildauer wiederum ca. 63 ns) usw.

Skizze des Bahnverlaufs

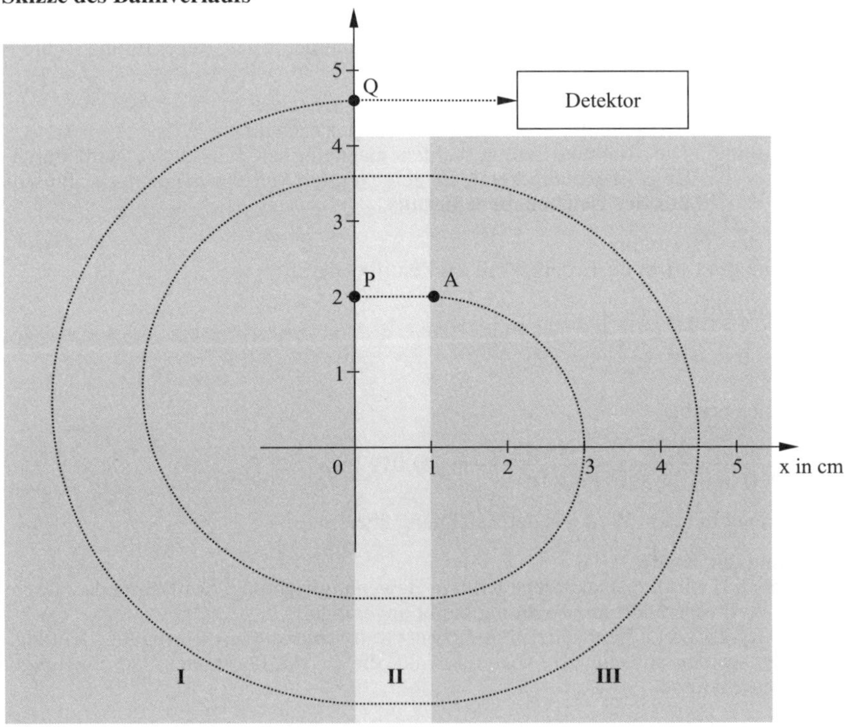

Abb. 5

Verweildauer

Der Abb. 2 entnimmt man, dass die Verweildauern offenbar konstant sind und ca. 63 ns betragen. Zur rechnerischen Bestätigung setzt man für die Dauer, einen Halbkreis zu durchlaufen,

$$T = \frac{\pi \cdot r}{v}$$

an und ersetzt mithilfe von Gleichung (*) $\frac{r}{v} = \frac{m}{B \cdot e}$. Damit erhält man

$$T = \frac{\pi \cdot r}{v} = \frac{\pi \cdot m}{B \cdot e} = \frac{\pi \cdot 1{,}67 \cdot 10^{-27}}{0{,}524 \cdot 1{,}60 \cdot 10^{-19}}\, s = 62{,}6\ ns.$$

Der Grund für die Konstanz von T liegt also darin, dass der Bahnradius und die Bahngeschwindigkeit in gleichem Maße ansteigen ($r \sim v$ für $B = \text{konst.}$).

Steigung und Zeitspannen bei zunehmender Geschwindigkeit

Wenn die Geschwindigkeit zunimmt, befinden sich die Protonen im Bereich des elektrischen Feldes. Die Steigung im t-v-Diagramm ist die Beschleunigung $a = \frac{v}{t}$. Wegen

$$a = \frac{F}{m} = \frac{e \cdot E}{m}$$

ist diese Größe konstant. Tritt ein Proton wieder in den Bereich II ein, hat es eine höhere Anfangsgeschwindigkeit, was dazu führt, dass die Verweildauer kürzer wird.

Abschätzung des zwischen P und Q zurückgelegten Weges

Man kann den Weg s_{PQ} ermitteln, indem man die Fläche im t-v-Diagramm bestimmt ($= s_{PD}$, Strecke P–Detektor) und davon die Strecke s_{QD} (Q–Detektor) abzieht. In Abb. 1 misst man hierfür $s_{QD} = 2{,}1$ cm. Ein Karo in Abb. 2 entspricht der Strecke

$$20 \cdot 10^{-9}\, s \cdot 0{,}25 \cdot 10^{6}\, \frac{m}{s} = 0{,}005\ m.$$

Es sind 80 ganze Karos, die restliche Fläche beträgt ca. 9 Karos, insgesamt also 89 Karos. Dies ergibt eine Strecke von

$$s_{PQ} = s_{PD} - s_{QD} = 89 \cdot 0{,}005\ m - 0{,}021\ m = 0{,}42\ m = 42\ cm$$

Berechnung des zwischen P und Q zurückgelegten Weges (nicht verlangt)

Der gesamte Weg setzt sich aus 4 Strecken zu je 1 cm sowie 4 Halbkreisen mit zunehmendem Radius zusammen. Die Geschwindigkeit nimmt bei jedem Beschleunigungsvorgang zu. Es gilt:

$$\frac{1}{2} m \cdot v_n^2 = n \cdot e \cdot U$$

Dabei ist n die Anzahl der Beschleunigungsvorgänge. Auflösen nach v_n ergibt:

$$v_n = \sqrt{\frac{2n \cdot e \cdot U}{m}} = \sqrt{n} \cdot \sqrt{\frac{2e \cdot U}{m}} = \sqrt{n} \cdot v_1$$

Der erste Halbkreisradius beträgt 1,99 cm. Die zurückgelegte Strecke beträgt

$$s_1 = \pi \cdot r_1 = \pi \cdot 1{,}99\ cm = 6{,}25\ cm.$$

Wegen des Proportionalität zwischen r und v gilt $\frac{s_n}{s_1} = \frac{r_n}{r_1} = \frac{v_n}{v_1} = \sqrt{n}$ und daher

$$s_2 = s_1 \cdot \sqrt{2} = 8{,}84\ cm, \quad s_3 = s_1 \cdot \sqrt{3} = 10{,}83\ cm, \quad s_3 = s_1 \cdot \sqrt{4} = 12{,}50\ cm.$$

Die Summe aller Wege beträgt:

$$S = 4{,}00\ cm + 6{,}25\ cm + 8{,}84\ cm + 10{,}83\ cm + 12{,}50\ cm = 42{,}42\ cm$$

c) **Fall 1**
Die Flugbahn der Elektronen scheint eine Parabelbahn zu sein. Es ist auf keinen Fall eine Kreisbahn. Der Betrag der Geschwindigkeit nimmt nichtlinear zu. Diese Fakten – Zunahme der Geschwindigkeit, keine Kreisbahn – sprechen dagegen, dass hier ein magnetisches Feld vorliegt. Es liegt also ein elektrisches Feld vor, das die Elektronen nach oben ablenkt. Oben sitzt der Pluspol, die Feldlinien gehen von oben nach unten. Die Verweildauer im E-Feld beträgt

$$t = \frac{x}{v_0} = \frac{0{,}10}{2{,}00 \cdot 10^7}\,s = 5{,}0 \cdot 10^{-9}\,s,$$

da die Elektronen 10 cm in x-Richtung zurücklegen. Für die zurückgelegten Wege gilt:

$$x(t) = v_0 \cdot t \quad \text{bzw.} \quad y(t) = \frac{1}{2} a \cdot t^2$$

In dieser Zeit werden die Elektronen in y-Richtung um 10 cm abgelenkt. Daraus folgt

$$a = \frac{2y}{t^2} = \frac{2 \cdot 0{,}10}{(5{,}0 \cdot 10^{-9})^2}\,\frac{m}{s^2} = 8{,}0 \cdot 10^{15}\,\frac{m}{s^2},$$

woraus mit $F = m \cdot a = e \cdot E$ dann die elektrische Feldstärke berechnet werden kann:

$$E = \frac{m \cdot a}{e} = \frac{9{,}11 \cdot 10^{-31} \cdot 8{,}0 \cdot 10^{15}}{1{,}60 \cdot 10^{-19}}\,\frac{V}{m} \approx 46\,\frac{kV}{m}$$

Fall 2
Die Elektronen bewegen sich mit konstantem Geschwindigkeitsbetrag in x-Richtung weiter und werden nicht abgelenkt. Hier kann kein elektrisches Feld vorliegen. Es liegt ein Magnetfeld vor, dessen Feldlinien parallel zur (positiven oder negativen) x-Richtung verlaufen. Dann wirkt keine Lorentzkraft auf die Elektronen und der Betrag der magnetischen Flussdichte spielt keine Rolle.

Fall 3
Die Elektronen bewegen sich in x-Richtung und werden auf 10 cm gleichmäßig auf $0\,\frac{m}{s}$ abgebremst. Der Minuspol des elektrischen Feldes liegt rechts, die Feldlinien zeigen von links nach rechts. Die Elektronen verlieren ihre gesamte kinetische Energie:

$$\frac{1}{2} m \cdot v^2 = e \cdot U$$

Somit kann die elektrische Feldstärke $E = \frac{U}{d}$ berechnet werden:

$$E = \frac{m \cdot v^2}{2e \cdot d} = \frac{9{,}11 \cdot 10^{-31} \cdot (2{,}00 \cdot 10^7)^2}{2 \cdot 1{,}60 \cdot 10^{-19} \cdot 0{,}10}\,\frac{V}{m} = 11{,}4\,\frac{kV}{m}$$

Alternative: Es liegt eine gleichmäßig verzögerte Bewegung vor. Die Beschleunigung a beträgt

$$|a| = \frac{\Delta v}{\Delta t} = \frac{2{,}00 \cdot 10^7}{10 \cdot 10^{-9}}\,\frac{m}{s^2} = 2{,}00 \cdot 10^{15}\,\frac{m}{s^2}.$$

Die verzögernde elektrische Kraft ist

$$F = m \cdot a = 9{,}11 \cdot 10^{-31} \cdot 2{,}00 \cdot 10^{15}\,N = 1{,}82 \cdot 10^{-15}\,N$$

und die elektrische Feldstärke somit

$$E = \frac{F}{e} = \frac{1{,}82 \cdot 10^{-15}}{1{,}60 \cdot 10^{-19}}\,\frac{V}{m} = 11{,}4\,\frac{kV}{m}.$$

Abiturprüfung an den allgemeinbildenden Gymnasien (Baden-Württemberg) 2011
Prüfungsfach: Physik – Aufgabe IV

a) Ein Sender strahlt eine elektromagnetische Welle aus, die in einiger Entfernung senkrecht auf eine Metallplatte trifft. Ein Detektor wird entlang der Verbindungslinie zwischen Sender und Metallplatte verschoben. Dabei misst er die Stärke des empfangenen Signals in Abhängigkeit vom Abstand x zur Metallplatte. Abbildung 1 zeigt das zugehörige Messdiagramm.

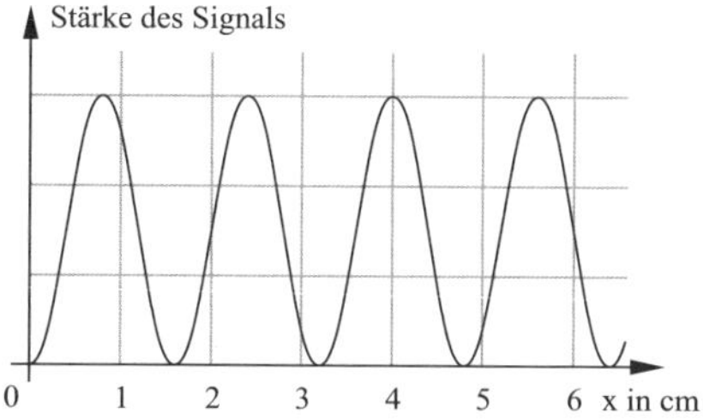

Abb. 1

- Begründen Sie, weshalb das Diagramm Minima und Maxima der Signalstärke aufweist.
- Bestimmen Sie anhand des Diagramms die Wellenlänge und die Frequenz der elektromagnetischen Welle.
- Beschreiben Sie ein analoges Experiment mit mechanischen Wellen. (7 VP)

b) In einem Praktikumsversuch wird eine Kugel durch eine geeignete Vorrichtung mit der Anfangsgeschwindigkeit 6,00 ms^{-1} senkrecht nach oben geschossen. Dabei wird die maximale Steighöhe 1,80 m gemessen. Vom Luftwiderstand kann abgesehen werden.

- Berechnen Sie aus diesen Messwerten die Erdbeschleunigung g.
- Beschreiben Sie ein analoges Experiment in einem elektrischen Feld.
- Geben Sie zwei physikalische Größenpaare an, die sich in den beiden Experimenten entsprechen. (7 VP)

c) In einem neuen Versuch wird das Sinken einer kleinen Kugel in einer Flüssigkeit aus der Ruhe heraus untersucht. Dabei wird zu verschiedenen Zeitpunkten die Geschwindigkeit der sinkenden Kugel bestimmt. Die Kugel hat die Masse 6,20 g. Es ergeben sich folgende Messwerte:

Zeit t in s	0	0,20	0,40	0,60	0,80	1,00	1,20	1,40	1,60	1,80
Geschwindigkeit v in cm s^{-1}	0	1,20	2,15	2,60	2,90	3,20	3,30	3,40	3,45	3,50

- Zeichnen Sie ein Zeit-Geschwindigkeit-Diagramm der Sinkbewegung.

Die Reibungskraft wächst beim Fallen dieser Kugel proportional zur Geschwindigkeit. Die Auftriebskraft soll im Folgenden nicht berücksichtigt werden.

- Begründen Sie den Verlauf des gezeichneten Diagramms.
- Erläutern Sie, weshalb bei dem gesamten Sinkvorgang Entropie erzeugt wird.

Der Sinkvorgang beginnt in der Flüssigkeit 50 cm über dem Boden des Gefäßes. Nach einer gewissen Zeit liegt die Kugel am Boden. Die Umgebungstemperatur beträgt 22 °C.

- Berechnen Sie die Menge der dabei maximal erzeugten Entropie. (9 VP)

d) In einem evakuierten Raumbereich befindet sich flüssiges Natrium, das ausdampft. Ein feiner Strahl von Natriumatomen trifft zunächst bei B auf einen Auffangschirm (siehe Abb. 2). Wird nun der Natriumdampf bei A mit monochromatischem Licht bestrahlt, so kommt es zur Absorption von Photonen, wenn die Energie der Photonen 2,1 eV beträgt.

- Zeigen Sie, dass in diesem Fall die Wellenlänge des Lichts 592 nm beträgt.

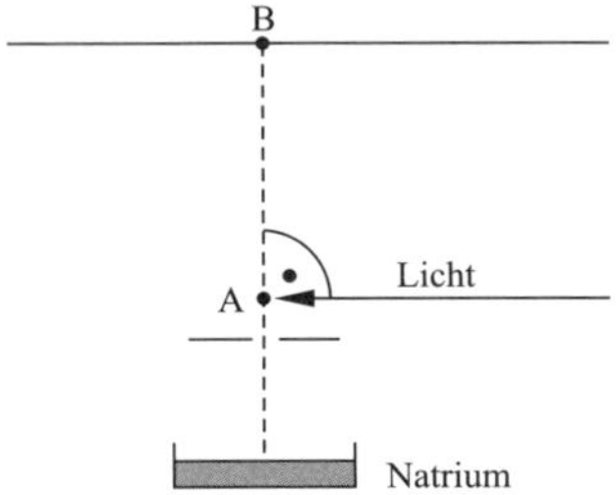

Abb. 2

Wenn der Natriumstrahl von rechts mit Licht dieser Wellenlänge bestrahlt wird, so stellt man fest, dass nun einige Natriumatome etwas links von B auftreffen.

- Begründen Sie dies physikalisch.

Es werden nun Natriumatome betrachtet, die mit einer Geschwindigkeit von 725 ms^{-1} durch die Blende treten und genau ein Photon absorbieren. Die Strecke AB ist 0,50 m lang.

- Berechnen Sie die Verschiebung auf dem Schirm. (7 VP)

Lichtgeschwindigkeit im Vakuum: $c = 3{,}00 \cdot 10^{8}\ ms^{-1}$
Masse eines Natriumatoms: $m_{Na} = 3{,}82 \cdot 10^{-26}$ kg
Planck'sches Wirkungsquantum: $h = 6{,}63 \cdot 10^{-34}$ Js
Elementarladung: $e = 1{,}60 \cdot 10^{-19}$ C
Erdbeschleunigung: $g = 9{,}81\ ms^{-2}$
$1\ eV = 1{,}60 \cdot 10^{-19}$ J
$0\ K = -273{,}15\ °C$

Tipps und Hinweise zur Lösung von Aufgabe IV

Tipps zu Teilaufgabe a

- Durch die Reflexion an der Metallplatte gibt es zwei gegenläufige Wellen mit gleicher Wellenlänge, die sich zu einer stehenden Welle überlagern.
- Der Abstand zweier Knoten entspricht der halben Wellenlänge.
- Wird ein langes elastisches Seil an der einen Seite auf- und abbewegt und an der anderen Seite befestigt, so wird die entstehende Welle reflektiert.

Tipps zu Teilaufgabe b

- Diese Teilaufgabe kann mithilfe des Energieerhaltungssatzes oder mit Bewegungsgleichungen gelöst werden.
- Ein geladenes Teilchen wird in einem elektrischen Feld abgebremst.
- Die Stärke eines Feldes kann man durch die Kraft auf einen Probekörper festlegen.

Tipps zu Teilaufgabe c

- Achten Sie auf die vollständige Beschriftung des Diagramms.
- Mit zunehmender Zeit und Geschwindigkeit steigt die Reibungskraft bis zu einem gewissen Grenzwert an. Welche Konsequenz hat dies?
- Falls Ihnen die Formel für die Entropie noch nicht geläufig ein sollte: $\Delta S = \frac{\Delta W}{T}$

Tipps zu Teilaufgabe d

- Die Photonenenergie muss in Joule umgerechnet werden.
- Fassen Sie die Photonen als Teilchen auf, die einen Impuls übertragen.
- Der Zusammenhang zwischen Impulsen und Längen ist durch einen Strahlensatz gegeben.

Lösung

a) **Warum gibt es Minima und Maxima?**
Die vom Sender ausgehende Welle trifft senkrecht auf eine Metallplatte, an der sie reflektiert wird. Zwei gegenläufige Wellen mit gleicher Wellenlänge und Polarisationsebene überlagern sich zu einer stehenden Welle mit der gleichen Wellenlänge wie die einlaufende Welle. Die stehende Welle weist Bäuche und Knoten auf. Der Abstand der Knoten voneinander beträgt eine halbe Wellenlänge. Die Intensität in den Knoten ist null, während sie in den Bäuchen maximal ist.

Frequenz und Wellenlänge der Welle
Der Abstand zweier Knoten beträgt 1,6 cm. Dies entspricht einer halben Wellenlänge. Die Wellenlänge beträgt $\lambda = 3{,}2$ cm. Wegen $\lambda \cdot f = c$ beträgt die Frequenz

$$f = \frac{c}{\lambda} = \frac{3{,}00 \cdot 10^8}{0{,}032} \frac{1}{s} = 9{,}38 \cdot 10^9 \text{ Hz}.$$

Beschreibung eines analogen Experimentes
Ein langes elastisches Seil wird an der einen Seite harmonisch zu Schwingungen angeregt. Es breitet sich eine Welle aus. Trifft sie auf ein festes Ende, so wird sie mit Phasensprung reflektiert und es entsteht unabhängig von der Frequenz eine stehende Welle, die am festen Ende einen Knoten aufweist.

b) **Berechnung der Erdbeschleunigung g**
Wird die Kugel nach oben geschossen, so wird die kinetische Energie der Kugel in Lageenergie umgewandelt:

$$m \cdot g \cdot h = \frac{1}{2} m \cdot v^2 \quad \Rightarrow \quad g = \frac{v^2}{2h} = \frac{6{,}00^2}{2 \cdot 1{,}80} \frac{m}{s^2} = 10{,}0 \frac{m}{s^2}.$$

Alternative: Da beim senkrechten Wurf nach oben die Steig- und die Fallbewegung symmetrisch zueinander verlaufen, kann man die Steighöhenformel mit den Bewegungsgleichungen des freien Falls herleiten:

$$s(t) = \frac{1}{2} g \cdot t^2, \quad v(t) = g \cdot t.$$

Die Fallzeit beträgt $t = \frac{v}{g}$, damit ergibt sich für die Fallstrecke:

$$s = \frac{1}{2} g \cdot \frac{v^2}{g^2} = \frac{v^2}{2g}$$

Die Fallstrecke s ist aber gleich groß wie die Steighöhe h.

Beschreibung eines analogen Experimentes
Im mechanischen Experiment bewegt sich die Kugel gegen die Feldlinien des Gravitationsfeldes und wandelt ihre kinetische Energie in potenzielle Energie um.
Um ein elektrisch geladenes Teilchen mit definierter Anfangsgeschwindigkeit zu erzeugen, verwendet man z. B. einen Draht, den man an eine Spannungsquelle anschließt, sodass er erhitzt wird. Es treten Elektronen aus dem Draht aus, die mithilfe eines elektrischen Feldes beschleunigt werden. Diese Elektronen werden nun durch eine Öffnung in einen Kondensator eingeschossen, der mit einer Spannungsquelle verbunden ist. Die andere Platte des Kondensators ist über ein Amperemeter mit dem Glühdraht verbunden. Dreht man nun die Spannung des Kondensators hoch, bis kein Strom mehr nachgewiesen werden kann, so kennt man die Gegenspannung und damit die Energie des Elektrons.

Einander entsprechende physikalische Größenpaare
Die Elektronenladung e im elektrischen Feld entspricht der Masse m im Gravitationsfeld. Die Stärke des Gravitationsfeldes wird mit

$$g = \frac{G}{m}$$

angegeben (G: Gravitationskraft), ihr entspricht die elektrische Feldstärke

$$E = \frac{F}{e}.$$

Im mechanischen Experiment ist die Gravitationsfeldstärke g (= Erdbeschleunigung) fest vorgegeben, sie soll ermittelt werden. Wollte man dazu in *strenger* Analogie ein elektrisches Experiment konstruieren, wäre dabei dann die feste, aber unbekannte Feldstärke $E = U \cdot d^{-1}$ eines vorgegebenen Plattenkondensators zu bestimmen. Die Spannung U und der Plattenabstand d wären beide variabel und müssten stets in gleichem Maße verändert werden (wegen E = konst.). Sind $d = d_{max}$ und $U = U_{max}$ so eingestellt, dass die Elektronen mit der kinetischen Energie $W_{kin} = e \cdot U_{max}$ gerade nicht mehr die gegenüberliegende Platte erreichen, entspricht d_{max} der Steighöhe h im mechanischen Experiment. Die gesuchte Feldstärke wird dann mittels $E = U_{max} \cdot d_{max}^{-1}$ berechnet.

c) **Zeit-Geschwindigkeit-Diagramm**

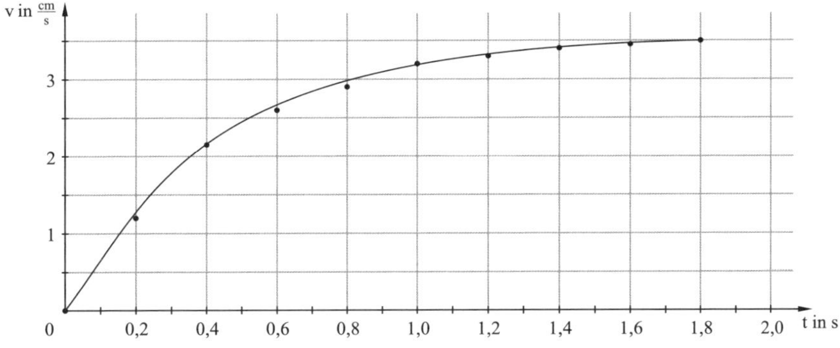

Abb. 3

Begründung des Kurvenverlaufs
Auf die anfänglich ruhende Kugel wirken zwei Kräfte, nämlich die Gewichtskraft G sowie die Auftriebskraft F_A. Beide Kräfte bleiben während der Sinkbewegung konstant. Da die Kugel nach unten sinkt, ist die Gewichtskraft größer als der Auftrieb (laut Aufgabenstellung braucht die Auftriebskraft nicht berücksichtigt zu werden!).
Mit zunehmender Geschwindigkeit steigt die der Bewegung entgegengesetzte Reibungskraft in der Flüssigkeit an. Die bremsende Reibungskraft nimmt so lange zu, bis sie so groß wie die Summe aus Gewichtskraft und Auftriebskraft ist. Dann wird die Kugel nicht mehr beschleunigt und sinkt mit konstanter Geschwindigkeit nach unten.

Es liegt ein beschränktes Wachstum vor, die Geschwindigkeit nähert sich asymptotisch ihrem Grenzwert, ohne ihn zu erreichen. In der Praxis stellt sich bei genügend langer Fallstrecke ein konstante Geschwindigkeit ein.

Warum wird Entropie erzeugt?
Die Kugel wird beim Fall wegen der Flüssigkeitsreibung abgebremst. Somit wird Entropie erzeugt.

Berechnung der maximal erzeugten Entropie
Es gilt:

$$\Delta S = \frac{\Delta W}{T} = \frac{m \cdot g \cdot h}{T} = \frac{0{,}00620 \cdot 9{,}81 \cdot 0{,}50}{295{,}15} \frac{J}{K} = 1{,}03 \cdot 10^{-4} \frac{J}{K}.$$

Da die absolute Temperatur T in der Kelvinskala einzusetzen ist, muss von der Celsius-Skala auf die Kelvinskala umgerechnet werden:

$$T = (22 + 273{,}15)\ K$$

d) **Berechnung der Wellenlänge**
Die Photonen tragen die Energie

$$W = 2{,}1\ eV = 2{,}1 \cdot 1{,}60 \cdot 10^{-19}\ J = 3{,}36 \cdot 10^{-19}\ J.$$

Wegen $W = h \cdot f$ beträgt die Frequenz des Lichtes

$$f = \frac{W}{h} = \frac{3{,}36 \cdot 10^{-19}}{6{,}63 \cdot 10^{-34}}\ Hz = 5{,}07 \cdot 10^{14}\ Hz.$$

Aus $\lambda \cdot f = c$ folgt die Wellenlänge:

$$\lambda = \frac{c}{f} = \frac{3{,}00 \cdot 10^{8}}{5{,}07 \cdot 10^{14}}\ m = 592\ nm.$$

Warum werden einige Natriumatome abgelenkt?
Trifft das Licht auf den Natriumstrahl, so wird der Impuls der absorbierten Photonen auf die Natriumatome übertragen und die Atome werden nach links abgelenkt.

Berechnung der Verschiebung
Mithilfe des Strahlensatzes findet man (Abb. 4)

$$\frac{d}{s} = \frac{p_L}{p_{Na}}.$$

Ein Photon hat den Impuls

$$p_L = \frac{h}{\lambda} = \frac{6{,}63 \cdot 10^{-34}}{592 \cdot 10^{-9}} \frac{kg \cdot m}{s} = 1{,}12 \cdot 10^{-27} \frac{kg \cdot m}{s}.$$

Ein Natriumatom hat den Impuls

$$p_{Na} = m \cdot v = 3{,}82 \cdot 10^{-26} \cdot 725 \frac{kg \cdot m}{s}$$

$$= 2{,}77 \cdot 10^{-23} \frac{kg \cdot m}{s}.$$

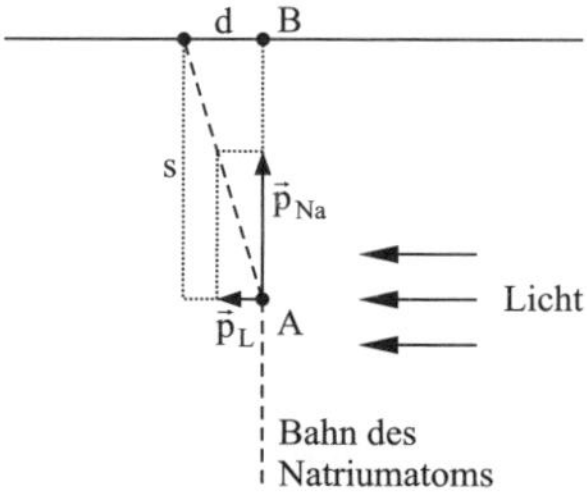

Abb. 4

Die Ablenkung ergibt sich schließlich zu

$$d = \frac{s \cdot p_L}{p_{Na}} = \frac{0{,}50 \cdot 1{,}12 \cdot 10^{-27}}{2{,}77 \cdot 10^{-23}}\ m = 2{,}02 \cdot 10^{-5}\ m.$$

Abiturprüfung an den allgemeinbildenden Gymnasien (Baden-Württemberg) 2012
Prüfungsfach: Physik – Aufgabe I

a) In der Fernbedienung einer Spielekonsole ist ein Beschleunigungssensor eingebaut, der die Beschleunigung in vertikaler Richtung misst. Die Fernbedienung hat die Masse 300 g und hängt an einer Feder mit vernachlässigbarer Masse (siehe Abb. 1). Nachdem die Fernbedienung nach unten ausgelenkt und zum Zeitpunkt 0 s losgelassen wurde, schwingt sie harmonisch. Ihre Signale werden von einem Computer erfasst und ausgewertet. Es ergeben sich folgende Messwerte:

t in s	0,0	0,2	0,4	0,5	0,7	1,0
a in ms^{-2}	4,60	3,25	0,00	–1,76	–4,25	–3,25

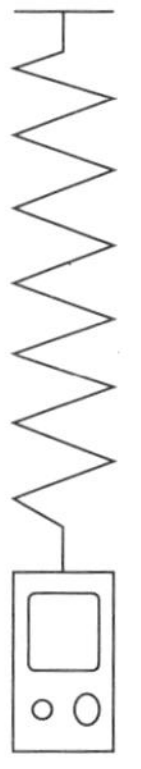
Abb. 1

- Zeichnen Sie das zugehörige Zeit-Beschleunigungs-Diagramm.
- Ermitteln Sie daraus die Schwingungsdauer.
- Geben Sie eine Funktionsgleichung für die Beschleunigung a(t) an.
- Bestimmen Sie, zu welchen Zeitpunkten im Intervall zwischen 0 s und 1,5 s der Geschwindigkeitsbetrag der Fernbedienung maximal ist.
- Berechnen Sie die maximale Auslenkung und die maximale Geschwindigkeit.
- Berechnen Sie die Federkonstante. (10 VP)

b) In einem neuen Experiment hängt die Fernbedienung aus Teilaufgabe a an einer speziellen Feder. Bei verschiedenen Auslenkungen aus der Gleichgewichtslage wird die Beschleunigung der Fernbedienung direkt nach dem Loslassen gemessen (siehe Abb. 2).

- Bestimmen Sie für den linearen Bereich die Federkonstante.

Die Auslenkung aus der Gleichgewichtslage beträgt 3,5 cm.

- Berechnen Sie die maximale Bewegungsenergie der Fernbedienung.

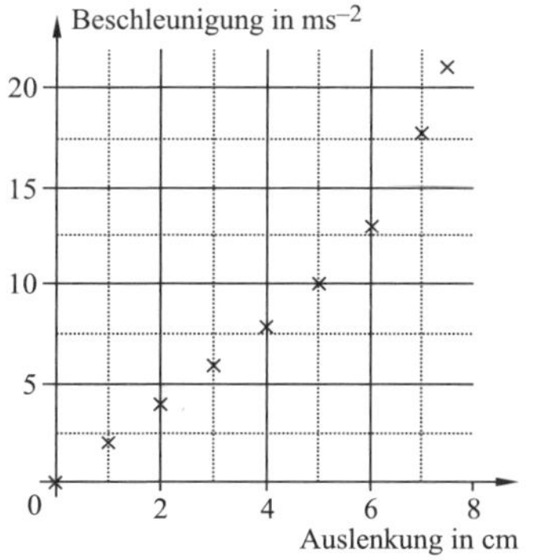

Abb. 2

Die Auslenkung wird nun verdoppelt und beträgt damit 7,0 cm. Der Wert der maximalen Bewegungsenergie hat sich dadurch mehr als vervierfacht.

- Erklären Sie diesen Sachverhalt.

Bei verschiedenen Amplituden s_0 zwischen 0 cm und 7,5 cm wird die Periodendauer T gemessen.

- Welche der Abbildungen 3a bis 3d beschreibt die Messergebnisse am besten? Begründen Sie ihre Antwort.

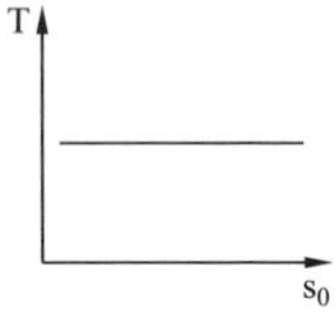

Abb. 3a

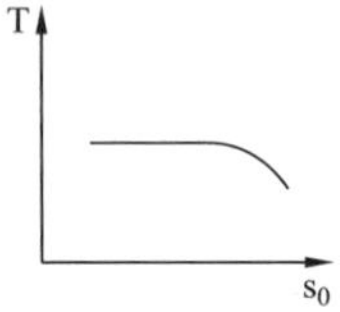

Abb. 3b

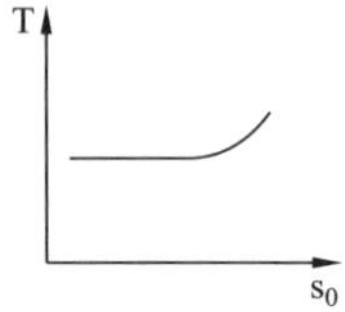

Abb. 3c

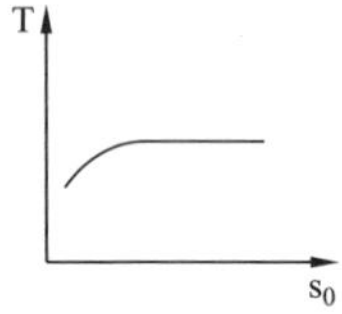

Abb. 3d

(10 VP)

c) In einer Wellenwanne befinden sich in den Punkten A und B zwei Wellenerreger (siehe Abb. 4). Die Erreger schwingen gleichphasig mit der Frequenz 20 Hz und mit gleicher Amplitude. Die Wellen sind harmonisch, ihre Ausbreitungsgeschwindigkeit beträgt $0{,}40\ \mathrm{ms}^{-1}$. Von der Abnahme der Amplitude mit der Entfernung vom Erreger und von Reflexionen am Rand der Wellenwanne wird abgesehen.

- Berechnen Sie die Wellenlänge.
- Zeigen Sie, dass für jeden beliebigen Punkt, der auf der Geraden durch A und B, aber außerhalb der Strecke AB liegt, ein Amplitudenminimum vorhanden ist.
- Untersuchen Sie die Amplitude im Punkt C.
- Bestimmen Sie den Faktor, um den sich die Schwingungsamplitude an der Stelle D von der Amplitude eines einzelnen Erregers unterscheidet.
- Untersuchen Sie, wie viele Amplitudenmaxima und -minima zwischen den Punkten A und D liegen.

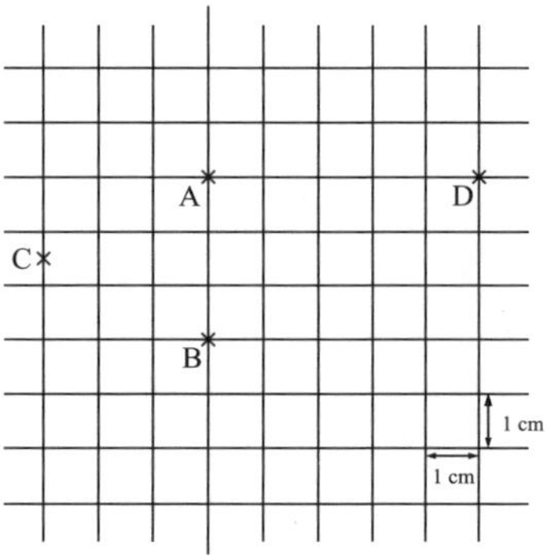

Abb. 4

(10 VP)

Tipps und Hinweise zur Lösung von Aufgabe I

Tipps zu Teilaufgabe a

- Wählen Sie für das Diagramm einen möglichst einfachen Maßstab.
- Wegen der glatten Werte in der Tabelle können Sie die Schwingungsdauer im Kopf berechnen.
- Am Diagramm erkennen Sie sofort, um welchen Funktionstyp es sich handelt. Die Amplitude steht schon in der Wertetabelle, die Schwingungsdauer müssen Sie noch in die Kreisfrequenz umrechnen.
- Überlegen Sie sich den Zusammenhang zwischen Beschleunigung und Geschwindigkeit, dann ist die Lösung offensichtlich.
- Am besten ist es, wenn Sie den Zusammenhang zwischen maximaler Auslenkung, maximaler Geschwindigkeit und maximaler Beschleunigung auswendig wissen. Ansonsten hilft zweimaliges Ableiten der s(t)-Funktion weiter.
- Die Federkonstante müssen Sie aus der Bewegung bestimmen. Die Formel kann aus a(t) hergeleitet werden, wenn Sie den Zusammenhang zwischen Kraft und Beschleunigung verwenden.

Tipps zu Teilaufgabe b

- Alle zur Bestimmung der Federkonstanten nötigen Formeln wurden bereits im a-Teil verwendet bzw. hergeleitet.
- Die maximale Bewegungsenergie können Sie sowohl aus der Geschwindigkeit als auch ohne Geschwindigkeit unter Verwendung des Energieerhaltungssatzes bestimmen.
- Wie verhält sich die Feder im nicht-linearen Bereich? Welche Auswirkungen hat dies auf die Spann- und damit auf die Bewegungsenergie?
- Wie hängt bei einer harmonischen Schwingung (d. h. bei Vorliegen eines linearen Kraftgesetzes) die Periodendauer von der Amplitude und von der Federkonstanten ab?

Tipps zu Teilaufgabe c

- Zur Berechnung der Wellenlänge benötigen Sie die Grundgleichung der Wellenlehre.
- Zur Bestimmung der Amplituden ist der Gangunterschied der von beiden Erregern ausgehenden Wellen wichtig.
- Beachten Sie, dass der Punkt C eine spezielle Lage aufweist.
- Zur Bestimmung der Amplitude im Punkt D müssen Sie die Zeiger der von A und B ausgehenden Wellen addieren. Dazu müssen Sie den Gangunterschied in einen Winkel umrechnen.
- Vergleichen Sie die Gangunterschiede, die zwischen den Punkten A und D auftreten, mit denjenigen an den Punkten A und D. Daraus können Sie auf Maxima und Minima schließen.

Lösung

a) **Zeit-Beschleunigungs-Diagramm**

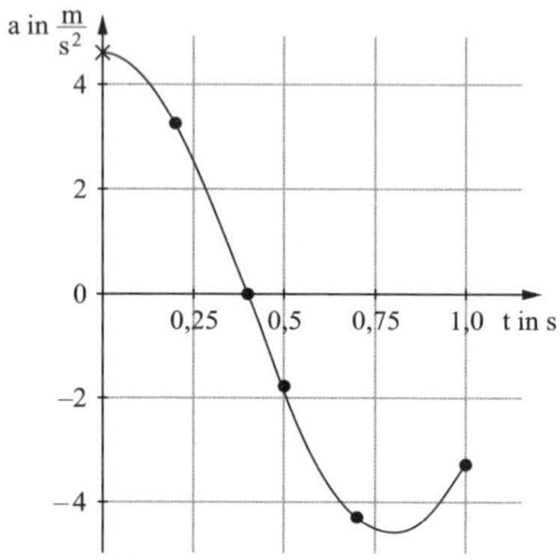

Abb. 5

Bestimmung der Schwingungsdauer
Die Beschleunigung wird durch eine Kosinusfunktion beschrieben, da die Fernbedienung zum Zeitpunkt null losgelassen wird und zu diesem Zeitpunkt die größte Beschleunigung erfährt.
Nach 0,4 s ist die Beschleunigung null. In diesem Moment wird die Gleichgewichtslage erreicht, es ist ein Viertel einer Periode vergangen. Die Schwingungsdauer beträgt deshalb T = 1,6 s.

Funktionsgleichung für die Beschleunigung a(t)
Zwischen der Kreisfrequenz ω und der Periodendauer T besteht der Zusammenhang

$$\omega = \frac{2\pi}{T} = \frac{2\pi}{1{,}6\ s} = 3{,}93\ \frac{1}{s}.$$

Die größte Beschleunigung beträgt $\hat{a} = 4{,}60\ \frac{m}{s^2}$. Die Beschleunigungsfunktion lautet deshalb

$$a(t) = \hat{a} \cdot \cos(\omega \cdot t) = 4{,}60\ \frac{m}{s^2} \cdot \cos\left(3{,}93\ \frac{1}{s} \cdot t\right).$$

Zeitpunkte mit maximaler Geschwindigkeit
Der Betrag der Geschwindigkeit ist genau dann maximal, wenn die Beschleunigung null ist, also zu den Zeitpunkten $\frac{T}{4} = 0{,}4$ s und $\frac{3}{4}T = 1{,}2$ s.

Maximale Auslenkung und maximale Geschwindigkeit
Für die Maximalwerte gelten die Zusammenhänge $\hat{v} = \hat{s} \cdot \omega$ und $\hat{a} = \hat{s} \cdot \omega^2$. Auflösen der zweiten Beziehung ergibt die maximale Auslenkung:

$$\hat{s} = \frac{\hat{a}}{\omega^2} = \frac{4{,}60}{3{,}93^2}\ m = 0{,}298\ m,$$

die maximale Geschwindigkeit beträgt

$$\hat{v} = \hat{s} \cdot \omega = 0{,}298 \cdot 3{,}93\ \frac{m}{s} = 1{,}17\ \frac{m}{s}.$$

Berechnung der Federkonstanten

$$D = m \cdot \omega^2 = 0{,}300 \cdot 3{,}93^2 \,\frac{N}{m} = 4{,}63 \,\frac{N}{m}.$$

Kleiner Exkurs: Wenn man die Formeln für die harmonische Schwingung nicht mehr genau weiß, kann man sie sich kurz noch einmal herleiten. Bei dieser Aufgabe wird der Körper im tiefsten Punkt losgelassen. Der Ort s(t) wird durch eine Minus-Kosinus-Funktion beschrieben. Der Rest ergibt sich durch Ableiten unter Verwendung der Kettenregel und aus der Newton'schen Grundgleichung:

$$s(t) = -\hat{s} \cdot \cos(\omega \cdot t)$$

$$v(t) = \dot{s}(t) = \hat{s} \cdot \omega \cdot \sin(\omega \cdot t)$$

$$a(t) = \dot{v}(t) = \hat{s} \cdot \omega^2 \cdot \cos(\omega \cdot t) = -\omega^2 \cdot s(t)$$

$$F(t) = m \cdot a(t) = -m \cdot \omega^2 \cdot s(t) = -D \cdot s(t)$$

b) **Bestimmung der Federkonstanten**

Der lineare Bereich endet bei einer Auslenkung von ca. 4 cm. Zur Auswertung kann das Wertepaar $\left(2{,}0\text{ cm} \,\middle|\, 4{,}0\,\frac{m}{s^2}\right)$ verwendet werden:

$$\omega^2 = \frac{\hat{a}}{\hat{s}} = \frac{4{,}0}{0{,}020}\,\frac{1}{s^2} = 200\,\frac{1}{s^2}.$$

Die gesuchte Federkonstante beträgt

$$D = m \cdot \omega^2 = 0{,}300 \cdot 200 \,\frac{N}{m} = 60 \,\frac{N}{m}.$$

Maximale Bewegungsenergie

Zur Berechnung der maximalen Bewegungsenergie wird die maximale Geschwindigkeit benötigt. Diese beträgt

$$\hat{v} = \hat{s} \cdot \omega = 0{,}035 \cdot 14{,}1 \,\frac{m}{s} = 0{,}495 \,\frac{m}{s}.$$

Die Fernbedienung hat die maximale Bewegungsenergie

$$\hat{W}_{kin} = \frac{1}{2} m \cdot \hat{v}^2 = \frac{1}{2} \cdot 0{,}300 \cdot 0{,}495^2 \text{ J} = 0{,}037 \text{ J}.$$

Alternativ können Sie die maximale Bewegungsenergie auch mit dem Energieerhaltungssatz berechnen:

$$\hat{W}_{kin} = \hat{W}_{spann} = \frac{1}{2} D \cdot \hat{s}^2 = \frac{1}{2} \cdot 60 \cdot 0{,}035^2 \text{ J} = 0{,}037 \text{ J}.$$

Bewegungsenergie im nicht-linearen Bereich

Für Auslenkungen über 4 cm liegen die Punkte nicht mehr auf, sondern oberhalb der Ursprungsgeraden. Die Feder ist für diese Auslenkungen härter geworden, die „Federkonstante" D ist gestiegen. Wegen $\hat{W}_{spann} = \frac{1}{2} D \cdot \hat{s}^2$ steigt die maximale Spannenergie bei Verdoppelung der Auslenkung auf den mehr als vierfachen Wert. Entsprechend vergrößert sich die maximale Bewegungsenergie.

Zuordnung der Abbildung
Für Auslenkungen bis 4 cm gilt das lineare Kraftgesetz und die Fernbedienung schwingt harmonisch. Das heißt, dass die Periodendauer für diese Auslenkungen nicht von der Auslenkung abhängt. Abbildung 3 d scheidet aus.
Für Auslenkungen ab 4 cm wird die Feder härter, die Fernbedienung wird stärker beschleunigt als dies beim linearen Kraftgesetz der Fall wäre und die Periodendauer wird verkürzt. Deshalb ist Abbildung 3 b die Lösung.

c) **Wellenlänge**
Wegen $\lambda \cdot f = c$ beträgt die Wellenlänge

$$\lambda = \frac{c}{f} = \frac{0{,}40}{20} \text{ m} = 0{,}020 \text{ m} = 2{,}0 \text{ cm}.$$

Nachweis des Amplitudenminimums
Der Abstand der beiden Wellenerreger beträgt 3,0 cm, das sind 1,5 Wellenlängen. Somit sind die beiden von A und B ausgehenden Wellen für alle Punkte der Geraden durch A und B, die außerhalb der Strecke AB liegen, immer gegenphasig und löschen sich gegenseitig aus. Vernachlässigt man die Abnahme der Amplituden mit der Entfernung, so bleiben diese Punkte in Ruhe.

Amplituden im Punkt C
Der Punkt C befindet sich auf der Mittelsenkrechten zur Strecke AB. Die Entfernungen zu A und B sind gleich, die Wellen kommen immer gleichphasig an (konstruktive Interferenz), woraus folgt, dass sich die Amplitude verdoppelt.

Amplitude im Punkt D
Um die Amplitude im Punkt D zu bestimmen, muss man die Zeiger der von A und B ausgehenden Wellen addieren. Dazu braucht man ihren Gangunterschied.
Die von B kommende Welle hat einen längeren Weg zurückgelegt, der mit dem Satz des Pythagoras berechnet werden kann:

$$\overline{BD} = \sqrt{3{,}0^2 + 5{,}0^2} \text{ cm} = \sqrt{34} \text{ cm} = 5{,}83 \text{ cm}.$$

Der Gangunterschied beträgt

$$\delta = 5{,}83 \text{ cm} - 5{,}0 \text{ cm} = 0{,}83 \text{ cm} = 0{,}415\lambda.$$

Dieser Gangunterschied muss nun in einen Winkel umgerechnet werden:

$$\delta = 0{,}415 \cdot 360^\circ = 150^\circ.$$

Um die resultierende Amplitude zu finden, muss man zwei Zeiger zeichnen, die einen Winkel von 150° einschließen (Abb. 6).

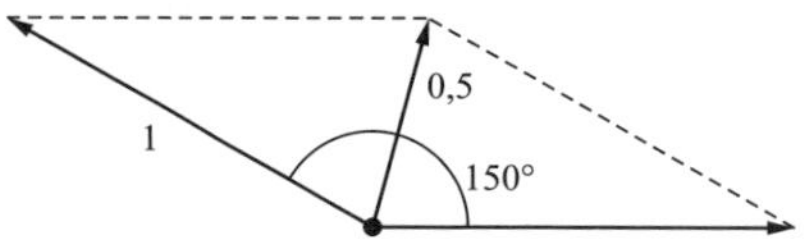

Abb. 6

Der resultierende Zeiger hat etwa die Länge 0,5. Folglich ist im Punkt D die Amplitude halb so groß wie eine ursprüngliche Amplitude.

Diese Teilaufgabe kann man auch rechnerisch lösen.

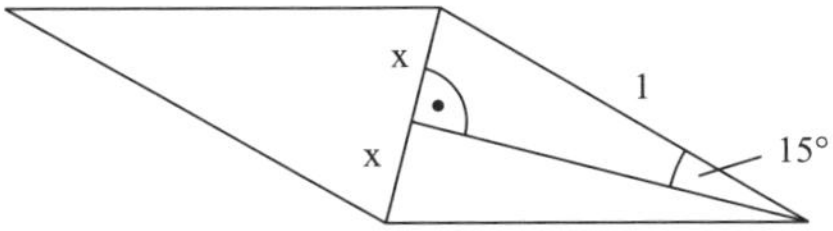

Abb. 7

Das Parallelogramm in Abb. 7 besteht aus zwei gleichschenkligen Dreiecken mit dem Winkel 30° an der Spitze. Dieses kann in zwei rechtwinklige Dreiecke mit 15° und der Hypotenuse 1 zerlegt werden.

$$\frac{x}{1} = \sin 15° \quad \Rightarrow \quad x = 0,26.$$

Somit beträgt der gesuchte Faktor $2x = 0{,}52$.

Anzahl der Amplitudenmaxima und –minima zwischen A und D

Der maximal mögliche Gangunterschied tritt im Punkt A auf und beträgt 1,5 λ.
Der minimal mögliche Gangunterschied tritt im Punkt D auf und beträgt 0,42 λ.
Somit gibt es auf der Strecke AB ein Maximum mit dem Gangunterschied λ sowie ein Minimum mit dem Gangunterschied 0,5 λ.

Abiturprüfung an den allgemeinbildenden Gymnasien (Baden-Württemberg) 2012
Prüfungsfach: Physik – Aufgabe II

Das Licht eines Laserpointers der Wellenlänge $\lambda = 633$ nm fällt senkrecht auf einen Doppelspalt mit dem Abstand g der beiden Spaltmitten. Parallel zum Doppelspalt befindet sich in einem Abstand von $a = 5{,}0$ m ein Schirm, auf dem Lichtflecke zu sehen sind. Abbildung 1 zeigt die Lichtflecke in wahrer Größe*.

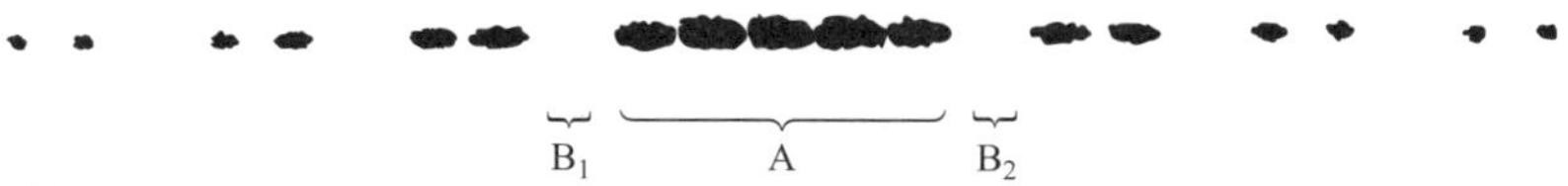

Abb. 1

a) Zunächst wird nur der Bereich A betrachtet.
- Erklären Sie, wie das Muster in diesem Bereich entsteht.
- Leiten Sie anhand einer Skizze die folgende Näherungsformel für den Abstand Δd zweier benachbarter Maxima her:

$$\Delta d = \lambda \cdot \frac{a}{g}.$$

- Ermitteln Sie mithilfe von Abbildung 1 den Abstand g der beiden Spaltmitten. (7 VP)

b) Nun werden die Bereiche B_1 und B_2 betrachtet.
- Erklären Sie, warum in den Bereichen B_1 und B_2 die Lichtflecke fehlen.
- Berechnen Sie anhand von Abb. 1 die Breite einer Spaltöffnung.

Betrachten Sie jetzt die Bereiche links von B_1 und rechts von B_2.
- Begründen Sie, warum jeder dritte Lichtfleck ausfällt.

Nun wird einer der beiden Spalte geschlossen.
- Beschreiben Sie, wie sich das Lichtfleckenmuster aus Abb. 1 verändert. Fertigen Sie hierzu eine geeignete Skizze an. (8 VP)

c) In einem neuen Experiment fällt Licht verschiedener Laserpointer auf die Kathode einer Fotozelle. Die entstehende Fotospannung U wird mit einem hochohmigen Voltmeter registriert. Man erhält die nebenstehende Messreihe (siehe Tab. 1).
- Erklären Sie das Auftreten der unterschiedlichen Spannungswerte.
- Bestimmen Sie mithilfe der Messwerte möglichst genau das Planck'sche Wirkungsquantum.

Farbe	**λ in nm**	**U in V**
Violett	405	0,78
Blau	447	0,50
Hellblau	473	0,34
Grün	532	0,05
Gelb	594	0,00
Rot	658	0,00

Tab. 1

* Hinweis der Redaktion: Abb. 1 ist hier aus Platzgründen im Maßstab 1:1,5 verkleinert gegenüber der Originalabbildung abgedruckt.

- Bestimmen Sie mithilfe von Tabelle 2 das Kathodenmaterial der verwendeten Fotozelle.
- Nennen Sie diejenigen Kathodenmaterialien aus Tabelle 2, für die bei allen oben angegebenen Laserpointern eine Fotospannung auftritt. Begründen Sie Ihre Antwort.

Metall	**Ablösungs-energie in eV**
BaO-Paste	0,99
Cäsium (Cs)	1,87
Natrium (Na)	2,27
Lithium (Li)	2,39
Zink (Zn)	4,27
Kupfer (Cu)	4,39
Silber (Ag)	4,51
Wolfram (W)	4,51
Gold (Au)	4,54
Platin (Pt)	5,30

Tab. 2

(10 VP)

d) *„[...] der Geist, [...] der für einen Augenblick alle Kräfte sowie die Lage und die Geschwindigkeit aller Teilchen, aus denen die Natur besteht, erfassen könnte und der genügend groß wäre, alle diese Daten einer Rechnung zugrunde zu legen, könnte die Bewegung der größten Körper des Weltalls und die der kleinsten Atome vorhersagen. Für ihn würde nichts unbestimmt sein und die Zukunft und die Vergangenheit würden offen vor ihm liegen [...]"*

Laplace, Pierre-Simon de (französischer Mathematiker): Essai philosophique sur les probabilités. Paris: Vve Courcier 1814

- Nehmen Sie unter Verwendung der Heisenberg'schen Unbestimmtheitsrelation Stellung zum Text von Laplace.
- Erläutern Sie ein Experiment, bei dem die Heisenberg'sche Unbestimmtheitsrelation von Bedeutung ist.

(5 VP)

Lichtgeschwindigkeit im Vakuum:	$c = 3{,}00 \cdot 10^{8}\ \text{ms}^{-1}$
Elektronenladung:	$e = 1{,}60 \cdot 10^{-19}\ \text{C}$
Planck'sches Wirkungsquantum:	$h = 6{,}63 \cdot 10^{-34}\ \text{Js} = 4{,}14 \cdot 10^{-15}\ \text{eVs}$
Umrechnung:	$1\ \text{eV} = 1{,}6 \cdot 10^{-19}\ \text{J}$

Tipps und Hinweise zur Lösung von Aufgabe II

Tipps zu Teilaufgabe a

- Die Erklärung des Doppelspaltmusters ist eine Standardaufgabe.
- Bei der Herleitung der Näherungsformel dürfen Sie den letzten Schritt, nämlich die Berechnung des gegenseitigen Abstands nicht vergessen.
- Beachten Sie den Maßstab 1:1,5 der Abb. 1. Die Bestimmung des Spaltmittenabstandes ist (fast) eine Einsetzaufgabe. Es ist sinnvoll, zur Erhöhung der Ablesegenauigkeit den Abstand mehrerer Maxima oder auch Minima zu bestimmen und durch die Anzahl der einzelnen Abstände zu teilen.

Tipps zu Teilaufgabe b

- Wenn Sie diese Frage nicht beantworten können, sollten Sie einfach die nächste Frage lesen und dann die erste Frage in Angriff nehmen.
- Die Einzelspaltminima befinden sich da, wo es nichts zu sehen gibt.
- Es ist gar nicht so einfach, wenn man eine offensichtliche Behauptung sauber zeigen soll. Wählen Sie in den Sinus-Formeln für den Einzel- und für den Doppelspalt sowohl für die Winkel als auch für die Indizes verschiedene Buchstaben, dann ist es wirklich einfach.
- Nun liegt ein Einzelspalt vor.

Tipps zu Teilaufgabe c

- Hier ist die Beschreibung des Fotoeffekts verlangt. Vergessen Sie dabei nicht zu erklären, warum für gelbes und rotes Licht keine Spannung nachgewiesen werden kann.
- Es ist sinnvoll, die Rechnungen in eV durchzuführen. Wichtig ist, die Wellenlängen in Frequenzen umzurechnen, damit das vertraute Schaubild ausgewertet werden kann. Die Auswertung kann mithilfe des Schaubilds oder mittels linearer Regression durchgeführt werden. Wird das Schaubild verwendet, so dürfen nicht nur einzelne Punkte verwendet werden, weil diese nicht exakt auf einer Ausgleichsgeraden liegen.
- Der Betrag der Ablöseenergie und damit das Kathodenmaterial können direkt aus dem Schaubild abgelesen werden. Eine andere Möglichkeit besteht darin, nur h unter Verwendung des Schaubildes zu bestimmen und die Ablöseenergie unter Verwendung von h und einem Wertepaar zu berechnen. Die Genauigkeit der Zeichnung ist bei dieser Teilaufgabe wirklich wichtig.
- Es ist entscheidend, die Farbe zu verwenden, deren Photonen die kleinste Energie besitzt. Wenn Sie diese Frage geklärt haben, ist die Aufgabe fast gelöst.

Tipps zu Teilaufgabe d

- Hier müssen Sie den Gegensatz zwischen der Kernaussage von Laplace und der Unbestimmtheitsrelation Heisenbergs klar herausstellen.
- Beschreiben und erläutern Sie ein Experiment zur Elektronenbeugung. Genauso gut ist es möglich, das Experiment von Aufgabe III zu verwenden.

Lösung

a) **Entstehung des Interferenzmusters im Bereich A**
Treffen Lichtwellen auf einen Doppelspalt, so werden sie an den beiden Spalten gebeugt. Die von den Spalten ausgehenden Elementarwellen interferieren miteinander auf dem Schirm. Je nach Lage des Auftreffpunktes auf dem Schirm unterscheidet sich der Gangunterschied δ der beiden Wellen. Es gilt

$$\sin\alpha = \frac{\delta}{g}.$$

Dabei ist g der Spaltmittenabstand.

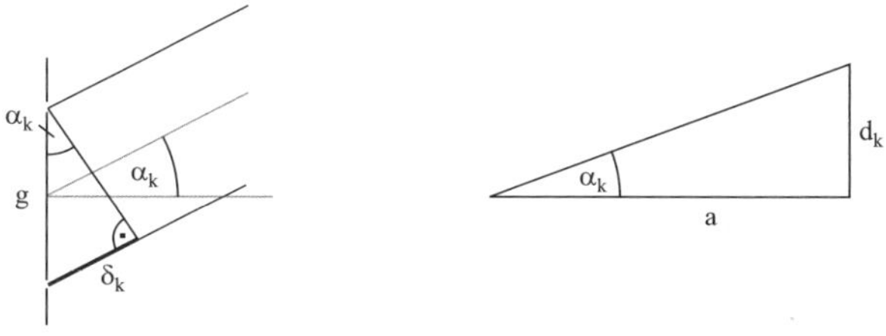

Abb. 2

Ist dieser Gangunterschied $\delta_k = k \cdot \lambda$; $k = 0, 1, 2, \ldots$, so entstehen Intensitätsmaxima (konstruktive Interferenz). Ist dieser Gangunterschied $\delta_k = k \cdot \lambda$; $k = 0{,}5; 1{,}5; \ldots$, so entstehen Intensitätsminima (destruktive Interferenz). Auf dem Schirm entsteht ein Interferenzmuster, wie es im Bereich A zu beobachten ist.

Herleitung der Näherungsformel
Die Maxima entstehen für Winkel α_k mit

$$\sin\alpha_k = \frac{k \cdot \lambda}{g}; \quad k = 0, 1, 2, \ldots$$

Auf dem Schirm werden die Abstände zum Hauptmaximum mit

$$\tan\alpha_k = \frac{d_k}{a}.$$

berechnet. Wenn die auftretenden Winkel klein sind, kann mit der Näherung $\sin\alpha = \tan\alpha$ gerechnet werden. Setzt man die beiden rechten Seiten gleich, kommt man zur Gleichung

$$\frac{k \cdot \lambda}{g} = \frac{d_k}{a}.$$

Löst man nach

$$d_k = k \cdot \frac{\lambda \cdot a}{g}$$

auf, so sieht man, dass die Maxima den gleichen gegenseitigen Abstand

$$\Delta d = \frac{\lambda \cdot a}{g}$$

haben.

Bestimmung des Spaltmittenabstandes
Um Ablesefehler zu vermeiden, ist es sinnvoll, den Abstand mehrerer Maxima oder Minima zu bestimmen und durch die Anzahl der einzelnen Abstände zu teilen. Unter Berücksichtigung des Maßstabs 1:1,5 der Abb. 1 erhält man:

$$\Delta d = 0{,}5\ \text{cm} \cdot 1{,}5 = 0{,}75\ \text{cm}.$$

Umstellen der Formel ergibt

$$g = \frac{\lambda \cdot a}{\Delta d} = \frac{633 \cdot 10^{-9} \cdot 5{,}0}{0{,}0075}\ \text{m} = 4{,}22 \cdot 10^{-4}\ \text{m}.$$

Der Spaltmittenabstand beträgt 0,42 mm.

b) • **Warum fehlen die Maxima 3. Ordnung?**
Maxima sind nur dann beobachtbar, wenn die beiden Einzelspalte in diese Richtungen merkliche Intensitäten liefern. Wegen der endlichen Breite der Spaltöffnungen gehen von jeder Öffnung mehrere Elementarwellen aus, die miteinander interferieren und sich an bestimmen Stellen auslöschen können. Fällt nun ein berechnetes Doppelspaltmaximum auf ein solches Einzelspaltminimum, so ist das Doppelspaltmaximum nicht beobachtbar.

• **Berechnung der Einzelspaltbreite**
Beim Einzelspalt mit der Breite b gilt für die Minima die Bedingung

$$\sin\beta_n = \frac{n \cdot \lambda}{b}, \quad n = 1, 2, \ldots$$

Für die Doppelspaltmaxima gilt

$$\sin\alpha_k = \frac{k \cdot \lambda}{g}, \quad k = 0, 1, 2, \ldots$$

Die ersten fehlenden Lichtflecke liegen beim Doppelspaltmaximum der Ordnung drei und fallen mit den ersten Einzelspaltminima zusammen. Deshalb gilt

$$\sin\beta_1 = \frac{1 \cdot \lambda}{b} = \frac{3 \cdot \lambda}{g} = \sin\alpha_3.$$

Dies ergibt $b = \frac{g}{3}$. Die Einzelspaltbreite ist nur ein Drittel so groß wie der Spaltmittenabstand und beträgt 0,14 mm.

• **Lage der weiteren fehlenden Maxima**
Es fallen dann weitere Doppelspaltmaxima der Ordnung k aus, wenn sie mit einem Einzelspaltminimum der Ordnung n zusammenfallen. Dafür gilt die Bedingung

$$\sin\beta_n = \frac{n \cdot \lambda}{b} = \frac{k \cdot \lambda}{3 \cdot b} = \sin\alpha_k.$$

Dies ist für $k = 3n$ erfüllt. Somit fällt jedes dritte Doppelspaltmaximum aus. Allerdings nimmt die Lichtintensität, die von den Einzelspalten geliefert wird, nach außen hin ziemlich schnell ab.

• **Lichtfleckenmuster bei einem geschlossenen Spalt**
Schließt man einen der beiden Spalte, so liegt ein Einzelspalt vor. Die Lage der Minima wurde gerade ausgerechnet. Zwischen den Minima befinden sich die Maxima, deren Intensitäten nach außen hin abnehmen. Das neue Lichtfleckenmuster hat nun das in Abb. 3 dargestellte Aussehen.

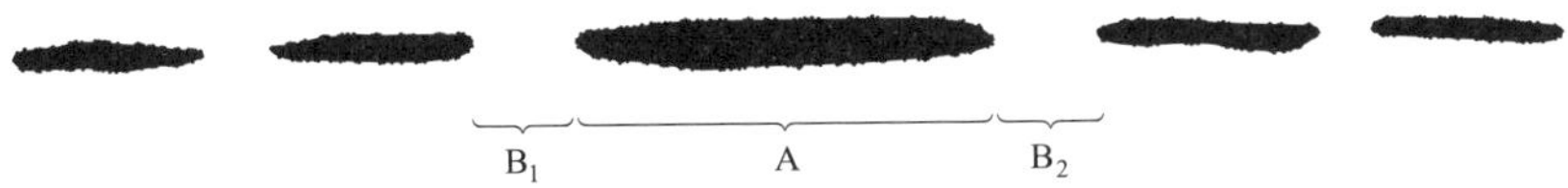

Abb. 3

c) **Erklärung der unterschiedlichen Fotospannungen**
Fällt Licht auf die Kathode einer Fotozelle, so können Elektronen aus ihr herausgelöst werden. Die Energie des Lichts wird von Photonen der Energie

$$W_{ph} = h \cdot f = h \cdot \frac{c}{\lambda}$$

abgegeben. Die Energie hängt somit von der Farbe (Wellenlänge) des Lichts ab.
Ein Teil der Photonenenergie wird benötigt, um die Elektronen aus der Kathode zu lösen (Ablöseenergie W_A), ein anderer Teil wird als kinetische Energie auf die Elektronen übertragen. Die Ablöseenergie hängt (wie aus Tab. 2 ersichtlich) vom Kathodenmaterial ab. Die schnellsten Elektronen haben die Energie

$$W_{el} = h \cdot f - W_A.$$

Die Elektronen fliegen zur Anode und es entsteht zwischen Kathode und Anode ein elektrisches Feld. Es baut sich eine Gegenspannung auf, gegen die die energiereichsten Elektronen gerade noch anlaufen können.
Beim gelben und beim roten Laserpointer wird keine Spannung registriert. Die Energie der Photonen ist hier geringer als die Ablöseenergie.

Bestimmung des Planck'schen Wirkungsquantums und des Kathodenmaterials
Zur Auswertung müssen zu den Wellenlängen λ die zugehörigen Frequenzen f ausgerechnet werden. Es gilt $\lambda \cdot f = c$. Die Elektronenenergie in eV hat die gleiche Maßzahl wie die Spannung in V. Einsetzen ergibt die folgende Tabelle:

Farbe	Wellenlänge λ in 10^{-9} m	Frequenz f in 10^{14} Hz	Spannung U in V Elektronenenergie in eV
violett	405	7,41	0,78
blau	447	6,71	0,50
hellblau	473	6,34	0,34
grün	532	5,64	0,05
gelb	594	5,05	0,00
rot	658	4,56	0,00

Um das Planck'sche Wirkungsquantum h zu bestimmen, müssen die Messwerte mithilfe der Formel $W_{el} = h \cdot f - W_A$ ausgewertet werden.

Methode 1: Zeichnerische Lösung mithilfe einer Ausgleichsgeraden
Die Frequenzen werden in x-Richtung, die Elektronenenergien in y-Richtung aufgetragen (Abb. 4). Die Steigung der Geraden (siehe getöntes Steigungsdreieck) beträgt

$$h = \frac{\Delta W_{el}}{\Delta f} = \frac{2{,}25}{5{,}5 \cdot 10^{14}} \frac{eV}{Hz} = 4{,}1 \cdot 10^{-15}\ eVs.$$

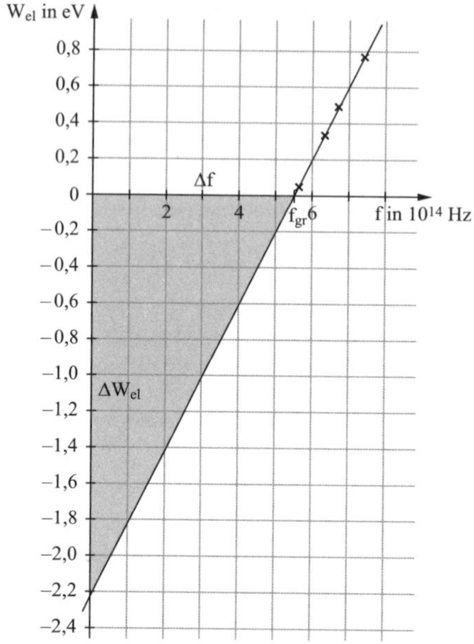

Abb. 4

Je nach Genauigkeit der Zeichnung und insbesondere der Ausgleichgeraden kann dieser Wert etwas schwanken. Die Ablöseenergie liest man am Schnittpunkt mit der W-Achse ab. Sie beträgt zwischen 2,2 eV und 2,3 eV, damit besteht die Kathode aus **Natrium**. Falls die Ausgleichsgerade etwas zu steil gezeichnet wird, kann auch Lithium als Lösung infrage kommen.
Da sich die Steigung der Ausgleichsgeraden stark auf die Ablöseenergie auswirkt, soll sie nochmals berechnet werden. Dies ist auch dann nötig, wenn das Schaubild nur für positive Energiewerte gezeichnet wird. Beispielsweise gilt für hellblaues Licht:

$$W_A = h \cdot f - W_{el} = 4{,}1 \cdot 10^{-15} \cdot 6{,}34 \cdot 10^{14}\ \text{eV} - 0{,}34\ \text{eV} = 2{,}26\ \text{eV}.$$

Die Kathode besteht aus Natrium, da die berechnete Ablöseenergie gut mit der von Natrium übereinstimmt.

Methode 2: Lineare Regression
Für die lineare Regression verwendet man nur die ersten vier Wertepaare, weil bei gelbem und rotem Licht kein Fotoeffekt stattfindet.
Beim TI 83 plus gibt man die Werte in die Listen 1 und 2 mit STAT/EDIT/1:Edit ein und wertet mit STAT/CALC/4:LinReg (ax + b) aus:

$$a = 4{,}13 \cdot 10^{15};\ b = -2{,}28.$$

Daraus folgt $h = 4{,}13 \cdot 10^{-15}$ eVs und $W_A = 2{,}28$ eV.

Beim ClassPad300plus gibt man die Werte über Menu/Statistik in die Listen 1 und 2 ein. Mit Calc/Lineare Regression bekommt man $a = 4{,}13 \cdot 10^{-15}$, $b = -2{,}28$ und $r = 0{,}9999$. Ein r-Wert knapp unter 1 bedeutet, dass die Werte sehr nah an der Ausgleichsgeraden liegen. Somit hat das Planck'sche Wirkungsquantum den Wert $h = 4{,}13 \cdot 10^{-15}$ eVs, die Kathode besteht aus Natrium, da die berechnete Ablöseenergie gut mit der von Natrium übereinstimmt.

Bestimmung des Kathodenmaterials
Das rote Licht hat die geringste Energie. Sie beträgt

$$W_{rot} = h \cdot f = 4{,}13 \cdot 10^{-15} \cdot 4{,}56 \cdot 10^{14}\ \text{eV} = 1{,}88\ \text{eV}.$$

Die Ablöseenergien von **BaO-Paste** und **Cäsium** sind geringer, sodass bei diesen beiden Kathodenmaterialien für alle Laserpointer eine Fotospannung gemessen werden kann.

d) **Stellungnahme zum Text von Laplace**
Pierre Simon de Laplace ist der Auffassung, dass es möglich wäre, die Bewegung aller Körper sowohl vorwärts in die Zukunft als auch rückwärts in die Vergangenheit zu berechnen. Voraussetzung wäre, dass für einen gewissen Zeitpunkt alle Kräfte sowie die Lage und die Geschwindigkeit aller Teilchen bekannt wären. Außerdem müsste der Geist (Computer) in der Lage sein, die vielen Daten zu verarbeiten. Bei Laplace gibt es keinen Zufall, alles ist genau vorherbestimmt.
Die Heisenberg'sche Unbestimmtheitsrelation $\Delta x \cdot \Delta p_x \approx h$ besagt hingegen, dass es prinzipiell nicht möglich ist, Bahnen von Quantenobjekten vorherzusagen. Eine gleichzeitige Messung von Impuls oder Ort bewirkt, dass die jeweils andere Größe nur ungenau bestimmt werden kann. Im Gegensatz zur Behauptung von Laplace ist es unmöglich, die Zukunft vorherzusagen.

Experiment
Elektronen werden beschleunigt und treffen auf einen schmalen Spalt der Breite Δx. Ihr Verhalten wird durch eine Wahrscheinlichkeitswelle mit der de-Broglie-Wellenlänge

$$\lambda = \frac{h}{p}$$

beschrieben. Die Elektronen werden am Spalt gebeugt. Für ein einzelnes Elektron kann man keine Aussage treffen, welchen Weg es nach dem Spalt nehmen wird.
Mit der Heisenberg'schen Unbestimmtheitsrelation kann man abschätzen, welche Werte der Querimpuls annimmt. Will man den Ort des Elektrons noch genauer bestimmen, indem man den Spalt enger macht, so wird die Unbestimmtheit des Querimpulses noch größer.

Abiturprüfung an den allgemeinbildenden Gymnasien (Baden-Württemberg) 2012
Prüfungsfach: Physik – Aufgabe III

a) Zur Bestimmung der Kapazität eines Plattenkondensators wird die Ladung auf einer Platte in Abhängigkeit von der angelegten Spannung gemessen. Es ergibt sich folgende Messtabelle:

Spannung in kV	1,5	2,0	3,0	4,0	5,0
Ladung in μC	2,4	2,9	4,3	6,1	7,8

- Stellen Sie die Ladung in Abhängigkeit von der Spannung in einem geeigneten Schaubild dar.
- Bestimmen Sie möglichst genau die Kapazität des Plattenkondensators.

Nun wird der Abstand der Kondensatorplatten bei konstanter Spannung verdoppelt.

- Erläutern Sie, wie sich dies auf die elektrische Feldstärke auswirkt. (6 VP)

b) Im Inneren einer langgestreckten, stromdurchflossenen Spule mit 8 000 Windungen pro Meter befindet sich ein quadratischer Leiterrahmen mit einer Fläche von 25 cm² und 100 Windungen. Die magnetischen Feldlinien der Spule verlaufen senkrecht zur Fläche des Leiterrahmens. Abbildung 1 zeigt den zeitlichen Verlauf der Stromstärke in der langgestreckten Spule.

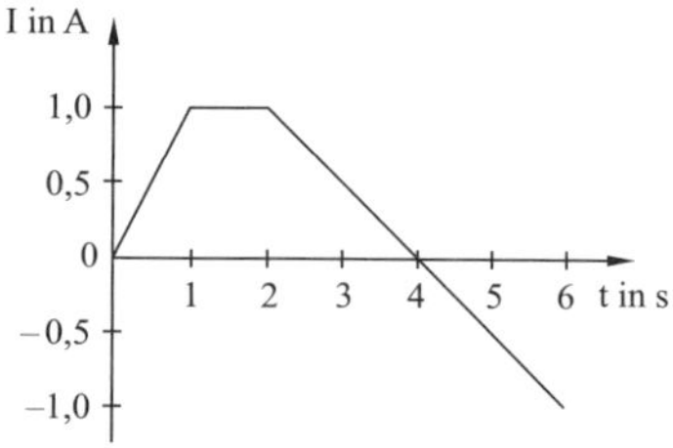

Abb. 1

- Begründen Sie, warum im Leiterrahmen eine Spannung induziert wird.
- Zeichnen Sie den zeitlichen Verlauf der induzierten Spannung im Leiterrahmen in ein passendes Diagramm im Zeitintervall 0 s bis 6 s.

Nun bleibt die Stromstärke in der langgestreckten Spule konstant.

- Erläutern Sie eine Möglichkeit, dennoch eine Spannung im Leiterrahmen zu induzieren. (8 VP)

c) Mithilfe der Schaltung von Abbildung 2 soll der Einschaltvorgang bei einer Spule untersucht werden.

- Skizzieren Sie den zeitlichen Verlauf der Stromstärke nach dem Schließen des Schalters und begründen Sie ihn physikalisch.
- Skizzieren Sie in dasselbe Diagramm den zeitlichen Verlauf der Stromstärke, wenn
  – sich in der Spule ein Weicheisenkern befindet.
  – sich im Stromkreis ein kleinerer Widerstand befindet.
- Vergleichen Sie die Steigung aller drei Kurven im Ursprung und begründen Sie Ihre Aussagen. (7 VP)

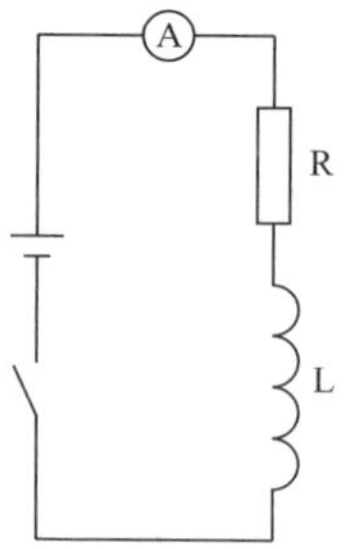

Abb. 2

d) An der Universität Konstanz wurde 1991 ein Experiment realisiert, bei dem Helium-Atome einzeln auf einen Doppelspalt mit dem Spaltmittenabstand 8,0 μm geschossen wurden. Die Helium-Atome hatten eine einheitliche Geschwindigkeit von 2 000 ms^{-1}. Hinter dem Doppelspalt wurden die Helium-Atome auf einer 1,95 m entfernten Goldfolie registriert, die als Detektorschirm diente. Bei der Auswertung nach ca. 42 h war ein Streifenmuster zu erkennen.

- Erklären Sie das Zustandekommen des Streifenmusters.
- Berechnen Sie den Abstand des Maximums 1. Ordnung vom Maximum 0. Ordnung.
- Erläutern Sie, warum es wichtig ist, dass alle Helium-Atome dieselbe Geschwindigkeit besitzen.
- Erläutern Sie, ob sich das Streifenmuster ändert, wenn mithilfe eines Detektors festgestellt wird, welchen der beiden Spalte die Helium-Atome passieren. (9 VP)

Planck'sches Wirkungsquantum:	$h = 6{,}63 \cdot 10^{-34}$ Js
magnetische Feldkonstante:	$\mu_0 = 1{,}26 \cdot 10^{-6}$ $Vs(Am)^{-1}$
Masse eines Helium-Atoms:	$m = 6{,}64 \cdot 10^{-27}$ kg

Tipps und Hinweise zur Lösung von Aufgabe III

Tipps zu Teilaufgabe a

- Wählen Sie für das Diagramm einen möglichst einfachen Maßstab.
- Eine Auswertung des linearen Zusammenhangs kann mithilfe einer Ausgleichsgeraden oder unter Verwendung des GTR/CAS durch lineare Regression erfolgen. Denkbar ist auch eine Mittelwertbildung geeigneter Quotienten.
- Beim Plattenkondensator gilt $U = E \cdot d$.

Tipps zu Teilaufgabe b

- Eine Spannung wird immer dann induziert, wenn sich der magnetische Fluss ändert. Hier bewirkt die Veränderung der Stromstärke eine Änderung des Flusses.
- Für die Flussdichte einer langen Spule gilt: $B = \mu_0 \cdot \mu_r \cdot \frac{n}{\ell} \cdot I$.
- Der magnetische Fluss ändert sich auch, wenn sich statt der magnetischen Flussdichte die effektive Fläche ändert.

Tipps zu Teilaufgabe c

- Als Hilfestellung seien hier Selbstinduktion, Lenz'sches Gesetz und beschränktes Wachstum genannt.
- Die beiden letzten Teilpunkte greifen ineinander über. Machen Sie sich klar, welcher Teil der Kurve vom Eisenkern und welcher Teil vom ohmschen Widerstand beeinflusst wird. Achten Sie darauf, dass Ihre Erklärungen zu den Zeichnungen passen!

Tipps zu Teilaufgabe d

- Das Streifenmuster entsteht natürlich durch Interferenz am Doppelspalt. Was interferiert bei diesem Experiment, wenn sich nur einzelne Helium-Atome in der Apparatur befinden?
- Es handelt sich um die übliche Berechnung am Doppelspalt. In welcher Angabe ist die Wellenlänge versteckt?
- Denken Sie an Doppelspaltversuche in der Optik. Warum sieht man mit dem Laser schöne Interferenzbilder, mit einer normalen Lichtquelle jedoch nicht, selbst wenn man ein schmales Lichtbündel verwendet?
- Der Einsatz eines Detektors ändert die Situation grundlegend. Standen dem Helium-Atom vorher prinzipiell beide Wege gleichberechtigt zur Verfügung, so kann nun unterschieden werden, welcher Weg zurückgelegt wurde. Der vergleichbare Versuch in der Optik besteht darin, beim Doppelspalt einen der beiden Spalte zu schließen oder die Spalte mit Polarisationsfolien zu versehen.

Lösung

a) **Darstellung der Ladung in Abhängigkeit von der Spannung**
Da die Ladung Q in Abhängigkeit von der Spannung U aufgetragen werden soll, kommt die Spannung auf die x-Achse, die Ladung auf die y-Achse.

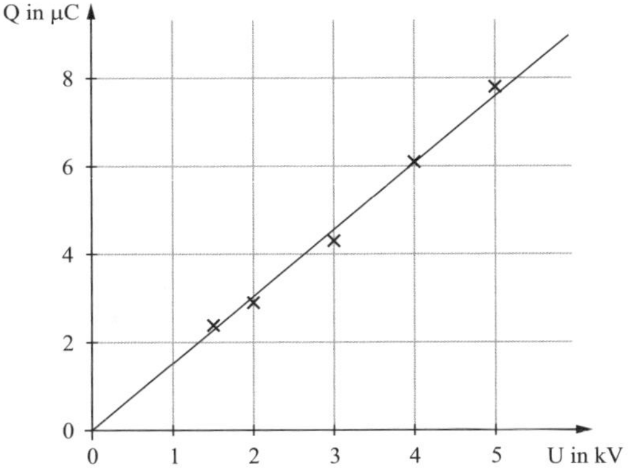

Abb. 3

Die fünf Punkte liegen fast auf einer Ursprungsgeraden. Dies bestätigt den Zusammenhang $Q = C \cdot U$ zwischen der Ladung Q eines Kondensators und der angelegten Spannung U.

Bestimmung der Kapazität
Zur Bestimmung der Kapazität gibt es mehrere Möglichkeiten:

(1) Bestimmung der Steigung der Ausgleichsgeraden.

(2) Lineare Regression mit dem GTR/CAS.

(3) Bestimmung der Quotienten $C = \frac{Q}{U}$ für alle fünf Wertepaare und Bildung des Mittelwerts.

(1) Die Steigung der Ausgleichsgeraden beträgt

$$C = \frac{\Delta Q}{\Delta U} = \frac{6{,}1 \cdot 10^{-6}}{4000}\ \text{F} = 1{,}5\ \text{nF}.$$

Sinnvollerweise sollte die Ausgleichsgerade durch den Ursprung gehen. Dabei wird vorausgesetzt, dass der Nullpunkt der Messgeräte richtig eingestellt ist.

(2) Für die lineare Regression verwendet man zusätzlich zu den 5 Wertepaaren noch den Punkt $(0\,|\,0)$.
Beim TI 83 plus gibt man die Werte in die Listen 1 und 2 mit STAT/EDIT/1: Edit ein und wertet mit STAT/CALC/4 : LinReg (ax + b) aus:

$a = 1{,}54 \cdot 10^{-9}$; $b = -6{,}66 \cdot 10^{-8}$.

Die Kapazität beträgt 1,54 nF. $b = -0{,}066 \cdot 10^{-6}$ bedeutet, dass die Gerade knapp unterhalb des Ursprungs verläuft.
Beim ClassPad300plus gibt man die Werte über Menu/Statistik in die Listen 1 und 2 ein. Mit Calc/Lineare Regression bekommt man $a = 1{,}54 \cdot 10^{-6}$; $b = -6{,}66 \cdot 10^{-8}$ und $r = 0{,}998$.

Die Kapazität beträgt 1,54 nF. $b = -0{,}066 \cdot 10^{-6}$ bedeutet, dass die Gerade knapp unterhalb des Ursprungs verläuft. Ein Wert von r knapp unter 1 bedeutet, dass die Werte nah an der Ausgleichsgeraden liegen.

(3) Die Quotienten $C = \frac{Q}{U}$ betragen in 10^{-9} F: 1,60; 1,45; 1,43333; 1,525; 1,56.
Ihr Mittelwert ist $1{,}51 \cdot 10^{-9}$ F.

Mit allen drei Methoden beträgt die Kapazität bei sinnvoller Rundung C = 1,5 nF.

Auswirkung auf die elektrische Feldstärke
Beim Plattenkondensator gilt $U = E \cdot d$. Da die Spannung konstant bleibt und der Plattenabstand verdoppelt wird, führt dies zu einer Halbierung der elektrischen Feldstärke.

b) **Warum entsteht eine Induktionsspannung?**
Der quadratische Leiterrahmen befindet sich im Inneren einer langgestreckten Spule, deren magnetische Feldlinien senkrecht zur Fläche des Drahtrahmens stehen. Weil sich in der ersten Sekunde die Stromstärke und damit der magnetische Fluss in der Spule ändern, wird im Drahtrahmen eine Spannung induziert. Anschließend bleibt die Stromstärke konstant, es wird keine Spannung induziert. Im Zeitraum ab der 2. Sekunde sinkt die Stromstärke, weshalb wiederum eine Spannung induziert wird. Diese Spannung ist umgekehrt gepolt wie in der ersten Sekunde. Dass die Stromstärke zum Zeitpunkt 4 s ihr Vorzeichen ändert, hat auf die induzierte Spannung keinen Einfluss.

Berechnung des zeitlichen Verlaufs der Spannung
Für die magnetische Flussdichte einer langgestreckten Spule gilt

$$B = \mu_0 \cdot \mu_r \cdot \frac{n_1}{\ell} \cdot I. \qquad (*)$$

Die Permeabilitätszahl μ_r ist 1.

Eigentlich ist die Permeabilitätszahl etwas größer als 1, da sich im Inneren der langen Spule der Drahtrahmen befindet. Dies wird aber vernachlässigt.

Allgemein wird die induzierte Spannung mit der Formel

$$U_{ind} = -n_2 \cdot \dot{\Phi} = -n_2 \cdot (B \cdot A)^{\boldsymbol{\cdot}}$$

berechnet. Da die Lage des Drahtrahmens im Magnetfeld nicht verändert wird und die Stromstärke linear ansteigt, gilt:

$$U_{ind} = -n_2 \cdot \frac{\Delta B}{\Delta t} \cdot A. \qquad (**)$$

Die magnetische Flussdichte steigt nach (*) in der ersten Sekunde von 0 T auf

$$B = 1{,}26 \cdot 10^{-6} \cdot 8\,000 \cdot 1\ \text{T} = 0{,}01008\ \text{T}.$$

Die induzierte Spannung beträgt

$$U_{ind} = -100 \cdot \frac{0{,}01008\ \text{T}}{1\ \text{s}} \cdot 0{,}0025\ \text{m}^2 = -2{,}52\ \text{mV}.$$

Im Zeitraum $1\ \text{s} \leq t \leq 2\ \text{s}$ wird keine Spannung induziert.

Im Zeitraum $2\ \text{s} \leq t \leq 6\ \text{s}$ beträgt die induzierte Spannung 1,26 mV, weil die Stromstärke innerhalb von 2 Sekunden um 1 A abnimmt.

Beachten Sie, dass wegen (*) und (**) U_{ind} proportional zur Steigung der t-I-Kurve ist.

Den zeitlichen Verlauf der induzierten Spannung kann man der Abb. 4 entnehmen.

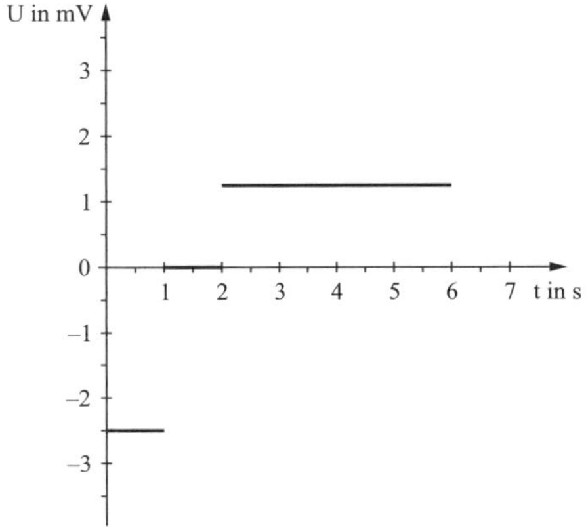

Abb. 4

Ein an der t-Achse gespiegeltes Diagramm ist ebenfalls richtig.

Induktion bei konstanter Stromstärke
Wenn die Stromstärke nicht verändert wird, muss wegen

$$U_{ind} = -n_2 \cdot \dot{\Phi} = -n_2 \cdot (B \cdot A)^{\bullet} = -n_2 \cdot B \cdot \dot{A}$$

die Fläche, die senkrecht zu den magnetischen Feldlinien steht, verändert werden. Man könnte den Drahtrahmen drehen, aus dem Feld herausziehen oder auch verformen.

c) Den **zeitlichen Verlauf der Stromstärke** zeigt Kurve (1) in Abb. 5.

Erläuterung des Stromverlaufs
Nach dem Schließen des Schalters beginnt die Stromstärke in der Spule anzusteigen. Dadurch entsteht ein ansteigendes Magnetfeld und es wird nach dem Lenz'schen Gesetz eine Gegenspannung U_{ind} induziert, die ihrer Ursache, nämlich dem Anstieg der Stromstärke, entgegenwirkt. Im Stromkreis wirken also die beiden Spannungsquellen U_0 und U_{ind}, am Widerstand R fällt die Spannung

$$R \cdot I(t) = U_R(t) = U_0 + U_{ind}(t) = U_0 - L \cdot \dot{I}(t)$$

ab. Der Verlauf der Stromstärke ergibt sich aus

$$I(t) = \frac{U_0 - L \cdot \dot{I}(t)}{R}.$$

Für t = 0 s ist die Stromstärke noch 0 A, folglich haben dann die angelegte Spannung U_0 und die Gegenspannung U_{ind} den gleichen Betrag. Der Anstieg der Stromstärke nimmt ab, somit verringert sich auch die Gegenspannung. Nach einer gewissen Zeit ändert sich die Stromstärke nicht mehr und sie erreicht ihren Maximalwert

$$I_{max} = \frac{U_0}{R}.$$

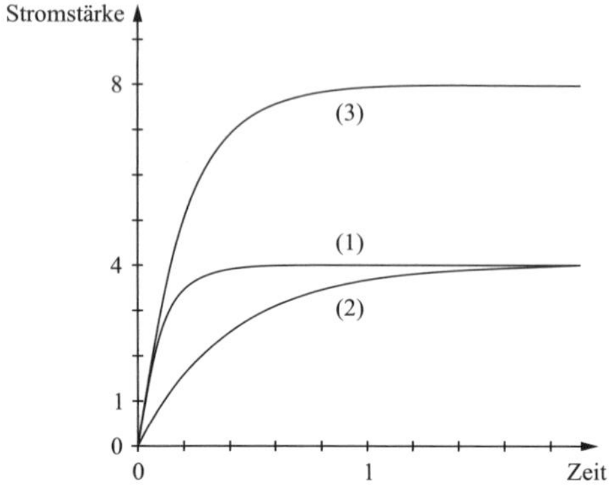

Abb. 5

Modifizierter Stromkreis
Befindet sich in der Spule ein Weicheisenkern, so wird das Magnetfeld verstärkt und die Stromstärke steigt langsamer bis zum Maximalwert an, der unverändert bleibt (Kurve (2)).

Begründung mithilfe der Formel: Zum Zeitpunkt $t = 0$ s ist die Stromstärke noch 0 A, aus $U_0 - L \cdot \dot{I}(0) = R \cdot I(0) = 0$ folgt

$$\dot{I} = \frac{U_0}{L}.$$

Der Weicheisenkern vergrößert die Induktivität L, der Stromstärkeanstieg wird kleiner.

Befindet sich im Stromkreis ein geringerer Widerstand, so wird das Magnetfeld nicht beeinflusst und der Anstieg der Stromstärke zu Beginn des Einschaltvorgangs bleibt unverändert. Allerdings steigt die Stromstärke zu einem größeren Maximalwert

$$I_{max} = \frac{U_0}{R}$$

an (Kurve (3)).

Begründung mithilfe der Formel: In der Formel $\dot{I} = \frac{U_0}{L}$ kommt der ohmsche Widerstand gar nicht vor, also kann der Stromstärkeanstieg auch nicht beeinflusst werden.

d) **Erklärung des Streifenmusters**
Helium-Atome sind Quantenobjekte. Diesen kann eine Wellenfunktion zugeordnet werden, aus der man Aussagen über die Auftreffwahrscheinlichkeit des Quantenobjekts ableiten kann. An den beiden Öffnungen des Doppelspalts findet Beugung statt, die Wellen sind interferenzfähig. Dabei spielt es keine Rolle, dass sich jeweils nur ein einzelnes Atom in der Apparatur befindet. Jedoch muss man wegen der geringen Intensität lang warten, bis ein Streifenmuster entsteht, das durch die Auftreffwahrscheinlichkeit bestimmt wird.

Berechnung des Abstands
Das Maximum 1. Ordnung entsteht bei einem Gangunterschied von einer ganzen Wellenlänge. Es liegt bei einem Winkel α_1 mit

$$\sin\alpha_1 = \frac{\lambda}{g}.$$

Dabei ist g der Spaltmittenabstand.

Auf dem Schirm gilt für den Abstand zum Maximum 0. Ordnung

$$\tan \alpha_1 = \frac{x_1}{a}.$$

a bezeichnet den Abstand zwischen Doppelspalt und Schirm. Für kleine Winkel können die beiden rechten Seiten gleichgesetzt werden:

$$\frac{\lambda}{g} = \frac{x_1}{a} \quad \text{bzw.} \quad x_1 = \frac{a \cdot \lambda}{g}.$$

λ ist die de-Broglie-Wellenlänge der Helium-Atome:

$$\lambda = \frac{h}{p} = \frac{h}{m \cdot v} = \frac{6{,}63 \cdot 10^{-34}}{6{,}64 \cdot 10^{-27} \cdot 2\,000} \text{ m} = 4{,}99 \cdot 10^{-11} \text{ m} = 49{,}9 \text{ pm}.$$

Der Abstand des Maximums 1. Ordnung vom Maximum 0. Ordnung beträgt

$$x_1 = \frac{a \cdot \lambda}{g} = \frac{1{,}95 \cdot 4{,}99 \cdot 10^{-11}}{8{,}0 \cdot 10^{-6}} \text{ m} = 1{,}22 \cdot 10^{-5} \text{ m} = 12{,}2\ \mu\text{m}.$$

Der kleine Wert rechtfertigt die oben verwendete Näherung.

Einfluss der Geschwindigkeit der Helium-Atome
Ein Interferenzmuster kann nur dann deutlich ausgeprägt sein, wenn die Wellen monochromatisch sind, das heißt die gleiche Wellenlänge besitzen. Hätten die Atome leicht unterschiedliche Geschwindigkeiten, so würde das Interferenzmuster wegen der verschiedenen Wellenlängen verwischen, bei größeren Unterschieden könnte man die Maxima und Minima nicht mehr erkennen.

Einfluss eines Detektors
Wenn man mithilfe eines Detektors feststellen kann, durch welchen der beiden Spalte die Heliumatome gelangt sind, entsteht ein neues Muster. Es besteht aus zwei minimal verschobenen Einzelspaltbeugungsbildern, weil die Wellen jetzt nicht mehr interferenzfähig sind.

Wenn man bei einem Doppelspaltversuch mit Laserlicht abwechselnd nur einen der beiden Spalte öffnet, geht das Interferenzmuster ebenfalls verloren.

Abiturprüfung an den allgemeinbildenden Gymnasien (Baden-Württemberg) 2013
Prüfungsfach: Physik – Aufgabe I

a) Ein Federpendel mit der Federkonstanten $D_1 = 30\ Nm^{-1}$ schwingt mit der Frequenz $f = 2{,}0$ Hz. Der Pendelkörper wird aus der Ruhelage um 1,0 cm angehoben und zum Zeitpunkt $t_0 = 0$ s losgelassen. Alle im Folgenden betrachteten Schwingungen seien dämpfungsfrei.

- Geben Sie für diese Schwingung die Funktionsterme für die Auslenkung und die Geschwindigkeit in Abhängigkeit von der Zeit an.
- Zeichnen Sie ein geeignetes Zeit-Auslenkungs-Diagramm.
- Berechnen Sie die Beschleunigung, wenn sich der Pendelkörper zum ersten Mal nach dem Loslassen 0,5 cm oberhalb der Ruhelage befindet.

Ein zweites Federpendel mit der Federkonstanten $D_2 = 75\ Nm^{-1}$ schwingt mit der gleichen Frequenz wie das erste Federpendel.

- Berechnen Sie die Masse des zweiten Pendelkörpers.
- Berechnen Sie, mit welcher Amplitude das Pendel mit der Federkonstanten D_2 schwingen muss, damit es dieselbe Gesamtenergie hat wie das erste Pendel bei der Amplitude von 1,0 cm. (10 VP)

b) Ein Wagen der Masse 1,0 kg ist wie in Abbildung 1 dargestellt zwischen zwei baugleichen elastischen Bändern eingespannt. Die Bänder sind im entspannten Zustand 4 cm lang und verhalten sich bei Dehnung wie ideale Federn. Mit einem Kraftmesser wird die Kraft F gemessen, die man zur Auslenkung s des Wagens aus der Gleichgewichtslage benötigt. Reibungseffekte werden nicht berücksichtigt.

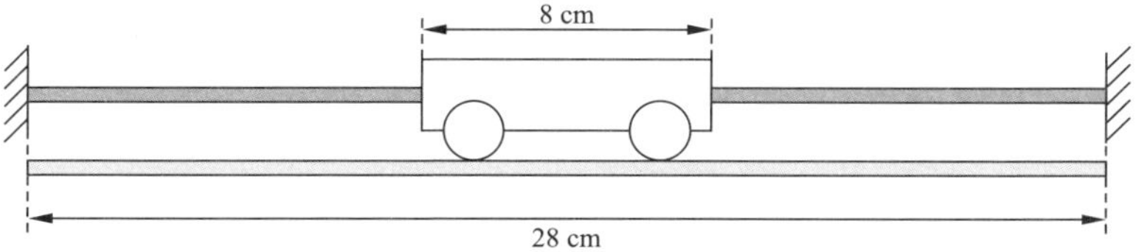

Abb. 1

Es ergeben sich folgende Messwerte:

s in cm	0,0	1,0	2,0	3,0	4,0	5,0	6,0	7,0	8,0	9,0
F in N	0,00	0,42	0,79	1,22	1,57	1,99	2,40	2,59	2,81	3,00

Tab. 1

- Stellen Sie die Messwerte in einem geeigneten Diagramm dar.
- Beschreiben und begründen Sie den Kurvenverlauf.
- Geben Sie an, wie groß die Amplitude maximal sein darf, damit das System harmonisch schwingt. Begründen Sie Ihre Antwort.
- Bestimmen Sie die Schwingungsdauer für die harmonische Schwingung. (7 VP)

c) Ein Instrumentenbauer hat den Zusammenhang zwischen dem Durchmesser d verschiedener Saiten und der Frequenz f der jeweiligen Grundschwingung ermittelt (siehe Tab. 2). Dabei wurden die einzelnen Saiten gleicher Länge ℓ und gleichen Materials mit der gleichen Kraft F gespannt.

d in mm	0,84	0,56	0,38	0,25
f in Hz	196	293	440	660

Tab. 2

In einer Formelsammlung findet man für die Frequenz f der Grundschwingung die folgende Beziehung:

$$f = \frac{1}{2\ell} \cdot \sqrt{\frac{F}{\rho \cdot A}}$$

Hierbei ist A die kreisförmige Querschnittsfläche der Saite und ρ die Dichte des Saitenmaterials.

- Leiten Sie aus dieser Beziehung einen mathematischen Zusammenhang zwischen dem Durchmesser der Saite und der Frequenz der Grundschwingung her.
- Untersuchen Sie, ob die Messwerte diesen mathematischen Zusammenhang bestätigen.
- Bestimmen Sie die Frequenz der Grundschwingung für einen Saitendurchmesser von d = 0,70 mm. (6 VP)

d) Auf einer Wasseroberfläche befinden sich gemäß Abbildung 2 in den Punkten Z_1 und Z_2 zwei Wellenerreger. Die Wellenerreger schwingen gleichphasig mit der Amplitude 2,0 mm. Dabei entstehen Wellen mit der Wellenlänge 3,0 cm. Die Abnahme der Amplitude mit der Entfernung von den Erregern bleibt unberücksichtigt.

- Zeigen Sie, dass in P ein Interferenzmaximum existiert.
- Bestimmen Sie die Anzahl der Interferenzmaxima, die sich rechts von P auf der Parallelen zur x-Achse ausbilden.

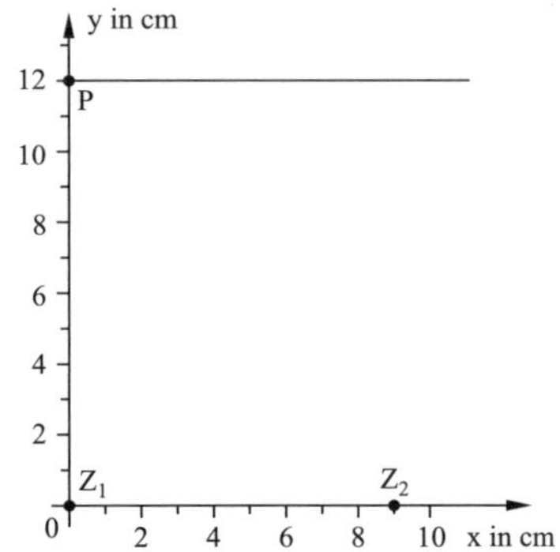

Abb. 2

In einem weiteren Versuch wird ein zusätzlicher Wellenerreger Z_3 im Punkt (10 cm | 12 cm) angebracht. Z_3 schwingt gleichphasig mit Z_1 und Z_2 und mit gleicher Amplitude.

- Bestimmen Sie die Amplitude im Punkt P. (7 VP)

Tipps und Hinweise zur Lösung von Aufgabe I

Tipps zu Teilaufgabe a

- Beachten Sie die Anfangsbedingungen genau. Dann ist klar, welche trigonometrische Funktion die Auslenkung beschreibt. Die Amplitude lässt sich leicht ablesen. Die Geschwindigkeit ergibt sich durch Ableiten.
- Wählen Sie für das Diagramm einen möglichst einfachen Maßstab. Bestimmen Sie dazu die Periodendauer.
- Überlegen Sie sich den Zusammenhang zwischen Beschleunigung und Geschwindigkeit.
  Es gibt zwei Lösungswege: Sie bestimmen zuerst den Zeitpunkt, zu dem der Pendelkörper sich an der gegebenen Stelle befindet. Dann rechnen Sie damit die Beschleunigung aus.
  Es geht aber auch einfacher: a(t) und s(t) hängen direkt miteinander zusammen. Dann braucht man den Umweg über den Zeitpunkt gar nicht.
- Am einfachsten ist es, wenn Sie den Zusammenhang zwischen der Masse m und der Schwingungsdauer T verwenden.
- Die Gesamtenergie des Federpendels ist so groß wie die maximale Spannenergie $W = \frac{1}{2} D \cdot \hat{s}^2$.

Tipps zu Teilaufgabe b

- Tragen Sie als Abszisse s, als Ordinate F auf. Dann entspricht die Steigung des Graphen der bei der Auslenkung s wirksamen Federkonstanten.
- Genaues Lesen ist immer sinnvoll. Die beiden elastischen Bänder verhalten sich nur bei Dehnung wie ideale Federn. Zusammendrücken ist bei elastischen Bändern nicht so leicht möglich. Aus den Längenangaben im Text und in der Zeichnung können Sie den Bereich für die harmonische Schwingung ermitteln. Die Federkonstante der Kombination der beiden gespannten Bänder ist gleich der Summe der beiden einzelnen Federkonstanten.
- Voraussetzung für eine harmonische Schwingung ist die Proportionalität zwischen Auslenkung und Kraft. Die Federkonstante können Sie aus dem Diagramm ermitteln.
- Die Schwingungsdauer wurde bereits im a-Teil verwendet.

Tipps zu Teilaufgabe c

- Der Durchmesser d steckt in der Formel für die Querschnittsfläche A.
- Sie müssen auf umgekehrte Proportionalität von f und d testen.
- Verwenden Sie die soeben ermittelte Konstante.

Tipps zu Teilaufgabe d

- Bestimmen Sie den Gangunterschied für die in P eintreffenden Wellen.
  Welche Bedingung muss er im Fall konstruktiver Interferenz erfüllen?
- Betrachten Sie die Stellen auf der Parallelen, an denen der Gangunterschied ein ganzzahliges Vielfaches der Wellenlänge beträgt. Welcher maximale Gangunterschied kann dort erreicht werden?
- Lösen Sie die Aufgabe zeichnerisch mithilfe eines Zeigerdiagramms. Alternativ können Sie die Amplitude rechnerisch mit dem Kosinussatz oder sogar (Begründung!) mit dem Satz von Pythagoras bestimmen.

Lösung

a) **Bestimmung von Auslenkung und Geschwindigkeit in Abhängigkeit von der Zeit**
Die Bewegung beginnt zum Zeitpunkt $t_0 = 0\,s$ im oberen Umkehrpunkt, der 1,0 cm oberhalb der Gleichgewichtslage liegt. Die Bewegung wird somit durch eine Kosinusfunktion beschrieben. Die Kreisfrequenz ergibt sich aus der gegebenen Frequenz:

$$\omega = 2\pi \cdot f = 2\pi \cdot 2{,}0\,s^{-1} = 4\pi\,s^{-1}.$$

Allgemein gelten für die Auslenkung bzw. die Geschwindigkeit die Gleichungen

$$s(t) = \hat{s} \cdot \cos(\omega \cdot t) \text{ und } v(t) = -\hat{s} \cdot \omega \cdot \sin(\omega \cdot t).$$

Die Amplitude der Schwingung ist so groß wie die Auslenkung aus der Ruhelage nach oben. Setzt man die gegebenen Werte ein, so ergeben sich die Funktionsgleichungen

$$s(t) = 1{,}0\,cm \cdot \cos(4\pi\,s^{-1} \cdot t) \text{ und } v(t) = -4\pi\,cm\,s^{-1} \cdot \sin(4\pi\,s^{-1} \cdot t).$$

Zeit-Auslenkungs-Diagramm
Die Periodendauer ist der Kehrwert der Frequenz, also $T = \frac{1}{f} = 0{,}50\,s$.
Ein sinnvoller Maßstab ist 4 cm für eine volle Periode sowie 1 cm für die Amplitude.

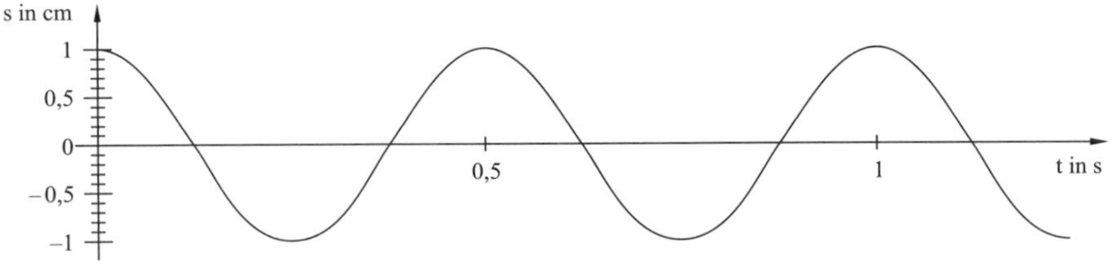

Abb. 3

Beschleunigung des Pendelkörpers 0,5 cm oberhalb der Ruhelage
Leitet man v(t) noch einmal ab, so erhält man die Beschleunigung in Abhängigkeit von der Zeit t, aber auch in Abhängigkeit von der Auslenkung s:

$$a(t) = \dot{v}(t) = -\hat{s} \cdot \omega^2 \cdot \cos(\omega \cdot t) = -\omega^2 \cdot s(t).$$

Die gesuchte Beschleunigung beträgt $a = -(4\pi\,s^{-1})^2 \cdot 0{,}005\,m = -0{,}79\,ms^{-2}$.

Etwas umständlicher ist folgender Lösungsweg: Aus der Lage des Körpers können Sie den zugehörigen Zeitpunkt t_1 bestimmen. Anschließend berechnen Sie die Beschleunigung zu diesem Zeitpunkt.

$$s(t_1) = 1{,}0\,cm \cdot \cos(4\pi\,s^{-1} \cdot t_1) = 0{,}5\,cm$$
$$\cos(4\pi\,s^{-1} \cdot t_1) = 0{,}5$$
$$4\pi\,s^{-1} \cdot t_1 = \arccos(0{,}5)$$
$$t_1 = 0{,}083\,s$$
$$\Rightarrow a(t_1) = -\hat{s} \cdot \omega^2 \cdot \cos(\omega \cdot t_1)$$
$$= -0{,}01\,m \cdot (4\pi\,s^{-1})^2 \cdot \cos(4\pi \cdot 0{,}083) = -0{,}79\,ms^{-2}$$

Masse des zweiten Pendelkörpers
Die Masse bekommt man aus der Formel für die Schwingungsdauer $T = 2\pi \cdot \sqrt{\frac{m}{D}}$.
Auflösen nach m ergibt

$$m = \frac{T^2 \cdot D_2}{4\pi^2} = \frac{0{,}50^2 \cdot 75}{4\pi^2}\ \text{kg} = 0{,}47\ \text{kg}.$$

Amplitude des zweiten Pendels
Die maximale Spannenergie eines Federpendels beträgt $W_{sp} = \frac{1}{2} D \cdot \hat{s}^2$. Wenn beide Pendel die gleiche Gesamtenergie besitzen, stimmen auch die maximalen Spannenergien überein:

$$\frac{1}{2} D_1 \cdot \hat{s}_1^2 = \frac{1}{2} D_2 \cdot \hat{s}_2^2 \quad \Rightarrow \quad \hat{s}_2 = \hat{s}_1 \cdot \sqrt{\frac{D_1}{D_2}} = 1{,}0\ \text{cm} \cdot \sqrt{\frac{30}{75}} = 0{,}63\ \text{cm}.$$

b) **s-F-Diagramm, Beschreibung und Begründung des Kurvenverlaufs**

Die elastischen Bänder sind nur auf Zug, nicht jedoch auf Druck belastbar. Da sie in entspanntem Zustand 4,0 cm lang sind, in der Gleichgewichtslage jedoch die Länge 10,0 cm besitzen, sind nur dann beide Bänder angespannt, wenn die Auslenkung weniger als 6,0 cm beträgt.
Die Federkonstante bei zwei links und rechts angebrachten Federn ist doppelt so groß wie die Federkonstante einer einzelnen Feder. Bei einer Auslenkung zwischen 6,0 cm und 10,0 cm wirkt nur noch die einfache Federkonstante. Auslenkungen größer als 10 cm sind nicht möglich.

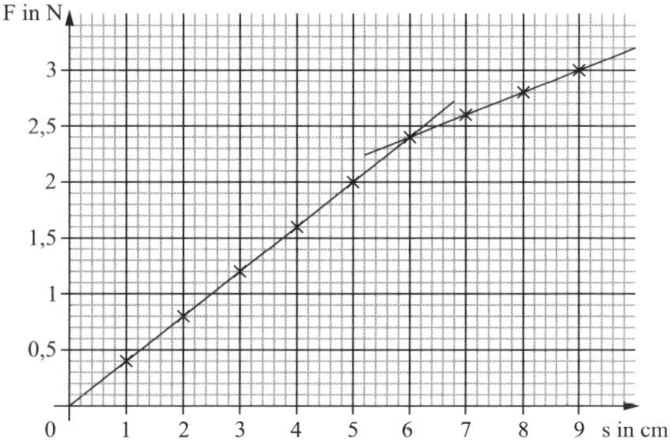

Abb. 4

Diese Aussagen werden durch das Diagramm bestätigt. Die Steigung im s-F-Diagramm ist die Federkonstante D. Da die ersten 6 Punkte fast genau auf einer Ursprungsgeraden liegen, ist es sinnvoll, für die Berechnung den Punkt (6,0 cm | 2,40 N) zu verwenden. Im Bereich bis 6,0 cm beträgt die Federkonstante

$$D = \frac{F}{s} = \frac{2{,}40\ \text{N}}{0{,}060\ \text{m}} = 40\ \frac{\text{N}}{\text{m}}.$$

Für Auslenkungen zwischen 6,0 cm und 10,0 cm ist die Steigung nur noch halb so groß.

Dass die Gesamtfederkonstante für $s \leq 6{,}0$ cm tatsächlich doppelt so groß ist wie diejenige der Einzelbänder, erkennen Sie anhand folgender Überlegung: In der Ruhelage sind beide Bänder um $s_0 = 6$ cm gedehnt. Es wirkt durch das rechte Band die Rückstellkraft $F_R = D \cdot s_0$ nach rechts und durch das linke Band die Rückstellkraft $F_L = -D \cdot s_0$ nach links; beide zusammen kompensieren sich zu $F_G = 0$. Wird der Wagen um s nach links ausgelenkt, so erhöht sich die Kraft nach rechts auf $F_R = D \cdot (s_0 + s)$, die Kraft nach links reduziert sich auf $F_L = -D \cdot (s_0 - s)$; die Gesamtkraft auf den Wagen beträgt dann

$$F_G = D \cdot (s_0 + s) - D \cdot (s_0 - s) = 2D \cdot s = D_G \cdot s.$$

Sie wirkt nach rechts, die Gesamtfederkonstante ist $D_G = 2D$.

Amplitude der harmonischen Schwingung
Eine harmonische Schwingung liegt genau dann vor, wenn die Kraft proportional zur Auslenkung der Feder ist. Folglich darf die Amplitude 6,0 cm nicht überschreiten.

Schwingungsdauer
Die Schwingungsdauer beträgt

$$T = 2\pi \cdot \sqrt{\frac{m}{D}} = 2\pi \cdot \sqrt{\frac{1{,}0\ \text{kg}}{40\ \frac{\text{N}}{\text{m}}}} = 0{,}99\ \text{s}.$$

c) Für die Grundfrequenz gilt

$$f = \frac{1}{2\ell} \cdot \sqrt{\frac{F}{\rho \cdot A}}.$$

Dabei ist A die Fläche eines Kreises:

$$A = \pi \cdot r^2 = \pi \cdot \left(\frac{d}{2}\right)^2 = \pi \cdot \frac{d^2}{4}.$$

Setzt man diese Formel in die Formel für die Grundfrequenz ein, so ergibt sich:

$$f = \frac{1}{2\ell} \cdot \sqrt{\frac{F}{\rho \cdot A}} = \frac{1}{2\ell} \cdot \sqrt{\frac{F \cdot 4}{\rho \cdot \pi \cdot d^2}} = \frac{1}{\ell} \cdot \sqrt{\frac{F}{\rho \cdot \pi}} \cdot \frac{1}{d}.$$

Somit sind Durchmesser d und Grundfrequenz f umgekehrt proportional zueinander.

Bestätigung des Zusammenhangs
Sind zwei Größen umgekehrt proportional zueinander, so ist ihr Produkt konstant.

d in mm	0,84	0,56	0,38	0,25
f in Hz	196	293	440	660
$d \cdot f$ in $\frac{\text{mm}}{\text{s}}$	165	164	167	165

Im Rahmen der Messgenauigkeit des Durchmessers, die zwei Stellen umfasst, sind die Produkte als gleich anzusehen.

Grundfrequenz für d = 0,70 mm
Die Konstante $f \cdot d$ beträgt im Mittel 165 $\text{mm}\,\text{s}^{-1}$, sodass folgt:

$$f = \frac{165\ \text{mm}}{d \cdot \text{s}} = \frac{165\ \text{mm}}{0{,}70\ \text{mm} \cdot \text{s}} = 236\ \text{Hz}.$$

d) **Nachweis des Amplitudenmaximums**
Es ist zu zeigen, dass der Gangunterschied der beiden Wellen, die in P ankommen, ein ganzzahliges Vielfaches der Wellenlänge beträgt. Dazu werden die beiden Abstände zwischen den beiden Erregern und dem Punkt anhand der Abb. 2 ermittelt und miteinander verglichen.

$$\overline{Z_1P} = 12\ \text{cm}$$

$$\overline{Z_2P} = \sqrt{9^2 + 12^2}\ \text{cm} = 15\ \text{cm}$$

Der Gangunterschied beträgt 3 cm und ist somit genau so groß wie eine Wellenlänge.

Anzahl der weiteren Maxima
Bewegt man sich auf der Parallelen zur x-Achse durch P nach rechts, so findet man im Punkt (4,5 cm | 12 cm) das Maximum mit dem Gangunterschied 0. Bei (9 cm | 12 cm) liegt wieder ein Maximum mit dem Gangunterschied von einer Wellenlänge. Geht man weiter nach rechts, so nimmt der Gangunterschied weiter zu. Allerdings ist er immer kleiner als der Abstand der beiden Erreger. Dieser beträgt 9 cm bzw. genau drei Wellenlängen. Folglich gibt es nur noch das Maximum mit dem Gangunterschied von zwei Wellenlängen. Die gesuchte Anzahl beträgt somit drei.

Amplituden im Punkt P bei drei Erregern
Der Erreger Z_3 liegt 10 cm vom Punkt P entfernt. Dies sind $3\frac{1}{3}$ Wellenlängen. In P kommen die zwei phasengleichen Wellen von Z_1 und Z_2 sowie die um 120° verschobene Welle von Z_3 an.

Um die Amplitude im Punkt P zu bestimmen, muss man die Zeiger der drei ankommenden Wellen addieren. Am besten zeichnen Sie die Zeiger in zehnfacher Vergrößerung. Dann können Sie das Ergebnis gut ablesen. Der resultierende Zeiger hat etwa die Länge 3,5 mm. Folglich beträgt die Amplitude 3,5 mm.

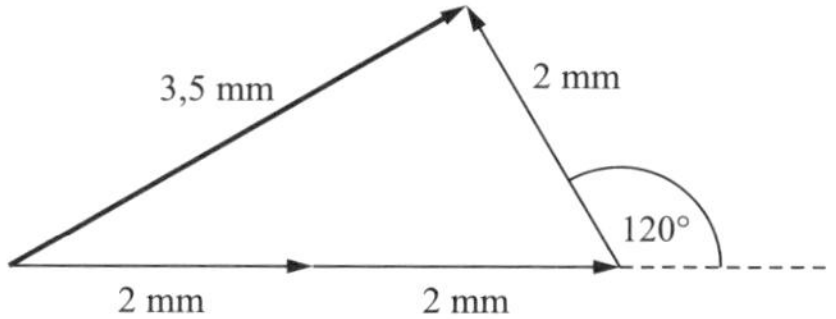

Abb. 5

Zusatz: Wenn man die Amplitude zeichnerisch bestimmt, hat man die Aufgabe gelöst. Allerdings gibt es auch die Möglichkeit, für besonders gute Lösungen Zusatzpunkte zu vergeben. Diese Teilaufgabe können Sie auch rechnerisch lösen. Aufgrund der Zeichnung kann man vermuten, dass an der Ecke C sich ein rechter Winkel befindet. Das Dreieck MBC ist gleichseitig, da die Seiten MB und BC gleich lang sind und sich bei B ein Innenwinkel von 60° befindet. Folglich hat das Dreieck AMC bei M einen Winkel von 120°. Da dieses Dreieck gleichschenklig ist, sind die beiden anderen Winkel 30°. Das Dreieck ABC ist also rechtwinklig und der Satz des Pythagoras liefert

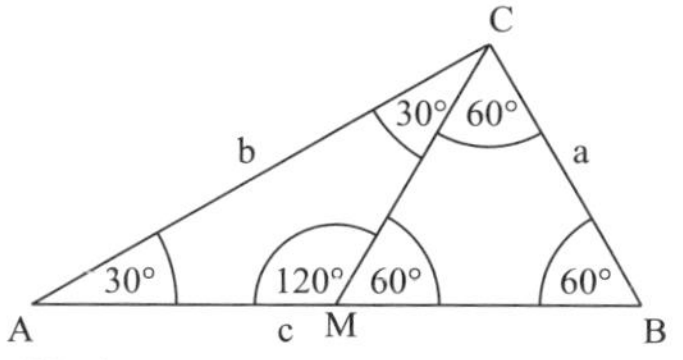

Abb. 6

$$b = \sqrt{4^2 - 2^2} = \sqrt{12} = 3,46.$$

Ein weiterer Lösungsweg verwendet den Kosinussatz, der in jeder Formelsammlung steht:

$$b^2 = a^2 + c^2 - 2a \cdot c \cdot \cos\beta$$

$$b^2 = 2^2 + 4^2 - 2 \cdot 2 \cdot 4 \cdot \cos 60° = 4 + 16 - 16 \cdot 0,5 = 12 \quad \Rightarrow \quad b = \sqrt{12}.$$

Hier wird nicht verwendet, dass sich bei C ein rechter Winkel befindet.

Abiturprüfung an den allgemeinbildenden Gymnasien (Baden-Württemberg) 2013
Prüfungsfach: Physik – Aufgabe II

a) In einer Versuchsreihe trifft Laserlicht der Wellenlänge 632 nm senkrecht auf folgende Beugungsobjekte: Einzelspalt, Doppelspalt, Mehrfachspalt und Gitter. Im Versuchsaufbau wird für jedes Beugungsobjekt die Lichtintensität in Abhängigkeit vom Beugungswinkel gemessen (siehe Abb. 1).

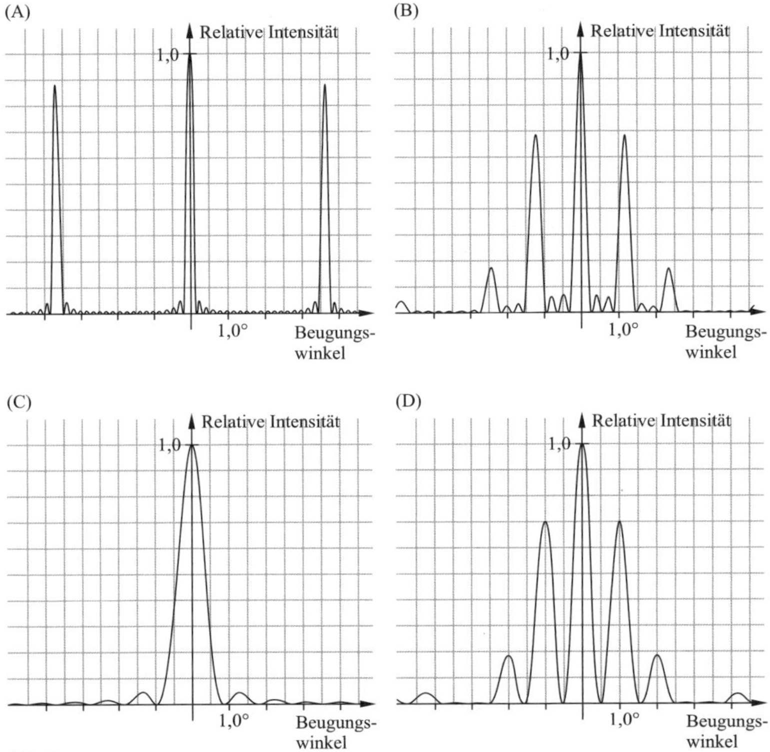

Abb. 1

- Ordnen Sie die Darstellungen der Intensitätsverteilungen den Beugungsobjekten zu und begründen Sie Ihre Zuordnung.
- Geben Sie an, wie viele Spalte der Mehrfachspalt hat.
- Beschreiben Sie, wie sich die registrierte Intensitätsverteilung des Gitters verändert, wenn die Anzahl der beleuchteten Spalte erhöht wird.
- Bestimmen Sie mithilfe der Intensitätsverteilung aus Diagramm (D) den Abstand und die Breite der Spalte.
- Erläutern Sie, wie sich die Intensitätsverteilung eines Einzelspaltes ändert, wenn die Spaltbreite verkleinert wird. (9 VP)

b) Eine Spule der Induktivität 13 mH und ein Kondensator der Kapazität 434 pF werden zu einem elektrischen Schwingkreis zusammengeschaltet. Zum Zeitpunkt 0 s beträgt die Spannung am Kondensator 25 V und die Stromstärke im Schwingkreis 0 A. Von Dämpfung wird zunächst abgesehen.

- Erläutern Sie das Zustandekommen der elektromagnetischen Schwingung.
- Berechnen Sie den Maximalwert der Stromstärke im Schwingkreis.
- Bestimmen Sie den Funktionsterm, der den zeitlichen Verlauf der Stromstärke beschreibt.

Nun wird die Dämpfung berücksichtigt.

- Nennen Sie eine Ursache für die Dämpfung der Schwingung. (8 VP)

c) Ein Federpendel kann analog zum elektromagnetischen Schwingkreis betrachtet werden. Von Dämpfung soll im Folgenden abgesehen werden, die Schwingungen sind harmonisch.

- Nennen Sie zwei Argumente, die eine Analogie zwischen der Masse des schwingenden Körpers in der Induktivität der Spule nahelegen.
- Geben Sie gemäß dieser Analogie für zwei weitere mechanische Größen die analogen elektrischen Größen an. Begründen Sie Ihre Antwort. (6 VP)

d) In einem Experiment werden Elektronen aus der Ruhe heraus durch eine Spannung von 1,70 kV beschleunigt und treffen senkrecht auf einen Dreifachspalt. Hinter dem Dreifachspalt wird in einer Ebene parallel dazu mit einem Elektronendetektor die Häufigkeitsverteilung gemessen. Der Spaltmittenabstand beträgt 200 nm. Der Elektronendetektor befindet sich 20,0 cm hinter dem Dreifachspalt.

- Berechnen Sie den Abstand zweier benachbarter Hauptmaxima.
- Skizzieren Sie die Häufigkeitsverteilung.

Durch eine geeignete Apparatur kann nun zuverlässig nachgewiesen werden, ob ein Elektron den mittleren Spalt passiert.

- Beschreiben und begründen Sie die dadurch entstehenden Veränderungen in der Häufigkeitsverteilung. (7 VP)

Elektronenmasse:	$m_e = 9{,}11 \cdot 10^{-31}$ kg
Planck'sches Wirkungsquantum:	$h = 6{,}63 \cdot 10^{-34}$ Js
Elektronenladung:	$e = 1{,}60 \cdot 10^{-19}$ C

Tipps und Hinweise zur Lösung von Aufgabe II

Tipps zu Teilaufgabe a

- Entscheidende Kriterien sind Höhe und Breite der Hauptmaxima sowie Zahl und Höhe der Nebenmaxima.
- Die Anzahl der Nebenmaxima ist beim Mehrfachspalt um 2 kleiner als die Anzahl der Spalte. Dies kann man sich leicht merken, denn beim Doppelspalt liegt zwischen zwei Maxima kein Nebenmaximum.
- Wie ändert sich die Intensität der Hauptmaxima, wie die Intensität der Nebenmaxima?
- Den Spaltabstand können Sie aus der Lage die Maxima ermitteln. Bei genauem Hinsehen erkennen Sie, dass ein Maximum fehlt. Dies führt zur Berechnung der Spaltbreite.
- Verringert man die Breite eines Einzelspaltes, so hat dies zwei Auswirkungen.

Tipps zu Teilaufgabe b

- Erläutern bedeutet, dass Sie ein paar Sätze schreiben. Die bloße Angabe einiger Formeln genügt nicht. Gehen Sie auf die relevanten Vorgänge im Zeitabstand einer Viertelperiode ein.
- Diese Frage können Sie leicht beantworten, wenn Sie den Energieerhaltungssatz verwenden.
- Die Amplitude der Stromstärkefunktion wurde gerade bestimmt. Die Formel für die Kreisfrequenz müssen Sie auswendig wissen. Natürlich können Sie sich aber auch die Formel aus der Differenzialgleichung herleiten. Da der Kondensator zu Beginn aufgeladen ist, müsste klar sein, ob Sinus oder Kosinus die richtige Wahl ist.
- Dämpfung bedeutet Energieverlust. Wodurch kommt dieser in der Elektrizitätslehre typischerweise zustande?

Tipps zu Teilaufgabe c

- Die beiden Teilfragen gehen ineinander über. Hier wird Verständnis abgefragt. Trotzdem hilft es wie so oft, wenn Sie die wichtigsten Formeln auswendig wissen. Dies sind die Formeln für die Energien, die Differenzialgleichungen für die elektrischen und die mechanischen Schwingungen sowie die Formeln für die Periodendauern. Wenn Sie zwei zugehörige Formeln nebeneinander schreiben, können Sie die analogen Größen direkt ablesen. Dann wird Ihnen auch die Begründung nicht mehr schwer fallen.

Tipps zu Teilaufgabe d

- Beim Dreifachspaltversuch mit Elektronen gelten für die Maxima die gleichen Formeln wie beim Doppelspaltversuch mit Licht. Jedem Teilchen kann man eine de-Broglie-Wellenlänge $\lambda = \frac{h}{p}$ zuordnen. Aus der Energieerhaltung können Sie die Geschwindigkeit und daraus den Impuls $p = m \cdot v$ ausrechnen.
  Wenn Sie nicht sicher sind, ob mit der Näherung für kleine Winkel gerechnet werden kann, müssen Sie mit der Sinus-Formel den Winkel und dann mit der Tangens-Formel die Lage der Maxima berechnen. Wegen der kleinen Winkel kann aber mit der Näherung $\sin\alpha_k = \tan\alpha_k$ gerechnet werden. Schön wäre, wenn Sie nach der Rechnung darauf hinweisen, dass kleine Abstände und folglich kleine Winkel vorliegen.
- Bei der Häufigkeitsverteilung dürfen Sie nicht vergessen, dass ein Dreifachspalt vorliegt.
- Die entscheidenden Worte sind „kann nun zuverlässig nachgewiesen werden, ob ein Elektron den mittleren Spalt passiert“. Deshalb können die drei Spalte nicht mehr als eine Einheit betrachtet werden. Das neue System besteht nun einerseits aus den beiden äußeren Spalten, andererseits aus dem mittleren Einzelspalt.

Lösung

a) **Zuordnung der Intensitätsverteilungen**

(A) Es handelt sich um das **Gitter**.
Die Maxima sind sehr schmal, zwischen den Maxima ist die Intensität fast null. Der Abstand der Maxima ist bei (A) am größten. Das bedeutet, dass der Abstand der einzelnen Spalte am kleinsten ist. Die Intensität der Maxima nimmt bei (A) nach außen am wenigsten ab, die Spaltöffnungen müssen also am kleinsten sein. Beides ist beim Gitter der Fall.

(B) Es handelt sich um einen **Mehrfachspalt**.
Zwischen den Hauptmaxima befinden sich zwei kleine Nebenmaxima. Der Mehrfachspalt besteht also aus vier Spalten, da die Zahl der Nebenmaxima immer um zwei kleiner ist als die Anzahl der Spalte.

(C) Es liegt ein **Einzelspalt** vor.
Die Intensität nimmt nach außen hin schnell ab. Die Nullstellen der Intensität liegen in gleichen Abständen, bei 0° befindet sich jedoch das Hauptmaximum.

(D) Es liegt ein **Doppelspalt** vor.
Die Maxima und die Nullstellen liegen in regelmäßigen Abständen, allerdings fehlt das dritte Maximum. Die Stärke der Maxima nimmt ab. Dies ist der Einfluss der Breite der beiden Einzelspalte.

Anzahl der Spalte beim Mehrfachspalt
Es wurde bereits oben begründet, dass es vier Spalte sein müssen.

Veränderung der Intensitätsverteilung beim Gitter
Erhöht man die Anzahl der beleuchteten Spalte, so erhöht dies die Intensität der einzelnen Maxima, da in den Maxima mehr Spalte an der konstruktiven Interferenz beteiligt sind. Die Maxima werden zusätzlich schärfer, da die Intensität der Nebenmaxima verringert wird.

Abstand und Breite beim Doppelspalt
Das Maximum erster Ordnung liegt bei 1,0°.
Die Maxima entstehen für Winkel α_k mit

$$\sin\alpha_k = \frac{k \cdot \lambda}{g}; \ k = 0, 1, 2, \ldots$$

Darin bezeichnet g den Spaltabstand. Aufgelöst nach g ergibt sich für k = 1:

$$g = \frac{\lambda}{\sin\alpha_1} = \frac{632 \cdot 10^{-9}}{\sin 1{,}0°} \text{ m} = 3{,}6 \cdot 10^{-5} \text{ m}.$$

Das Maximum dritter Ordnung mit $\alpha_3 = 3{,}0°$ fehlt. Das heißt, dass es mit dem Einzelspaltminimum erster Ordnung zusammenfallen muss. Beim Einzelspalt mit der Breite ℓ gilt für die Minima die Bedingung

$$\sin\beta_n = \frac{n \cdot \lambda}{\ell}, \ n = 1, 2, \ldots$$

Hieraus folgt für n = 1:

$$\ell = \frac{\lambda}{\sin\beta_1} = \frac{632 \cdot 10^{-9}}{\sin 3{,}0°} \text{ m} = 1{,}2 \cdot 10^{-5} \text{ m}.$$

Intensitätsverteilung des Einzelspalts
Wenn die Breite des Einzelspaltes verringert wird, kann nicht mehr so viel Licht den Spalt passieren. Die Gesamtintensität nimmt ab.
Zusätzlich bewirkt die Verkleinerung von ℓ, dass die Intensitätsverteilung breiter wird. Somit nimmt die Flächenhelligkeit noch einmal zusätzlich ab.
Insgesamt wird die Intensitätsverteilung breiter und deutlich flacher.

b) **Beschreibung und Begründung des Schwingungsvorgangs**
Der Kondensator ist zum Zeitpunkt $t = 0\,s$ maximal aufgeladen. Die gesamte Energie ist im elektrischen Feld des Kondensators gespeichert. Der Kondensator wird über die Spule entladen, ein Teil der Energie geht auf die Spule über. In der Spule wird eine Spannung induziert, welche zuerst den Anstieg der Stromstärke behindert. Zum Zeitpunkt $t = \frac{T}{4}$ ist der Kondensator vollständig entladen und die Spule wird mit maximaler Stromstärke durchflossen. Die gesamte Energie steckt im magnetischen Feld der Spule. Die in der Spule induzierte Spannung behindert nun den Abfall der Stromstärke. Der Kondensator lädt sich mit umgekehrter Polarität auf. Zum Zeitpunkt $t = \frac{T}{2}$ steckt wieder die gesamte Energie im elektrischen Feld des Kondensators. Nun wiederholt sich der oben beschriebene Vorgang, bis zum Zeitpunkt T der Kondensator wieder wie ursprünglich aufgeladen ist.

Maximale Stromstärke
Die maximale Stromstärke folgt aus der Energieerhaltung:

$$\frac{1}{2}C \cdot \hat{U}^2 = \frac{1}{2}L \cdot \hat{I}^2 \quad \Rightarrow \quad \hat{I} = \hat{U} \cdot \sqrt{\frac{C}{L}} = 25 \cdot \sqrt{\frac{434 \cdot 10^{-12}}{13 \cdot 10^{-3}}}\ A = 4{,}6\ mA.$$

Stromstärkefunktion
Der Kondensator ist zum Zeitpunkt $t = 0\,s$ maximal geladen. Der Betrag der Stromstärke beginnt zum Zeitpunkt $t = 0\,s$ bei null und steigt für $t = \frac{T}{4}$ auf seinen Maximalwert an. Die Stromstärkefunktion ist in diesem Fall eine Sinusfunktion:

$$I(t) = \hat{I} \cdot \sin(\omega \cdot t).$$

Der Betrag der maximalen Stromstärke wurde aus der Energieerhaltung bestimmt.
Die Kreisfrequenz beträgt:

$$\omega = \sqrt{\frac{1}{L \cdot C}} = \sqrt{\frac{1}{13 \cdot 10^{-3} \cdot 434 \cdot 10^{-12}}}\ s^{-1} = 4{,}2 \cdot 10^5\ s^{-1}.$$

Die gesuchte Gleichung lautet:

$$I(t) = 4{,}6\ mA \cdot \sin(4{,}2 \cdot 10^5\ s^{-1} \cdot t).$$

Die Funktion $I(t) = -\hat{I} \cdot \sin(\omega \cdot t) = -4{,}6\ mA \cdot \sin(4{,}2 \cdot 10^5\ s^{-1} \cdot t)$ beschreibt den Stromstärkeverlauf ebenfalls korrekt.

Exkurs: Herleitung der Kreisfrequenz
Wenn Sie die Formeln für die Kreisfrequenz vergessen haben, können Sie sie herleiten.
Die Spannung am Kondensator ist so groß wie die induzierte Spannung.

$$U_C = U_{ind} \quad \Leftrightarrow \quad \frac{Q(t)}{C} = -L \cdot \dot{I}(t) = -L \cdot \ddot{Q}(t) \quad \Leftrightarrow \quad \ddot{Q}(t) = -\frac{1}{L \cdot C} \cdot Q(t).$$

Die letzte Gleichung ist die Differenzialgleichung für den Schwingkreis. Ein Lösungsansatz für eine Schwingung mit $Q(0) = \hat{Q}$ lautet: $Q(t) = \hat{Q} \cdot \cos(\omega \cdot t)$. Zweimaliges Ableiten führt auf $\dot{Q}(t) = I(t) = -\omega \cdot \hat{Q} \cdot \sin(\omega \cdot t)$ und $\ddot{Q}(t) = -\omega^2 \cdot \hat{Q} \cdot \cos(\omega \cdot t)$. Setzt man Q(t) und

$\ddot{Q}(t)$ in die Differenzialgleichung ein, so kann man die Kreisfrequenz ω bestimmen:

$$-\omega^2 \cdot \hat{Q} \cdot \cos(\omega \cdot t) = -\frac{1}{L \cdot C} \cdot \hat{Q} \cdot \cos(\omega \cdot t).$$

Diese Gleichung ist für alle Zeitpunkte erfüllt, wenn $\omega^2 = \frac{1}{L \cdot C}$. Die maximale Stromstärke kann nun auch ohne Energieerhaltung berechnet werden:

$$\hat{I} = \omega \cdot \hat{Q} = \omega \cdot C \cdot \hat{U} = 4{,}2 \cdot 10^5 \cdot 434 \cdot 10^{-12} \cdot 25 \text{ A} = 4{,}6 \text{ mA}.$$

Ursache für die Dämpfung
Die Leitungen und insbesondere die Spule haben einen nicht zu vernachlässigenden ohmschen Widerstand. Energie wird in Form von Wärme abgeführt.
Da ein Schwingkreis Energie abstrahlt, könnte dies eine weitere Ursache für die Dämpfung sein.

c) **Analogie zwischen Masse und Induktivität**

Verlangt sind nur zwei Antworten.

- Die Formeln für die kinetische und die magnetische Energie sind gleich aufgebaut:

  $$W_{kin} = \frac{1}{2} m \cdot v^2 \text{ bzw. } W_{magn} = \frac{1}{2} L \cdot I^2.$$

  Die quadrierten Größen beschreiben die zeitliche Veränderung der Lage des Pendelkörpers bzw. der Ladung. Je größer die Masse m bzw. die Induktivität L, desto größer ist die gespeicherte Energie.

- Die beiden Differenzialgleichungen haben einen analogen Aufbau:

  $$\ddot{s}(t) = -\frac{D}{m} \cdot s(t) \text{ bzw. } \ddot{Q}(t) = -\frac{1}{L \cdot C} \cdot Q(t).$$

  Hier stehen m bzw. L im Nenner; d. h., dass die Veränderung von s bzw. Q verkleinert wird, wenn m bzw. L ansteigen.

- Aus den Differenzialgleichungen folgen die Formeln für die Schwingungsdauer:

  $$T = 2\pi \cdot \sqrt{\frac{m}{D}} \text{ bzw. } T = 2\pi \cdot \sqrt{L \cdot C}.$$

  Auch hier erkennt man die „behindernde Wirkung“ von m bzw. L, denn ihr Anstieg bedeutet einen Zuwachs bei der Periodendauer.

Weitere Analogien

- Die Auslenkung s entspricht der Ladung Q.
  Beim Federpendel bewirkt eine Auslenkung s eine Kraft vom Betrag $F = D \cdot s$. Sie wirkt als Rückstellkraft und bewirkt damit, dass das losgelassene Pendel in Bewegung gesetzt wird. Beim Kondensator bewirkt das Aufbringen einer Ladung Q eine Spannung $U = \frac{1}{C} \cdot Q$. Diese ist verantwortlich dafür, dass der Schwingkreis zu schwingen beginnt, wenn Kondensator und Spule miteinander verbunden werden.

- Die analoge elektrische Größe zur mechanischen Größe D (Federkonstante) ist die reziproke Kapazität $\frac{1}{C}$. Diese Analogie sieht man ebenfalls in den Formeln für die Schwingungsdauer.

d) **Bestimmung des Spaltmittenabstandes**

Die Elektronen werden durch eine Spannung von 1 700 V aus der Ruhe heraus beschleunigt. Mit dem Energieerhaltungssatz kann man zunächst die Geschwindigkeit berechnen:

$$e \cdot U = \frac{1}{2} m \cdot v^2$$

$$\Rightarrow \quad v = \sqrt{\frac{2e \cdot U}{m}} = \sqrt{\frac{2 \cdot 1{,}60 \cdot 10^{-19} \cdot 1700}{9{,}11 \cdot 10^{-31}}} \ \frac{m}{s} = 2{,}44 \cdot 10^7 \ \frac{m}{s}.$$

Jedem Teilchen kann man eine de-Broglie-Wellenlänge $\lambda = \frac{h}{p}$ zuordnen. Deshalb muss der Impuls $p = m \cdot v$ der Elektronen berechnet werden. Es gilt:

$$p = m \cdot v = 9{,}11 \cdot 10^{-31} \cdot 2{,}44 \cdot 10^7 \ \frac{kg \cdot m}{s} = 2{,}23 \cdot 10^{-23} \ \frac{kg \cdot m}{s}.$$

Nun kann man die de-Broglie-Wellenlänge ausrechnen:

$$\lambda = \frac{h}{p} = \frac{6{,}63 \cdot 10^{-34}}{2{,}33 \cdot 10^{-23}} \ m = 2{,}98 \cdot 10^{-11} \ m.$$

Beim Mehrfachspaltversuch mit Elektronen gelten für die Maxima die gleichen Formeln wie bei Licht:

$$\sin \alpha_k = \frac{k \cdot \lambda}{g}; \quad k = 0, 1, 2, \ldots \qquad (*)$$

Für den Winkel zum ersten Intensitätsmaximum gilt:

$$\sin \alpha_1 = \frac{\lambda}{g} = \frac{2{,}98 \cdot 10^{-11}}{2{,}00 \cdot 10^{-7}} \quad \Rightarrow \quad \alpha_1 = 0{,}00853°.$$

Der Winkel α_1 ist also sehr klein.
Für die Lage x_1 des ersten Maximums gilt:

$$\tan \alpha_1 = \frac{x_1}{a} \qquad (**)$$

$$\Leftrightarrow \quad x_1 = a \cdot \tan \alpha_1 = 0{,}200 \ m \cdot \tan 0{,}00853° = 2{,}98 \cdot 10^{-5} \ m = 0{,}0298 \ mm.$$

Da die auftretenden Winkel klein sind, liegen alle Maxima im gleichen Abstand zu einander. Folglich beträgt der Abstand zweier benachbarter Hauptmaxima 0,0298 mm.

Alternativ hätte man auch wegen $a \gg d$ annehmen können, dass die auftretenden Winkel sehr klein sind, sodass mit der Näherung $\sin \alpha_k = \tan \alpha_k$ gerechnet werden kann. Die Kombination der Formeln (*) und (**) ergibt:

$$\frac{k \cdot \lambda}{g} = \frac{x_k}{a} \quad \Leftrightarrow \quad x_k = \frac{k \cdot \lambda \cdot a}{g}.$$

Der Abstand zweier benachbarter Hauptmaxima ist:

$$x_{k+1} - x_k = \frac{(k+1) \cdot \lambda \cdot a}{g} - \frac{k \cdot \lambda \cdot a}{g} = \frac{\lambda \cdot a}{g} = \frac{2{,}98 \cdot 10^{-11} \cdot 0{,}200}{200 \cdot 10^{-9}} \ m = 2{,}98 \cdot 10^{-5} \ m.$$

Er ist tatsächlich so klein, dass die Näherung für kleine Winkel nachträglich gerechtfertigt ist. Zudem zeigt der Vergleich mit dem exakten Ergebnis oben, dass die Näherung sehr gut ist: Die Ergebnisse stimmen überein.

Häufigkeitsverteilung

Da es sich um einen Dreifachspalt handelt, darf nicht vergessen werden, dass sich zwischen zwei Hauptmaxima je ein Nebenmaximum befindet.

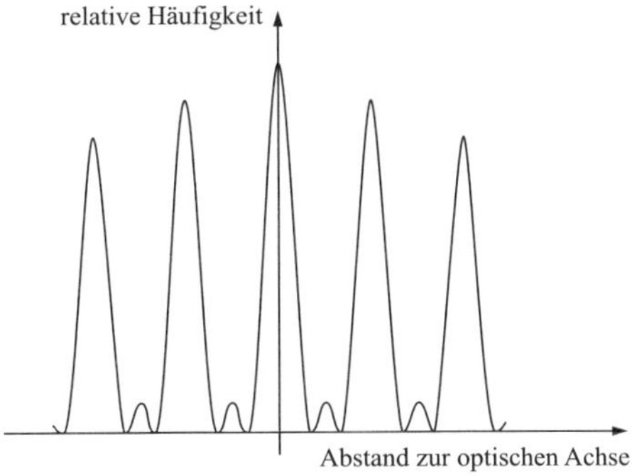

Abb. 2

Veränderungen der Häufigkeitsverteilung

Die drei Spalte sind nicht mehr gleichberechtigt. Die Interferenzfähigkeit des mittleren Spaltes mit den beiden äußeren geht verloren.
Die neue Häufigkeitsverteilung besteht nun aus zwei unabhängigen Teilen:

1. dem Interferenzbild eines Doppelspaltes, dessen Spaltabstand doppelt so groß ist wie beim Dreifachspalt;
2. dem Interferenzbild des mittleren Einfachspaltes.

a) Eine schlanke, luftgefüllte Spule mit quadratischem Querschnitt der Kantenlänge 10,0 cm ist 80,0 cm lang und hat 10 000 Windungen. Das Magnetfeld in ihrem Inneren hat die in Abbildung 1 eingezeichnete Richtung und die magnetische Flussdichte 8,72 mT.
Ein quadratischer Leiterrahmen mit der Kantenlänge 14,0 cm hat 60 Windungen. Er ist an einem Kraftmesser so aufgehängt, dass seine untere Kante durch einen Schlitz in der Mitte der langen Spule hindurchgeht. Zunächst beträgt die elektrische Stromstärke im Leiterrahmen 0 A. Der Kraftmesser ist so eingestellt, dass er dabei 0 N anzeigt. (siehe Abb. 1).

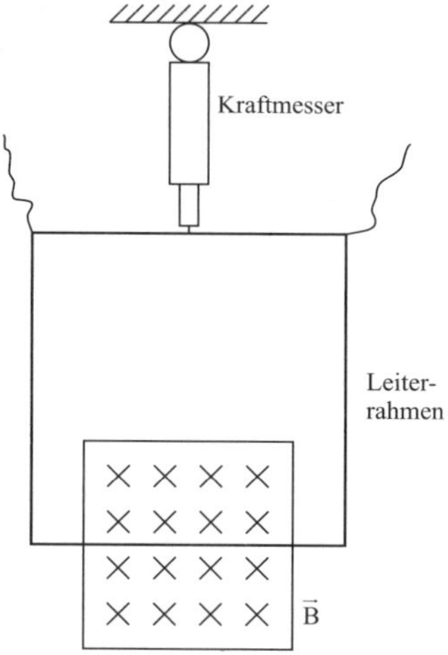

Abb. 1

- Berechnen Sie die Stromstärke in der schlanken Spule.
- Ermitteln Sie die Richtung des Elektronenstroms in der schlanken Spule.

Nun fließt im Leiterrahmen ein elektrischer Strom der Stärke 1,54 A. Der Kraftmesser zeigt jetzt eine nach unten wirkende Kraft an.

- Berechnen Sie den Betrag der Kraft, den der Kraftmesser anzeigt.

Der Leiterrahmen und die schlanke Spule werden nun bei sonst unveränderter Anordnung in Reihe geschaltet. Bei einer bestimmten Stromstärke in der Zuleitung zum Leiterrahmen zeigt der Kraftmesser 50 mN an.

- Bestimmen Sie den Betrag der Kraft, den der Kraftmesser anzeigt, wenn man nun die Stromstärke verdoppelt. (8 VP)

b) Ein rechteckiger Drahtrahmen wird mit der konstanten Geschwindigkeit von 0,60 cm s^{-1} nach rechts bewegt. Ab dem Zeitpunkt $t_0 = 0$ s taucht der Drahtrahmen in das durch eine Spule erzeugte homogene Magnetfeld mit der magnetischen Flussdichte 45 mT ein. Die Feldlinien sind senkrecht zur Unterlage orientiert (siehe Abb. 2).

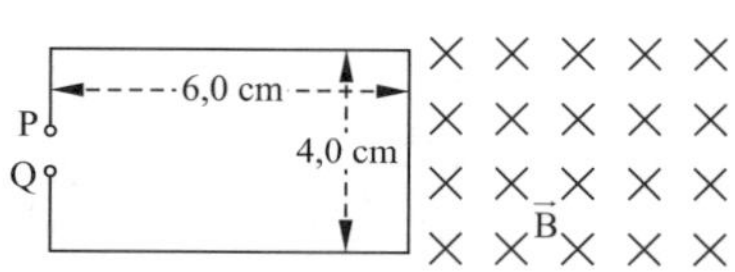

Abb. 2

- Erläutern Sie, warum während des Eintauchvorgangs zwischen den Punkten P und Q eine Spannung gemessen werden kann, und geben Sie deren Polung an.

Der Drahtrahmen wird zum Zeitpunkt $t_1 = 5{,}0$ s angehalten. Das Magnetfeld wird während der nächsten 8,0 s so verändert, dass eine konstante Spannung von 15 µV mit umgekehrter Polung zwischen P und Q entsteht.

- Zeichnen Sie das t-B-Diagramm für das Zeitintervall zwischen t_0 und $t_2 = 13{,}0$ s. (8 VP)

c) Eine reale Spule verhält sich wie eine ideale Spule mit Induktivität L und einem in Reihe geschalteten Widerstand R_1. Eine solche reale Spule ist parallel zum Widerstand R_2 geschaltet (siehe Abb. 3).
Der Widerstand R_2 hat den Wert 60 Ω. Die elektrische Energiequelle liefert eine Gleichspannung von 30 V. Zum Zeitpunkt 0 s wird der Schalter S geschlossen.
Bei der Messung der Stromstärke I_1 ergeben sich folgende Werte:

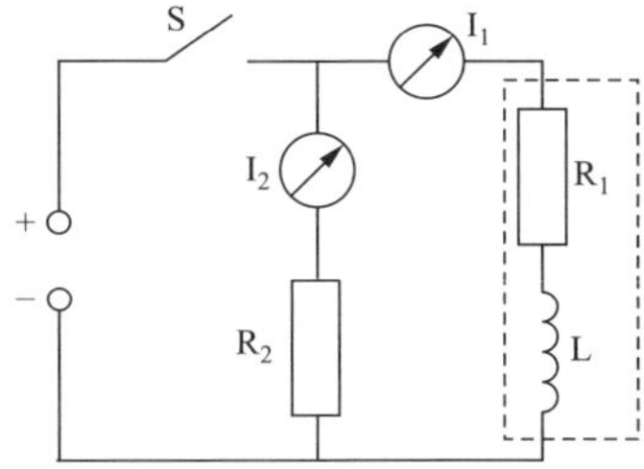

Abb. 3

t in s	0,0	2,0	4,0	6,0	8,0	10,0	14,0	18,0	22,0
I_1 in mA	0	150	262	345	400	433	470	486	495

- Zeichnen Sie den zeitlichen Verlauf der Stromstärken I_1 und I_2 in ein gemeinsames Diagramm.
- Erklären Sie, weshalb die Stromstärke I_1 nicht von Anfang an konstant ist.
- Ermitteln Sie den Wert des Widerstands R_1 der Spule.
- Bestimmen Sie mithilfe des Diagramms die Induktivität der Spule. (8 VP)

d) Der Physiker Max Born (1882–1970) schrieb zum Einfluss des Beobachters bei einer Messung:
„Man lehrte die Generation, zu der Einstein, Bohr und ich gehören, dass eine objektive physikalische Welt existiert, die sich nach unveränderlichen Gesetzen entfaltet, die von uns unabhängig sind. Wir betrachten diesen Vorgang, wie das Publikum im Theater ein Stück verfolgt. Einstein hält daran fest, dass dies das Verhältnis zwischen dem wissenschaftlichen Beobachter und seinem Gegenstand sein soll. Die Quantenmechanik deutet indessen die in der Atomphysik gewonnene Erfahrung auf andere Weise. Wir können den Beobachter einer physikalischen Erscheinung nicht mit dem Publikum bei einer Theateraufführung vergleichen, sondern eher mit dem bei einem Fußballspiel, wo der Akt des Zusehens, der von Applaus oder Pfeifen begleitet wird, einen ausgeprägten Einfluss auf die Schnelligkeit und Konzentration der Spieler und damit auf den beobachtbaren Vorgang hat. Ein noch besseres Gleichnis ist das Leben selbst, wo Publikum und Akteure die gleichen Personen sind.“

Quelle: Max Born, Physik im Wandel meiner Zeit, Vieweg, Braunschweig 1966, S. 110

- Beschreiben Sie ein Beispiel für die in obigem Text beschriebene Betrachtungsweise der klassischen Physik.
- Erläutern Sie anhand des Textes, welchen Aspekt des Messprozesses in der Quantenmechanik Max Born anspricht.
- Erläutern Sie einen weiteren Aspekt des Messprozesses in der Quantenmechanik, der im Text von Max Born nicht angesprochen wird. (6 VP)

Magnetische Feldkonstante: $\mu_0 = 1{,}26 \cdot 10^{-6}\,\text{Tm} \cdot \text{A}^{-1}$

Tipps und Hinweise zur Lösung von Aufgabe III

Tipps zu Teilaufgabe a

- Eigentlich ist sorgfältiges Arbeiten immer wichtig! Aber bei dieser Aufgabe muss man genau hinschauen, denn es gibt je zwei Stromstärken, zwei Windungszahlen und zwei Längen. Außerdem gibt es zwei Formeln mit der magnetischen Flussdichte, die man richtig zuordnen muss. Hat man dies alles sortiert, ist die Aufgabe nicht mehr schwierig.
- Die Elektronenflussrichtung wird mit der Linke-Hand-Regel bestimmt.
- Wenn Sie die erste Teilfrage richtig beantwortet haben, kann nicht mehr viel passieren, denn jetzt sind die restlichen Daten an der Reihe.
- Werden zwei Verbraucher in Reihe geschaltet, so werden sie vom gleichen Strom durchflossen.

Tipps zu Teilaufgabe b

- Da die Polung der Spannung angeben werden muss, bietet es sich an, den Induktionsvorgang mit der Lorentzkraft auf die Elektronen im bewegten Leiter zu erklären. Genauso gut können Sie mit der Änderung des magnetischen Flusses argumentieren, dass eine Spannung induziert wurde.
- Etwas knifflig ist auf den ersten Blick die Sache mit der umgekehrten Polung. Dies bedeutet aber nichts Anderes, als dass die Änderung des magnetischen Flusses ein anderes Vorzeichen bekommt. Beim Eintauchen des Rahmens nimmt die Fläche zu, also muss nun die Flussdichte abnehmen.

Tipps zu Teilaufgabe c

- Die Berechnung von I_2 ist unproblematisch (U ist bei Parallelschaltung konstant), ebenso das Erstellen des Diagramms.
- Physikschüler sind oft etwas wortkarg. Trotzdem: Es schadet nicht, wenn Sie hier einige Sätze schreiben, in denen Begriffe wie Änderung des Magnetfeldes, Selbstinduktion und Lenz'sches Gesetz vorkommen.
- Der Widerstand wird aus dem Verhalten für große Zeiten bestimmt.
- Die Induktivität ermitteln Sie aus dem Anstieg der Kurve zum Einschaltzeitpunkt. Achtung: Es ist die Tangentensteigung gesucht. Berücksichtigen Sie, dass das Schaubild eine Rechtskurve ist und im Berührpunkt der Tangente beginnt.

Tipps zu Teilaufgabe d

- Diese Teilaufgabe bringt sechs Verrechungspunkte. Hier wird erwartet, dass Sie – wie schon oben erwähnt – mehr als nur ein paar Stichworte zu Papier bringen. Es ist sicher sinnvoll, im Abitur zuerst auf dem grünen Papier einen Entwurf anzufertigen. Für die erste Teilfrage genügt ein gut formuliertes Beispiel aus der klassischen Physik.
- „Erläutern Sie anhand des Textes“ können Sie fast schon als Aufforderung auffassen, die Schlüsselpassagen zu zitieren (in Anführungszeichen) und dann zu erklären.
- Gemeint ist, dass eine zu messende Größe erst dann real wird, wenn sie gemessen wurde. Vorher kann sich das Teilchen in einem Zustand befinden, bei dem mehrere mögliche Zustände überlagert werden, wie beispielsweise bei einem Photon, das einen Doppelspalt passiert.

Lösung

a) **Erregerstromstärke in der Spule**
Für die magnetische Flussdichte einer schlanken luftgefüllten Spule der Länge ℓ mit n_1 Windungen gilt:

$$B = \mu_0 \cdot \frac{n_1}{\ell} \cdot I_{err}.$$

Umstellen ergibt die Erregerstromstärke:

$$I_{err} = \frac{B \cdot \ell}{\mu_0 \cdot n_1} = \frac{0{,}00872 \cdot 0{,}800}{1{,}26 \cdot 10^{-6} \cdot 10000} \text{ A} = 0{,}554 \text{ A}.$$

Richtung des Elektronenstroms
Mit der Linke-Hand-Regel kann man den Zusammenhang zwischen der Elektronenflussrichtung und der Richtung der magnetischen Feldlinien ermitteln. Hält man den linken Daumen beispielsweise am rechten vertikalen Leiterstück nach oben, so zeigen die restlichen Finger rechts vom Leiter aus der Zeichenebene heraus, links vom Leiter in die Zeichenebene hinein, in Übereinstimmung mit der eingezeichneten Magnetfeldrichtung. Die Elektronen fließen also entgegen dem Uhrzeigersinn.

Kraft auf den Leiterrahmen
Die Kraft hat den Betrag

$$F = n_2 \cdot B \cdot I \cdot s = 60 \cdot 0{,}00872 \cdot 1{,}54 \cdot 0{,}100 \text{ N} = 81 \text{ mN}.$$

Betrag der Kraft bei doppelter Stromstärke
Da der Leiterrahmen und die lange Spule in Reihe geschaltet sind, werden sie vom gleichen Strom durchflossen. Die Kraft beträgt:

$$F = n_2 \cdot B \cdot I \cdot s = n_2 \cdot \left(\mu_0 \cdot \frac{n_1}{\ell} \cdot I\right) \cdot I \cdot s = n_2 \cdot \frac{\mu_0 \cdot n_1 \cdot s}{\ell} \cdot I^2.$$

Sie ist also proportional zum Quadrat der Stromstärke I. Wird I verdoppelt, steigt I^2 und damit die Kraft F auf das Vierfache an. Die neue Kraft beträgt 200 mN.

b) **Warum entsteht eine Induktionsspannung?**
Mit der UVW-Regel für die linke Hand lässt sich die Richtung der Kraft auf die Elektronen ermitteln.

U(rsache): Bewegung nach rechts; also Daumen nach rechts.

V(ermittlung): Das Magnetfeld zeigt in die Zeichenebene, also Zeigefinger in Richtung der Zeichenebene.

W(irkung): Der Mittelfinger zeigt nach unten. Die Elektronen erfahren im rechten Teilstück des Drahtrahmens eine Kraft nach unten. Dies ergibt eine Ladungstrennung mit Elektronenüberschuss bei Q und Elektronenmangel bei P, d. h., es entsteht ein Spannung zwischen dem Pluspol P und dem Minuspol Q.

Zeit-Flussdichte-Diagramm
Das Induktionsgesetz lautet allgemein

$$U_{ind} = -\dot{\Phi} = -(B \cdot A)^{\dot{}} = -(\dot{B} \cdot A + B \cdot \dot{A}).$$

In den ersten fünf Sekunden ist die Flussdichte $B = 45$ mT. Somit vereinfacht sich das Induktionsgesetz zu $U_{ind} = -\dot{\Phi} = -B \cdot \dot{A}$. Die Flächenänderung $\dot{A}$ hat ein positives Vorzei-

chen (da die vom Magnetfeld durchströmte Fläche zunimmt), also ist auch die Flussänderung positiv, die induzierte Spannung folglich negativ.
In den nächsten acht Sekunden bleibt die Fläche gleich, die Flussdichte ist variabel:

$$\dot{\Phi} = \dot{B} \cdot A.$$

Da eine Spannung mit umgekehrter Polung – nämlich die positive Spannung $U_{ind} = 15\ \mu V$ – induziert wird, muss die Flussänderung und damit auch die Änderung der magnetischen Flussdichte negativ sein. Die eingetauchte Fläche beträgt $A = 3{,}0\ cm \cdot 4{,}0\ cm = 12{,}0\ cm^2$. Aus $U_{ind} = -\dot{\Phi} = -\dot{B} \cdot A$ folgt:

$$\dot{B} = -\frac{U_{ind}}{A} = -\frac{15 \cdot 10^{-6}}{12 \cdot 10^{-4}}\ \frac{T}{s}$$

$$= -1{,}25 \cdot 10^{-2}\ \frac{T}{s} = -12{,}5\ \frac{mT}{s}.$$

Da $\dot{B}$ konstant ist, gilt

$$\dot{B} = \frac{\Delta B}{\Delta t}.$$

Die Flussdichte verringert sich daher in $\Delta t = 8\ s$ um

$$\Delta B = -12{,}5\ \frac{mT}{s} \cdot 8\ s = -100\ mT.$$

Zum Zeitpunkt 13,0 s beträgt sie

$$B(13\ s) = 45\ mT - 100\ mT = -55\ mT.$$

Abb. 4 zeigt das t-B-Diagramm.

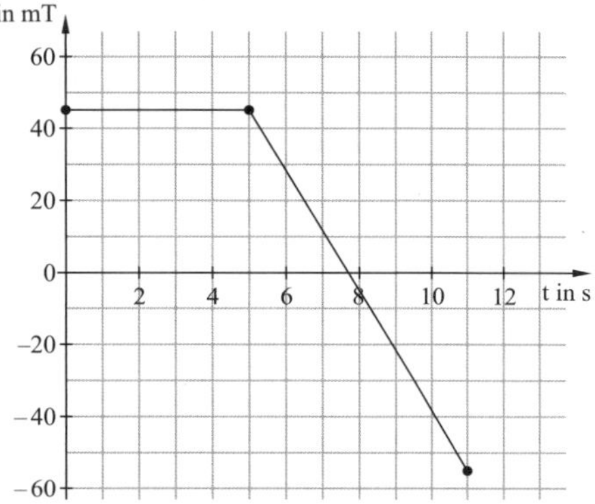

Abb. 4

c) **Zeitlicher Verlauf der Stromstärken**
Die Stromstärke im Zweig mit dem ohmschen Widerstand erreicht sofort den Wert

$$I_2 = \frac{U}{R_2} = \frac{30}{60}\ A = 0{,}50\ A = 500\ mA.$$

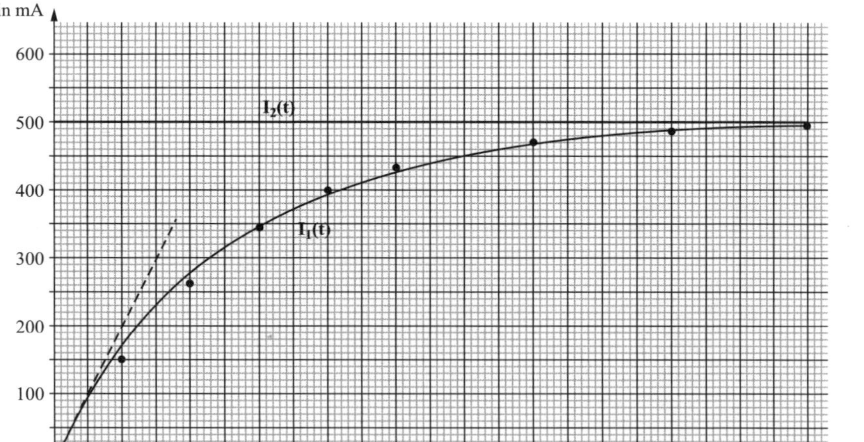

Abb. 5

Erläuterung des Stromverlaufs
Nach dem Schließen des Schalters beginnt die Stromstärke in der Spule anzusteigen. Dadurch entsteht ein ansteigendes Magnetfeld. Nach dem Lenz'schen Gesetz wird eine Gegenspannung U_{ind} induziert, die ihrer Ursache, nämlich dem Anstieg der Stromstärke, entgegenwirkt.
Für $t = 0$ s ist die Stromstärke noch 0 A, folglich haben dann die angelegte Spannung U_0 und die Gegenspannung U_{ind} den gleichen Betrag. Der Anstieg der Stromstärke nimmt ab, somit verringert sich auch die Gegenspannung. Nach einer gewissen Zeit ändert sich die Stromstärke nicht mehr und sie erreicht ihren Maximalwert

$$I_{max} = \frac{U_0}{R_1}.$$

Widerstand der Spule
Da in beiden Zweigen langfristig die gleiche Stromstärke fließt, müssen auch beiden Widerstände gleich sind. R_1 beträgt also ebenfalls 60 Ω.

Berechnung der Eigeninduktivität
Wie oben schon erwähnt, sind die Beträge der angelegten und der induzierten Spannung zum Zeitpunkt 0 s gleich groß:

$$U_0 = L \cdot \dot{I} = L \cdot \frac{\Delta I}{\Delta t}.$$

Die Stromstärkeänderung wird als Tangentensteigung im Ursprung ermittelt. Da die Tangente mit dem Geodreieck nach Augenmaß eingezeichnet wird, können sich größere Abweichungen ergeben. Aus $\Delta t = 2{,}0$ s, $\Delta I = 0{,}2$ A (vgl. Abb. 5) folgt:

$$L = \frac{U_0 \cdot \Delta t}{\Delta I} = \frac{30 \cdot 2{,}0}{0{,}2}\ \text{H} = 300\ \text{H}.$$

Da die Tangente im Ursprung gefragt ist und der t-I-Graph eine Rechtskurve darstellt, die ausschließlich im ersten Quadranten des Koordinatensystems verläuft, läuft man leicht Gefahr, die Tangente *zu flach* anzusetzen. Wählen Sie also als zweiten Tangentenpunkt neben dem Ursprung einen Punkt, der eindeutig oberhalb der t-I-Kurve liegt (vgl. Abb. 5).

Dass der oben bestimmte Wert der Induktivität dem tatsächlichen Wert recht nahe kommt, lässt sich rechnerisch nachweisen (nicht verlangt): Die Funktion für die Stromstärke lautet:

$$I(t) = I_{max} \cdot \left(1 - e^{-\frac{R_1}{L} \cdot t}\right).$$

Im konkreten Fall ist dies mit $L = 300$ H:

$$I(t) = 500\ \text{mA} \cdot \left(1 - e^{-\frac{60}{300} \cdot \frac{t}{s}}\right) = 500\ \text{mA} \cdot \left(1 - e^{-0{,}2 \frac{t}{s}}\right).$$

t in s	0,0	2,0	4,0	6,0	8,0	10,0	14,0	18,0	22,0
I in mA (Messwert)	0	150	262	345	400	433	470	486	495
I in mA (berechnet)	0	165	275	349	399	432	470	486	494

Im Rahmen der Messungenauigkeiten stimmen berechnete und Messwerte gut überein.

d) **Beispiel für die Betrachtungsweise der klassischen Physik**
In der klassischen Physik gibt es „eine objektive physikalische Welt [...], die sich nach unveränderlichen Gesetzen entfaltet, die von uns unabhängig sind". Das heißt, dass der Experimentator bzw. Zuschauer keinen Einfluss auf das Geschehen nimmt.

Zwei mögliche Beispiele:

1. Kennt man die Bewegungsgleichung für einen Körper, so kann man für jeden möglichen Zeitpunkt seinen Ort und seine Geschwindigkeit berechnen und mit geeigneten Apparaturen auch messen.
2. Erhitzt man eine bestimmte Menge Wasser und kennt die Leistung des Kochers und die Erhitzungsdauer, so kann man die Temperaturerhöhung berechnen und auch messen.

Aspekt des Messprozess in der Quantenmechanik
„[…] sondern eher mit dem bei einem Fußballsiel, wo der Akt des Zusehens, der von Applaus oder Pfeifen begleitet wird, einen ausgeprägten Einfluss auf die Schnelligkeit und Konzentration der Spieler und damit auf den beobachtbaren Vorgang hat". Auf den physikalischen Messprozess übertragen heißt dies, dass der Messvorgang in das Geschehen eingreift und dieses verändert. „Ein noch besseres Gleichnis ist das Leben selbst" bedeutet, dass der physikalische Vorgang und seine Messung als Einheit anzusehen sind.

Welcher Aspekt wird nicht angesprochen?
Es wird nicht angesprochen, dass eine quantenmechanische Messgröße vor dem Messprozess keine Realität besitzt, sondern erst durch die Messung real wird. Beispielsweise gibt es in der Mikrophysik keinen Bahnbegriff: Es ist bei einem Doppelspaltexperiment nicht möglich, die Bahn eines Teilchen zu bestimmen, ohne das Experiment zu beeinflussen. Schließt man einen Spalt, um das Teilchen auf einen „Laufweg" festzulegen, so geht die Interferenz verloren. Das Schirmbild hinter dem Doppelspalt, mit dem das Teilchen nachgewiesen wird, ändert sich.

Randbemerkung: Der Vergleich mit dem Theaterpublikum macht die Sache nicht gerade einfach. Denn auch der Zuschauer beim Theater sitzt nicht nur ruhig da und verfolgt das Stück. Spätestens am Ende eines Aktes gibt es Applaus, falls es nicht schon vorher Szenenapplaus gibt. Wie heißt es so schön: „Der Applaus ist das Brot des Künstlers" – insofern ist auch hier eine Beeinflussung der Schauspielleistung durch den Zuschauer vorhanden.

Sicher durch das Abitur!

Klare Fakten, systematische Methoden, prägnante Beispiele, Übungs- sowie Abitur-Prüfungsaufgaben mit erklärenden Lösungen zur Selbstkontrolle.

Mathematik

Analysis mit Hinweisen zur CAS-Nutzung .... Best.-Nr. 540021
Analysis Pflichtteil .... Best.-Nr. 840018
Analysis Wahlteil .... Best.-Nr. 840028
Analytische Geometrie
Pflicht-/Wahlteil .... Best.-Nr. 840038
Stochastik Pflicht-/Wahlteil .... Best.-Nr. 840091
Klausuren Mathematik Oberstufe......... Best.-Nr. 900461
Stark in Klausuren
Funktionen ableiten Oberstufe......... Best.-Nr. 940012
Kompakt-Wissen Abitur Analysis .... Best.-Nr. 900151
Kompakt-Wissen Abitur Analytische Geometrie Best.-Nr. 900251
Kompakt-Wissen Abitur
Wahrscheinlichkeitsrechnung und Statistik .... Best.-Nr. 900351

Physik

Physik 1 – Elektromagnetisches Feld
und Relativitätstheorie .... Best.-Nr. 943028
Physik 2 – Aufbau der Materie .... Best.-Nr. 943038
Mechanik .... Best.-Nr. 94307
Abitur-Wissen Elektrodynamik......... Best.-Nr. 94331
Abitur-Wissen Aufbau der Materie .... Best.-Nr. 94332
Kompakt-Wissen Abitur Physik 1 –
Mechanik, Thermodynamik, Relativitätstheorie Best.-Nr. 943012
Kompakt-Wissen Abitur Physik 2 –
Elektrizitätslehre, Magnetismus, Elektrodynamik,
Wellenoptik .... Best.-Nr. 943013
Kompakt-Wissen Abitur Physik 3
Atom-, Kern- und Teilchenphysik .... Best.-Nr. 943011
Klausuren Physik Oberstufe .... Best.-Nr. 103011

Biologie

Biologie 1 – Zell- und Molekularbiologie · Genetik ·
Neuro- und Immunbiologie .... Best.-Nr. 847018
Biologie 2 – Evolution · Angewandte Genetik
und Reproduktionsbiologie .... Best.-Nr. 847028
Grundlagen, Arbeitstechniken und
Methoden – Biologie .... Best.-Nr. 94710
Abitur-Wissen Genetik .... Best.-Nr. 94703
Abitur-Wissen Neurobiologie .... Best.-Nr. 94705
Abitur-Wissen Verhaltensbiologie .... Best.-Nr. 94706
Abitur-Wissen Evolution .... Best.-Nr. 94707
Abitur-Wissen Ökologie .... Best.-Nr. 94708
Abitur-Wissen Zell- und Entwicklungsbiologie ... Best.-Nr. 94709
Kompakt-Wissen Biologie
Zellbiologie · Genetik · Neuro- und
Immunbiologie · Evolution .... Best.-Nr. 84712
Kompakt-Wissen Abitur Biologie
Fachbegriffe der Biologie .... Best.-Nr. 94714
Klausuren Biologie Oberstufe .... Best.-Nr. 907011

Wirtschaft

Wirtschaft – Wirtschaftliches Handeln im Sektor Unternehmen ·
Wirtschaftliches Handeln im Sektor Ausland ..... Best.-Nr. 84852
Abitur-Wissen Volkswirtschaft .... Best.-Nr. 94881
Kompakt-Wissen Abitur Volkswirtschaft .... Best.-Nr. 948501

Chemie

Chemie 1 – Gleichgewichte · Energetik
Säuren und Basen · Elektrochemie .... Best.-Nr. 84731
Chemie 2 – Naturstoffe · Aromatische
Verbindungen · Kunststoffe .... Best.-Nr. 84732
Rechnen in der Chemie .... Best.-Nr. 84735
Methodentraining Chemie .... Best.-Nr. 947308
Abitur-Wissen Protonen und Elektronen .... Best.-Nr. 947301
Abitur-Wissen
Stoffklassen organischer Verbindungen .... Best.-Nr. 947304
Abitur-Wissen Biomoleküle .... Best.-Nr. 947305
Abitur-Wissen
Chemie am Menschen – Chemie im Menschen ... Best.-Nr. 947307
Kompakt-Wissen Abitur Chemie
Organische Stoffklassen ·
Natur-, Kunst- und Farbstoffe .... Best.-Nr. 947309
Kompakt-Wissen Abitur Chemie –
Anorganische Chemie ·
Energetik · Kinetik · Kernchemie .... Best.-Nr. 947310
Klausuren Chemie Oberstufe .... Best.-Nr. 107311

Alle so gekennzeichneten Titel sind auch als eBook über **www.stark-verlag.de** erhältlich.

(Bitte blättern Sie um)

Deutsch

Gedichte analysieren und interpretieren .... Best.-Nr. 944091
Dramen analysieren und interpretieren .... Best.-Nr. 944092
Epische Texte analysieren und interpretieren ... Best.-Nr. 944093
Erörtern und Sachtexte analysieren .... Best.-Nr. 944094
Klausuren Deutsch Oberstufe .... Best.-Nr. 104011
Deutsch Übertritt in die Oberstufe .... Best.-Nr. 90409
Abitur-Wissen Erörtern und Sachtexte analysieren .... Best.-Nr. 944064
Abitur-Wissen Textinterpretation Lyrik · Drama · Epik .... Best.-Nr. 944061
Abitur-Wissen Deutsche Literaturgeschichte ..... Best.-Nr. 94405
Abitur-Wissen Prüfungswissen Oberstufe .... Best.-Nr. 94400
Kompakt-Wissen Literaturgeschichte .... Best.-Nr. 944066
Kompakt-Wissen Rechtschreibung .... Best.-Nr. 944065

Interpretationen Deutsch

Die optimale Vorbereitung auf das Abitur in Baden-Württemberg: Interpretationen zu Pflichtlektüren im Fach Deutsch. Mit Informationen zu Autor und Werk, ausführlicher Inhaltsangabe sowie einer systematischen Interpretation des Textes.

Büchner: *Dantons Tod* .... Best.-Nr. 2400122
Frisch: *Homo faber* .... Best.-Nr. 2400031
Stamm: *Agnes* .... Best.-Nr. 2400691

Englisch

Themenwortschatz .... Best.-Nr. 82451
Grammatikübungen .... Best.-Nr. 82452
Übersetzung .... Best.-Nr. 82454
Grundlagen, Arbeitstechniken und Methoden mit Audio-CD .... Best.-Nr. 944601
Sprechfertigkeit mit Audio-CD .... Best.-Nr. 94467
Sprachmittlung .... Best.-Nr. 94469
Englisch Grundwissen 10. Klasse .... Best.-Nr. 90510
Klausuren Englisch Oberstufe .... Best.-Nr. 905113
Englisch Übertritt in die Oberstufe .... Best.-Nr. 82453
Abitur-Wissen Landeskunde Großbritannien .... Best.-Nr. 94461
Abitur-Wissen Landeskunde USA .... Best.-Nr. 94463
Abitur-Wissen Englische Literaturgeschichte ..... Best.-Nr. 94465
Kompakt-Wissen Abitur Wortschatz Oberstufe ... Best.-Nr. 90462
Kompakt-Wissen Abitur Landeskunde/Literatur Best.-Nr. 90463
Kompakt-Wissen Kurzgrammatik .... Best.-Nr. 90461

Prüfungstraining Literatur

Kleinschrittiges Klausurentraining zu aktuellen Prüfungsthemen – ideal zur selbstständigen Abiturvorbereitung im Fach Deutsch.

Georg Büchner: *Dantons Tod* .... Best.-Nr. 8454003
Peter Stamm: *Agnes* .... Best.-Nr. 8454001
Liebeslyrik .... Best.-Nr. 1045401
Naturlyrik .... Best.-Nr. 1045405

Abitur-Prüfungsaufgaben

Vom Kultusministerium in Baden-Württemberg zentral gestellte Abituraufgaben, einschließlich des **aktuellen Jahrgangs**.
Zusätzlich **Übungsaufgaben** im Stil des Abiturs. Alle Aufgaben mit **schülergerechten** Lösungen.

Abiturprüfung BW Mathematik mit CD-ROM ..... Best.-Nr. 85001
Abiturprüfung BW Physik .... Best.-Nr. 85301
Abiturprüfung BW Deutsch .... Best.-Nr. 85401
Abiturprüfung BW Englisch .... Best.-Nr. 85461
Abiturprüfung BW Französisch .... Best.-Nr. 85501
Abiturprüfung BW Spanisch .... Best.-Nr. 85540
Abiturprüfung BW Latein .... Best.-Nr. 85601
Abiturprüfung BW Geographie .... Best.-Nr. 85901
Abiturprüfung BW Geschichte .... Best.-Nr. 85761
Abiturprüfung BW Gemeinschaftskunde .... Best.-Nr. 85801
Abiturprüfung BW Wirtschaft .... Best.-Nr. 85851
Abiturprüfung BW Biologie .... Best.-Nr. 85701
Abiturprüfung BW Chemie .... Best.-Nr. 85731
Abiturprüfung BW Kunst .... Best.-Nr. 85961
Abiturprüfung BW Sport .... Best.-Nr. 85980

■ Best.-Nr. E10485

■ Best.-Nr. E10484

■ Best.-Nr. E10479

Was kommt nach dem Abitur?

Die STARK Ratgeber helfen weiter!
Weitere STARK Fachbücher zur Studien- und Berufswahl finden Sie unter **www.berufundkarriere.de**

Bestellungen bitte direkt an:

STARK Verlagsgesellschaft mbH & Co. KG · Postfach 1852 · 85318 Freising
Tel. 0180 3 179000* · Fax 0180 3 179001* · www.stark-verlag.de · info@stark-verlag.de
*9 Cent pro Min. aus dem deutschen Festnetz, Mobilfunk bis 42 Cent pro Min.
Aus dem Mobilfunknetz wählen Sie die Festnetznummer: 08167 9573-0

Lernen · Wissen · Zukunft
STARK

23_VM8